生命，
因家庭而大好！

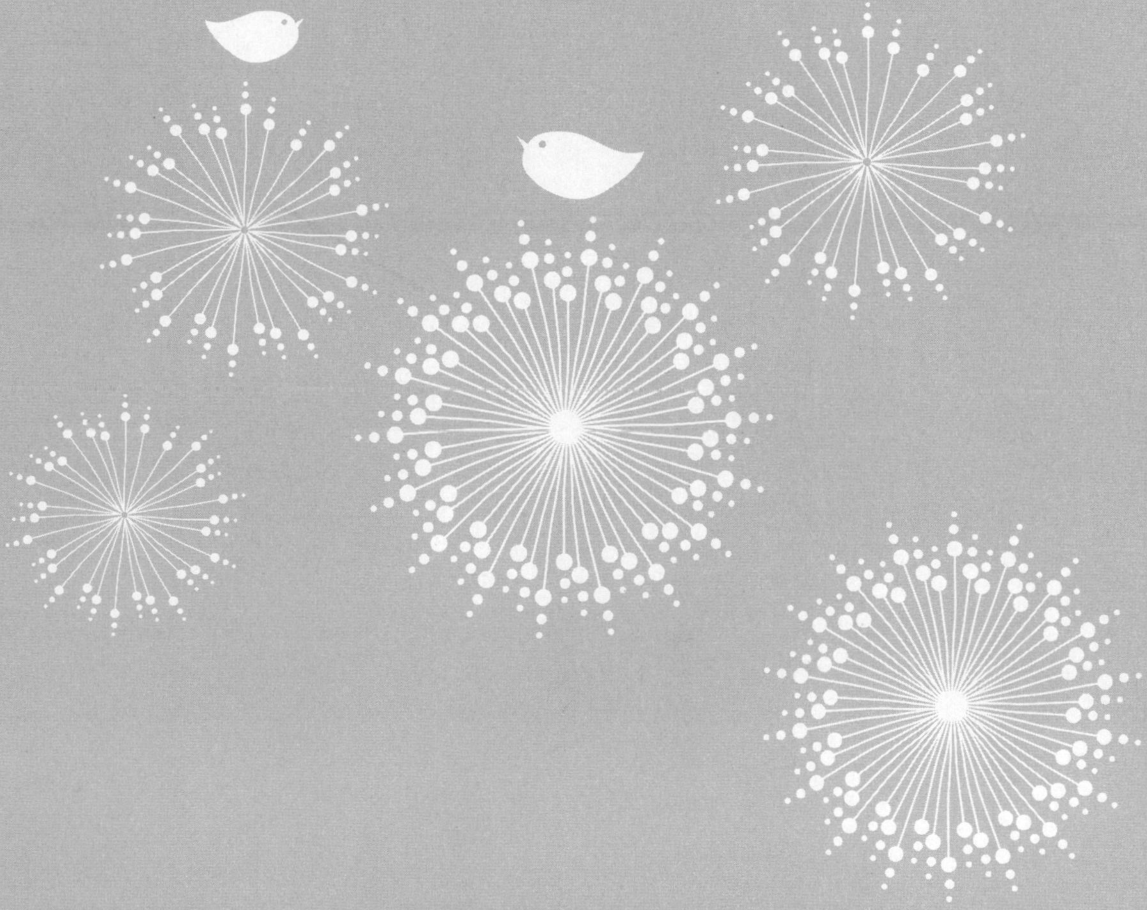

跟阿德勒學正向教養
解決日常教養問題1001種方法

溫和堅定27種態度╳92個教養現場難題，
簡單實用，育兒更輕鬆！

Jane Nelsen & Lynn Lott & H. Stephen Glenn

簡・尼爾森、琳・洛特、史蒂芬・格林——著
陳玫妏——譯　姚以婷——審訂

獻給我們心愛的人，

以及

世界各地想藉由賦能和鼓勵方式

來表達愛孩子的父母！

contents
目錄

第一部

正向教養的27種核心態度

第二部

日常教養問題的解決方案

Part 1 學齡前的各種問題

Part 2 學齡期的各種問題

Part 3 青少年期的各種問題

Part 4 教養態度及親子關係的各種問題

Part 5

其他各種問題

推薦序

父母願意自我提升，是正向教養的起點

洪仲清／臨床心理師

「如果父母少說話、多行動，他們與幼童相處的問題就能減少百分之七十五以上。孩子常把父母的話當成耳邊風，就是因為父母說得太多了。」

在和父母討論教養的時候，常會提到一個議題：如果打從一開始就沒有要讓孩子進行選擇，就不要詢問孩子！

其實將心比心，都不難體會。

當我們被告知可以有自主的空間，往往會滿懷希望地表達自己的想法，但由於和父母內在預設的答案不同，所以遭到打壓與否定，這多麼讓人喪氣。而這種事發生的頻率越多，自然會對父母累積不少負面情緒，這負面情緒本身就可能讓孩子的情緒行為問題加劇，還附帶著對父母的不信任，導致後續的親子溝通難以進行。

「好不好？」、「要不要？」、「可不可以？」，父母從孩子學齡前到青少年，都會使用這樣的句型。但很多時候，父母只是假開明，或者想要假裝自己願意尊重孩子。

舉凡要吃什麼、要去哪裡玩、要多加件衣服、要給多少零用錢、有多少時間可以上網玩手機……各種選擇情境，都是套用這種句型的時機，有時，父母自己順口講出來都不見得有覺察。

覺察，是自我提升的基礎；沒有覺察，不願意閱讀、找人討論，也難以成長。

用說教來教養，表面上看來很簡單。但是父母常會說出連自己都不見得做得到的道理，即便講到連自己都感動，也難入孩子的心。

父母太愛說了，但效果微弱，還可能招來反效果。換句話說：父母常常不尊重自己說過的話，既不溫和也缺乏堅定。

熟悉傳統教養的朋友，大概會知道，「騙小孩」幾乎是以前父母必備的教養手段。不少朋友長大之後回憶過往，都不難想到自己被父母欺騙的例子。不過，這些不光彩在傳統的教養方式裡，都可以用「為你好」來一筆勾銷。

我分享正向教養已經好幾年了，因為理論與實務的結合緊密，且提供多種策略與工具，具體可行。可是，正向教養的思維邏輯與傳統有相當大的差異，而且這牽涉到父母要對自己下苦功，而不是只期待著孩子能「變乖」。再者，我們的文化不熟悉對自己內在心理的探索，再加上重視考試分數更甚於溝通討論的教育環境，像是「家庭會議」這個很基本的互動方式也不容易推展，因此我們還有很多努力的空間。

不過，因為常和人討論正向教養，志同道合的朋友開始凝聚，有些家長及老師也願意緩步試行。方向對了，等待時間慢慢催化，回饋相當正面。

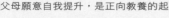

譬如說：討論能在互相尊重的氣氛中進行，對彼此說「愛」也變得自然而然。不需要再玩心理控制或情緒勒索的遊戲，親師生都為自己負責，更願意合作，而非你爭我奪。父母願意讓孩子獨立思考，並且欣賞孩子應對生活困境的承擔。

正向教養能帶著我們接近幸福，期待藉著這本書，把福氣與您分享！

導讀

只有愛不足以教養，用對方法才能幫孩子長智慧

姚以婷／美國正向教養協會國際顧問和認證導師、
中華亞洲阿德勒心理諮商暨應用協會理事長、亞和心理諮商和訓練中心院長

第一次拿到這本書，是在孩子五、六歲的時候，正要從幼兒園進入小學的階段。發脾氣、睡覺、家庭作業、與同學爭吵或在遊樂場被推倒等等，各種大小問題接踵而來，經常讓我困擾得難以入眠。當時這本書還沒有中譯版，而光是閱讀原文版就讓我驚訝到張大嘴——沒想到，帶孩子還能有這麼完整的專業工具書，幫忙解答了各項讓家長憂心不已的問題！本書就像是一本育兒百科，所有我遭遇過的育兒困難，竟然都能夠在書中查找到應對方法，平撫許多屬於家長特有的焦慮情緒。

剛開始按照書中步驟去做的時候，總是有些半信半疑，有些時候做過沒效就不想再嘗試。但是，問題沒解決，煩惱不已時，再拿起書重做一次，才發現與孩子互動時，僅僅是些微的差別，例如，說話的眼神和語氣，又或者是步驟順序和耐性等等不同，就會造成與孩子互動的結果大不同。在我受訓成為正向教養講師後，才知道書中的每項育兒疑惑與正向教養方法解答，均有專家

學者實驗證明對大多數的家庭和孩子有效，因而在正向教養學習者當中流傳著一句話：「工具在多數時候有效，但是人為操作失誤常會導致無效。」當然，家長與孩子各自的特殊性情，也是會導致運用教養工具後效果不同的因素之一。

正向教養奠基阿德勒百年學術

「正向教養」（Positive Discipline）又被譯為正面管教或正向管教，由美國教育學博士簡・尼爾森（Jane Nelson）根據心理學大師阿爾弗雷德・阿德勒（Alfred Adler）的教育思想，以家長與教師運用正向教養法進行兒童教育的成功研究專案結果書寫而成。「正向教養」主張不懲罰也不溺愛孩子，認為傳統的獎賞或懲罰方法只能短暫改變行為，卻可能導致孩子出現許多不良習性，像是性格退縮或反抗叛逆等。「正向教養」注重運用每個孩子犯錯的機會，進行有效引導孩子學習有益生活的思維與能力，從而長期培養孩子導向成功人生的健全人格。

這麼好的理念，相信多數家長都同意，但是說很容易，要做到卻很難。當家長發現孩子犯錯時，大多又驚訝又氣憤，若是情節嚴重些，更是會感到失望難過或怒火攻心。此時若非平時經常練習正向教養或天生性格正面的家長，應該很難在氣咻咻頭頂冒煙的時候，還能思考選擇應該使用哪一種正向方法回應孩子的問題行為，才能夠顧及孩子的尊嚴和情感，自己又能同時把持住溫和堅定的原則，妥善運用錯誤來進行機會教育。

幫助家長知道也能做到的最佳育兒百科

正向教養發展至今超過四十年，研發出超過百種經典並具長效的教養方法，提供學習者靈活運用，且不限於親子或師生等各種人際關係。簡．尼爾森博士在一九八一年寫下第一本《溫和且堅定的正向教養》（*Positive Discipline*），歷經十二年的實踐與驗證，才在一九九三年寫下這本《跟阿德勒學正向教養：解決日常教養問題1001種方法》，本書是修訂後第三版，內容針對家長在日常育兒生活中可能會經歷到的九十二種大小難題，全盤羅列出來之後，緊跟著能夠用來解決該問題的多重方案，包括：

①**了解孩子、自己和情況**，這部分提供與該問題相關的兒童身心健康發展觀點，是較為平衡的看法，幫助家長調整當時情急下可能出現較為狹隘或偏頗的思考，能夠對該問題的形成或影響有更多認識，這會協助家長降低飽和的負向情緒，恢復理智，進而冷靜面對並解決親子問題。

②**給父母的建議**：針對每個問題情況提供詳細的具體做法，該說什麼或者不該說什麼，該做什麼又不該做什麼，要說和做的時候，順序又應該為何；許多家長們都希望能夠知道話該如何說：才能有效果，在書中有許多範例句，提供家長們在學習初期能模仿使用正向教養工具，在熟悉以正向教養的原理或精神與孩子互動之後，便能夠運用自如，靈活變化。

③**提前計畫，預防問題發生**：問題發生的當下，家長可使用前述建議處理問題。然而，我們都知道，預防永遠重於治療，大多數的兒童問題行為並不是一次正確的親子互動就能解決，

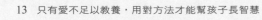

然而許多家長天真地以為「我講過了！」，孩子就應該能夠接住指令準確執行。事實上，無論大人或孩子對於改變都需要適應，家長若能溫和地在問題發生前後，與孩子進行合適的討論或提醒，對幼童做預防性的安排，就能大大減少問題發生的機會，並且穩固孩子對於新觀念或好習慣的維持。

④**孩子學到的生活技能**：正向教養認為，每個問題發生或是犯下錯誤時，都是能引導孩子從中成長和學習的最佳機會，這部分會簡要的讓家長知道，在該次問題發生時，機會教育的重點為何，與孩子互動時盡量不要偏離主題。

⑤**教養指南**：前述第四點是針對孩子的學習，而第五點則是針對家長需要進行的學習重要提醒，能夠幫助父母在進行互動和管教時，保持正確心態和健康的界線，才不會矯枉過正或是揠苗助長，拿捏好教養的分寸。

⑥**進階思考**：作者在這裡提供的是，全球正向教養學習家長們的真實案例或是研究報告，讓讀者能夠藉由閱讀各地家長們的育兒經驗，從中借鏡，並學習該問題發生時的可能情況，或是教養互動時的真實對話。許多時候可能不很順利，但也有讓人大吃一驚，問題獲得奇蹟般解決的時候！

正向教養引進台灣九年

在過去四十年間，「正向教養」已經成為美國主流親子教育法之一，涵蓋在家庭或學校等不同環境下運用的系列書籍，共出版了二十二本，以十六種語言在全球六十個國家發行，銷量超過六百萬冊。正向教養家長課程與講師訓練遍佈全球，在美國、墨西哥、厄瓜多、西班牙、法國、瑞士和中國等地，均有多所全面實施「正向教養」的示範學校。筆者自二〇一一年赴美學習後，引入台灣已有九年，定期開辦正向教養家長課程，以及家長講師、學校講師、早教講師等專業訓練，課程普及超過三千位家長與教師，專業培訓二百位台灣講師，各地幼教集團相繼導入「正向教養」教學系統。本書是正向教養創始人授權在台出版品的第九項。

育兒有方，家庭有愛

正向教養提倡，家長的育兒目標是培養孩子在成年後具備自信和負責的好品格，成為能夠解決問題和獨立生活的好青年。孩子並非天生如此，家長可以是孩子的啟蒙導師和潛能激發大師，各種優良品格與生活能力，都能夠在家庭中紮根茁壯，只需要家長懂得如何鼓勵、抱持信心和引導技巧，從出生開始運用對孩子有益與有效的教育方法，必能享受育兒辛勞之外，無比甘甜之愛的果實。看著孩子從粉嫩嬰孩長成有為青年，為人父母的成就與欣慰自是不在話下。

這本育兒寶典涵蓋陪伴孩子從出生到成人的各項疑惑及解說：家長如何引導和鼓勵孩子的實做心法與技法。珍惜並善用書中理論與實務的寶貴結晶，將會讓您在育兒路上輕鬆不少，成就育兒有方的智慧家長和有愛家庭。

本書以最友善讀者的方式，為我們的教養工具箱補充了數百條具體的建議。這些建議不是用來讓孩子為錯誤付出代價，而是讓他們學習生活技能，並為未來培養健康的自尊。本書將能幫助孩子成為贏家！

——麥克爾．布洛克（Michael L. Brock），教育學者、
《學校：聰明教養》（*School-Smart Parenting*，暫譯）作者、
《培養學生能力的七種策略》（*7 Strategies for Developing Capable Students*，暫譯）合著作者

認識這些作者就等同於明白事情總會越變越好一樣，他們再次透過本書的修訂和擴充證明了此點。在追尋如何看待孩子令人憂心的童年及其青少年階段行為線索的父母，將在本書中發現合理、實用的訊息和建議。好好運用這些原則，將可確實改善每位家庭成員的生活品質！

——蘇珊娜．史密莎（Suzanne J. Smitha），理學碩士、學校諮商師

在所有書籍當中，我最推薦本書給來諮商的父母，讓他們得以在面對日常教養問題時，獲得需要

且立即的幫助。這與我教導父母去創造健康、相互尊重的家庭關係，有著完全一致的原則。

——芭芭拉・曼登霍爾（Barbara Mendenhall），婚姻、家庭和孩童治療師

本書提供了特別有利於孩子的教養方式，包括以積極、培育和尊重的方式改變孩子的行為，而非加以懲罰和展現威權的策略。

——吉姆・博德（Jim Bird）博士，韋伯州立大學孩童與家庭研究學系系主任

正向教養是在這個充滿挑戰的世界中，教養孩子的有效方法。本書在你尋求解決方案時，將能提供現成的參考。我們發現，正向教養是公立學校培養學生公民意識的卓越方法。這個方法降低了百分之九十的紀律問題。

——肯特・拉森博士（Dr. M. Kent Larsen），猶他州希伯市希伯谷小學校長

「本書是我在教養時最重要的參考資源。我很感謝它賦予我觀察孩子行為的能力，並從中學到許

多可以在家庭中運用的正向教養原則，以及如何預防未來發生問題的建議和教養指南。我特別喜歡從書中引述的真實故事裡汲取教訓。我超愛這本書！」

——蘇珊・弗萊諾（Susan Fleenor），居住在華盛頓州肯莫爾市的一名母親

感謝作者們撰寫正向教養系列叢書。這些書改變了我的生活、我們家的生活，而我現在希望也能改變我教的五年級學生的生活。我希望幫忙傳播這些理念，讓世界各地的孩子、老師和父母都能從正向教養所傳遞的智慧中受益。

——黛比・基茲（Deby Jizi），五年級老師

「我在雙胞胎男孩出生後買了作者多本著作，包括《跟阿德勒學正向教養：學齡前兒童篇》以及本書。當我的孩子開始學步後，我看了各種關於教養的電視節目。我確實有個問題：我兒子在快滿兩歲時開始會咬他的弟弟。我決定對他強硬一點，並按照電視節目裡的建議去做：只要他一咬人就把他放到角落裡。兩個月後，他比以往表現得更糟，我們倆的壓力都很大，而他弟弟還是不斷被咬。我認為這一切實在太不值得了，所以停止收看任何教養節目，拿出了我一直奉行的正向教養書籍。我為兩個孩子都買了固齒器，這樣他們就能免於爭奪，並告訴兒子不能咬弟弟，要咬

就去咬固齒器。每次當他想咬人時，我會溫和地告訴他：不要咬弟弟，而是咬固齒器。那天結束時，情況就好轉了。之後的兩天內，他已經變得平靜得多，幾乎沒有再發生意外。現在咬人的現象可能每週才出現一次，真的很棒。我從此決定應該繼續閱讀你們的書，而不是聽從電視節目講的那些方法。我絕不會再停用正向教養的技巧。我的兩個孩子都很開心、很熱情、很好相處。這些技巧比把孩子放在角落裡，讓我感覺舒服多了。我們全家都衷心感謝你們。」

——阿米莉亞，兩歲哈米什和芬利的母親

說明

如何使用本書

本書的第一部從二十七種正向教養的核心態度說起。你將能在第二部找到用來處理所有你能想到的挑戰及建議。其中列出的許多建議，都與核心態度相互呼應。

你可能會想略過第一部，直接跳到正在面對的問題。不過，我們請你務必要先閱讀第一部——在嘗試解決特定問題前，先花點時間認識這二十七種核心態度，你將能從中汲取到更多知識。

你也許只想閱讀遇到問題的部分。但是如果你能閱讀過書中所有的主題，即使這些不是你現在關心的重點，你也能從中獲得應付各種情況的智慧和創意。此外，許多針對特定主題的建議，能提供你日常教養的想法，幫助孩子獲得勇氣、信心和生活技能。每個主題都有一個段落，告訴你如何預防問題發生。這樣你就不必等到問題發生時才來閱讀。

在解決問題時，請選擇適合的方法，或結合不同的建議。用你自己的話來表達，聽起來才不會像隻不真誠的鸚鵡。適當時機，讓孩子一起參與設想解決方案。與孩子「一起」閱讀這些建議會很有趣，並讓你們有機會選擇出雙方認為最有效的建議。讓孩子參與，能幫助他們發展合作力和生活技能。天下沒有任何一個孩子是一樣的，而你們的關係也在不時的變化中，所以在運用這些建議時，記得**保持彈性和體貼**。

當你無法冷靜地保持客觀時，這本書可以成為一位公正、有智慧的朋友。有時只是伸手拿出這本書，就會給你時間冷靜。當你冷靜下來後，就不會一直困在問題中，並能以更理性溫和的方式處理問題。

與你的伴侶一同教養。孩子能從父母共同參與的教養中受益。避免父親或母親成為一位「教養智慧的守護者」，而另一名卻袖手旁觀。父母雙方在教養孩子時，都有許多工作要做。

將眼光放遠。教養子女的長期目標是幫助孩子培養出健康的自尊，並學會成為一名有效率、快樂、願意貢獻、尊重人的家庭與社會成員所需的生活技能。所有正向教養的核心態度和本書中的所有建議，都是為了做到這一點。

滋養全家的身心健康

當孩子在超市裡發脾氣、不吃晚餐、咬另一個孩子、晚上不睡覺，或是在早上拒絕起床時，有哪一位父母不曾猶豫自己該怎麼做嗎？父母難道不喜歡去學習比懲罰效果更好的非懲罰性方法，以幫助孩子學習自律、合作、責任感和解決問題的能力？

這本書適用於任何年齡階段的孩子，討論所有你能想像得到的問題。

當你翻閱到針對特定教養問題的頁數時，會找到現在該怎麼做的解決方案，以及如何預防未來發生問題的建議。你還可以找到幫助你深入了解自己及孩子發展的資訊。最重要的是，每個主題最後都有「教養指南」，可以廣泛運用來解決其他問題，並幫助你了解孩子在回應父母的過程中所學到的事物。每個主題都包含了一個小故事（「進階思考」），你可以從中看到其他父母如何運用這些建議。

在掌握好正向教養的原則後，你將會獲得自信、解決問題的技能和健康的自尊，幫助你深入內心與深層智慧，尋找個人解答。

在你學習停止直覺反應、成為一名積極主動的父母過程中，你可以隨身攜帶本書，當做一個快速易懂的參考。

很快的，本書也將成為一碗能夠滋養你全家身心健康的心靈雞湯。持續燉這鍋湯。讓香氣滲透到家中的每個角落。

請好好享用！

第一部

正向教養
的 27 種核心態度

教養的路上，
父母們絕對會面臨各種挑戰，
本書適用於任何年齡階段的孩子，
將討論所有你能想像得到的問題，
並為你帶來全方位的解答。

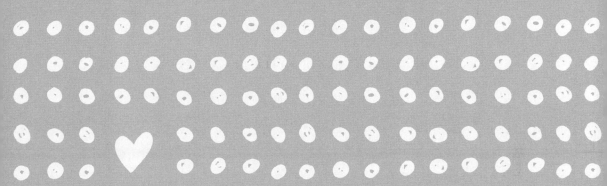

身為父母，你的工作很重要。你是那個幫助孩子長大、擁有歸屬感並與家庭保持聯繫的人。你教導孩子社交和生活技能、幫助孩子感受愛、尋找讓孩子感到自己是獨特的重要方法，同時還必須確保孩子安全無虞。

該怎麼做呢？透過教養。也許你認為「教養」是一種透過懲罰來控制的手段，但正向教養與懲罰或控制無關。相反的，它涉及指導、教育、準備、訓練、管理、技能培養並專注於解決方案。正向教養具有建設性、鼓勵性、肯定性、幫助性，溫和且樂觀。孩子並非天生具有方向，父母需要找到方法賦予其信心。

正向教養從孩子出生就可以開始進行，並可持續一生。因為正向教養是奠基於相互尊重的關係，你尊重孩子也尊重自己，所以運用起來永遠不嫌太早或太晚。如果教養建議只關注孩子的需要而忽略大人的需求，那就不是**相互**尊重了。這種教養只會鼓勵孩子依賴並欠缺勇氣。如果教養建議只關注大人的需求而忽略孩子的需要，那也不是相互尊重——而是屈服、恐懼和反叛。

正向教養的重點在於，溫和與堅定的平衡，以及對大人和孩子的尊重。它之所以叫做「正向教養」，是因為它既不溺愛也不懲罰，它為你的家庭帶來希望、增進技能並產生更多的愛。

你擁有的工具越多，能教給孩子的就越多。第一部是個參考，帶你認識正向教養的二十七種核心態度。這二十七種態度具會不斷出現在本書中，因此在你開始解決具體問題之前，請務必閱讀第一部。

I 溫和且堅定

許多父母都會被內疚的情緒困擾。那是因為他們不是太過控制（「我是老闆」），就是太過縱容（「叫我膽小鬼」）。有些父母則綜合了控制和縱容，在兩個極端之間搖擺不定、態度不一。正向教養的父母皆非上述。他們練習堅定但**同時**溫和。你是以下哪一種風格？

老闆：你擁有所有的權力，因為你是父母，孩子就應該服從你。

膽小鬼：孩子是宇宙的中心，他們擁有全部的權力。

溫和且堅定：孩子是家庭的一份子，不是宇宙的中心。你了解孩子的個性，並在不損害孩子意志的情況下創造界線。

還不確定你是哪一種風格？這裡有更多線索。「老闆」和「膽小鬼」都只是被動而非**主動**。這類型的父母會等到事情發生才在當下做出反應。溫和且堅定的父母則會退後一步，在行動之前觀察並思考。他們找方法為孩子**示範**怎麼做，而不是經常說「是！」或「不！」。「老闆」的態度經常是責備或糾錯，並以懲罰做為主要的教養方式。溫和且堅定的父母則尋求解決方案而非責備，並認識到自己是那個能夠且必須先改變的人。即使你的自我改變看起來很細微，也將對孩子的行為產生積極影響。

「膽小鬼」類型的父母則花費很多精力在早就該做、本來該做或本來就會做的事情上。當孩子把事情搞砸時，他們替孩子感到難過，不願意給孩子機會從行為中學習。如果這是你的風格，其實真正的情況是孩子反過來**當父母**，你並非是主導家庭生活的人。你過度保護孩子，並且對他們學習和成長的能力缺乏信心。你沒有給孩子很多機會發展「我有能力」的信念。你總是對他們心懷愧疚。

一旦開始使用正向教養的工具，你將成為溫和且堅定的父母，並能擺脫生活中的愧疚感。你允許自己和孩子犯錯、不完美，並不斷一試再試。為什麼？因為你知道錯誤是最好的老師，犯錯是很人性的事。

溫和且堅定的教養方式，能夠幫助你一次踏出一小步。思考你自己和家庭所擁有的優點，然後思考希望改善的地方，一次處理一個問題。這樣，你就不會給自己和孩子太大的壓力。

2 決定做法，然後行動

正向教養的核心是學會改變**自己**，而不是試圖控制他人並迫使他們改變。如果你一直忙著控制孩子，你可能從沒考慮過，你可以透過控制自己的行為，決定你的做法，而非試著指揮孩子做事來解決問題。

一旦開始專注於改變自己的行為，你很快就會意識到，行動必須伴隨著言語，你必須貫徹你的決定。所以你最好先思考清楚再開口說話，不要讓自己陷入進退兩難的境地。別說出不真心的話讓自己左右為難，往後退一步好好檢視發生的事。這將幫助你忽略旁枝末節，並處理真正重要的問題。

以下是「決定做法」的一些例子：

- 一名母親和她十一個月大的嬰兒在換尿布一事陷入拉鋸，她決定停止掙扎。相反的，她說：「我需要你的幫忙。我會等你躺好不動，再幫你換尿布。」每當孩子掙扎，她就停下來，不說話，靜靜地等待，直到寶寶停止扭動。一旦扭動停止，她就開始換尿布。這樣過了幾次之後，孩子開始配合這個過程並保持不動。她沒有表現出任何憤怒，只是耐心地等待，並確保孩子在換尿布台上安全無虞。
- 另一名母親發現她一直在重複自己的話，並意識到根本沒有任何人真的把她的話聽進去。經過一番思考，她告訴孩子，只有在確定所有人都注意聽她說話的時候，她才會開始說：而且只說一遍。如果他們有問題，她很樂意回答，但不會再重複一次。她堅持這個做法，並很快注意到，孩子在她說話時的注意力提高了。如果他們沒注意聽，也會去詢問其他兄弟姊妹們，剛才媽媽說了什麼。
- 一名父親注意到孩子們總是把功課拖到睡覺前才做，然後來請他幫忙。他告訴孩子們只有每天晚上七點到九點有空。第一次，有個孩子在九點半來找他，想開始為考試做準備，他微笑地說：「我知道你需要幫忙，我很樂意在晚上七點到九點之間幫你。這一次，你只能靠自己了。」父母在這種時候很容易替孩子感到難過，或是認為最好再給他們機會（在一番「我不是早就告訴過你」的說教後）。但是，如果你有勇氣堅守自己的承諾，就可以讓情況好轉，因為你允許孩子從自己的行為中學習。請記住，這只有在你不嘮叨、不提醒和不說教的情況下才會有效。

● 許多父母已經學會在孩子安靜下來之前，將汽車停到路邊靜靜等待，進而避免不安全駕駛。外出購物時，一旦孩子開始嗚咽或鬧脾氣，父母也可以帶孩子回車上坐著，避免孩子在購物時哭鬧。父母只需要告訴孩子「等你準備好，我們就回去」。有的父母會明確說明不讓孩子預支零用錢的立場，同時貫徹執行，讓孩子學會做預算，從而避免爭吵和哭泣。只要你堅持在每個人扣好安全帶之前不開車，就能停止無止境的拉鋸戰。

你很習慣把話一說再說、提醒和解釋，而非採取行動並貫徹執行。溫和且堅定的父母則將話語用來談論孩子的美好、參與主題有趣的對話，或是向孩子解釋生活的原則。

3 少說，多做

關於「決定做法，然後行動」教養方式的另一種做法是：以行動取代言語。聽聽自己在一天裡說了哪些話——你可能會驚訝於自己說了多少廢話。多少父母在超市裡和孩子討價還價，在百貨公司裡央求孩子，在公園裡嘮叨孩子，在從A點移動到B點的空檔不斷向孩子做解釋。如果父母少說話、多行動，他們與幼童相處的問題就能減少百分之七十五以上。孩子常把父母說的話當成耳邊風，就是因為父母說得太多了。

這種透過說話的教養（「做好這個」「別那樣做」）是父母錯誤地將權力轉交給孩子的一種方式，孩子因此將父母之言都當成馬耳東風，更別說照父母的話去做任何事。於是這些父母便將孩子貼上不聽話的標籤，而不是承認自己沒有使用有效的教養技能。牽孩子的手走路、將他們抱到床上，或是在孩子不想洗澡時把他們放進浴缸裡，都是沒問題的。但對著孩子怒吼、嘮叨、說教、乞求、命令和威脅，則是不尊重他們。放棄數到三的習慣；閉上嘴，行動。你會對結果感到驚訝。

如果你決定多行動、少說話，孩子會開始注意到差別。不要一遍又一遍地叫孩子安靜，你可以試著安靜地等待孩子給你注意力。如果孩子正在為玩具吵架，安靜地把玩具拿走，放到一個他們無法觸及的地方。你不需要說任何一句話，孩子就會知道，他們可以在停止爭吵後拿回玩具。如果孩子用叉子敲桌子，或伸手拿一個你不希望他拿的東西，請他停止的話只需要說一遍。如果孩子仍然繼續，將物品移除，切忌不斷重複自己的話。

這是「透過說話教養」最大的錯誤——你覺得孩子必須去做的事情，你卻詢問孩子是否願意去做。你一定這樣做過，不然也從其他父母那裡聽過。「你想扣上安全帶嗎？」「你想來吃晚餐嗎？」「你想鋪好你的床嗎？」答案通常是：「不、不、不！」

為了避免這種問題，請說：「現在你該扣上安全帶了。」「現在是晚餐時間。」「我們在離家之前要把床鋪好。」「星期四是洗床單的日子。」「以下是我們要做的事。吃完飯後，我們會收拾碗盤，並放進洗碗機裡。」如果你在孩子年幼時練習以這種方式說話，孩子會接受很多事在家裡就要這樣做。他們不會挑戰決定，因為這是做事的方式，並不是所有的事都需要經過辯論或討論。

另一個「少說多做」的訣竅是，在你對孩子提出要求前，確認你們待在同一個房間裡。如果你能靠近孩子，與他們的目光接觸，就更有機會確實傳達訊息。在孩子聽你說話之前，必須先引起他們注意。「行動」是做到這點很好的工具。當你說話時，站起來或往孩子的方向移動，而非只是坐在扶手椅上大聲發號施令，你會發現結果有多快見效。

4 貫徹執行

「貫徹執行」能大幅減少你的挫折感以及與孩子的衝突，同時教會孩子許多寶貴的生活技能。「貫徹執行」是一種行動方式，也是讓孩子傾聽和合作的有效方法，讓你成為積極主動的父母。以下是貫徹執行的一些範例。不要直接跳進問題裡，先觀察孩子的行為模式，再選擇你要針對的問題。當你認為自己準備好改善情況時，請遵循以下的步驟：

①給予問題全部的注意力；

②重視孩子的感受，以假設的語氣滿足孩子的願望（「我希望能給你想要的東西」）；

③告訴孩子要做什麼而非不做什麼；
④讓孩子一起設想解決方案；
⑤分享你的感受並設定限制；
⑥採取行動並貫徹執行。

以下為一個實際的例子。每次媽媽講電話，雪莉就會來打擾。就算媽媽給雪莉機會和來電者說話，雪莉總是會要求多講幾次或講久一點，如果不行，雪莉就會捏咬並打媽媽。因為這件事已經重複發生好幾次，媽媽決定以全副精神來處理。她想到一些可以貫徹執行的選擇。她挑了一個不會有電話打擾的時候，對雪莉說：「我知道妳希望引起我的注意，或跟打電話來的人說話。我了解，我也希望能讓妳愛講多久就講多久，但有時，這不可能。」

然後媽媽問雪莉，如果她講電話時不想被打斷，雪莉要如何幫忙。雪莉說：「我想講話，是因為我不要妳只顧著講電話，不陪我玩。」媽媽再次說：「我理解妳的感受，但我們必須這麼做。當我接電話時，我會讓妳知道可不可以跟這個人講話。如果不行，請妳在我講完電話之前，自己在書裡著色或玩樂高積木。我知道，等待很困難，但我相信妳能做到，並讓我講完電話。當我試圖和某個人說話，卻因為妳想引起我的注意而讓我無法集中精神時，我會感到很沮喪。」

然後媽媽明確地告訴雪莉會發生什麼事，並設下限制。「我了解等待對妳來說太困難，但我在講電話時需要安全感。如果因為妳咬我或打我，讓我感覺不安全，我會到陽台把電話講完。」

當電話再度響起的時候，媽媽就像她說的那樣做。她請來電者等一下，然後告訴雪莉，這不是她能講的電話。她帶雪莉走到樂高積木旁邊，然後繼續講電話。當雪莉走近大喊著「我想講電話」時，媽媽就帶著電話走到陽台，並在講電話時把門關上。

這個孩子學到了什麼？她知道妳說到做到，妳尊重自己也尊重她。她學會合作與負責。她知道自己可以感到沮喪，但卻不能任性而為。她學會給予和接受。

許多大人會問，打屁股不是更簡單有效嗎？儘管懲罰可以解決當下的問題，但卻無法傳授任何貫徹執行所能教導的技能，而且是對孩子的侮辱和不尊重。當孩子受到懲罰時，他們會感到生氣或愧疚。當孩子感到愧疚，可能會發展出「我很糟糕」的念頭。當孩子感到生氣，可能會發展出「我要給你好看」的念頭。

儘管懲罰的效果更快，卻不是父母希望孩子學到的東西。

5 以機會教育取代懲罰，從錯誤中學習

在正向教養中沒有「懲罰」的存在。為什麼？數以百計的研究成果顯示，懲罰**並非**獲得正面成果最有效的方式。相反的，它會傷人，讓人感覺不好，並且把恐懼變成一種動力。

那麼，為什麼還有這麼多的父母使用懲罰或侮辱的教養方法？

答案很簡單。他們相信這是有效的，他們正在「做某件事」，而不是讓孩子「避免」不當行為的後果。「懲罰」釋放了父母的憤怒和挫折感。

這些使用懲罰做為教養方法的父母們，是因為他們受限於自己的過往經驗，缺乏使用其他方法的知識和技能。他們相信打屁股、禁足或取消特權，是孩子最好的學習方式。他們確信孩子必須受苦才會學習。

許多父母使用懲罰，是因為它賦予一種控制感——特別是當懲罰暫時讓問題消失時。他們不想縱容孩子，因此認為唯一的取代方案就是懲罰。當這些父母退後一步，客觀來看，便會注意到自己不斷在針對同樣的行為進行懲罰。這是一個了解懲罰從長遠來看無效的好線索。如果你符合這個描述，在此很樂意讓你明白，本書教導了許多尊重孩子的教養方法，既非懲罰，也非縱容。

還有一些父母使用懲罰，是因為人性傾向於採取阻力最小的道路。在有新方式取而代之以前，幾乎不可能打破舊習慣。你是否試過戒菸或減肥？人類的心靈憎惡空白和空虛。開始一個新習慣，比改變舊習慣卻沒有取代方案，來得簡單。

憤怒和負能量很難讓人進行有建設性的學習。當孩子認為你對他生氣，他往往會表現得更糟。教養要有效，需要理性和愛心（同時溫和且堅定）。你可以告訴孩子，你對某個行為感到生氣，但在氣頭上喊著要懲罰他們，卻會適得其反。這兩者之間，存在很大的差別。

我們在整本書中，將分享許多以相互尊重的學習機會來取代懲罰的方法。正向教養法聚焦的方式在於：教導孩子們，他們的行為會影響他人；當他們傷害他人，大人會幫助他們停止傷人的

行為。孩子還會學到，對任何情況所產生的特定感受，並不能做為避免處理情況的藉口。

以下是一些參考例子。

- 孩子打翻了果汁。懲罰型父母會因憤怒而怒罵、打人或拿走果汁，但是你會給自己和孩子各一塊布，然後說：「讓我們一起清理乾淨。」
- 孩子和小狗玩得太瘋了。懲罰型父母會責罵、爭論、嘮叨、威脅和怒斥。你則會將孩子和小狗分開，並告訴他們：「等到你們可以安靜一點時，再一起玩。」
- 孩子忘了做家事。懲罰型父母會取消特權，而且家事還是沒做完。但是你會找到孩子，和他的眼神相對，然後說「現在該做家事了」。如果孩子說「等一下」，你會說：「我希望你遵守承諾。現在是做家事的時間。」
- 還在學步的孩子伸手打你。懲罰型父母會打回去、怒斥或威脅。你則會牽起學步孩子的手，輕輕拍拍自己說：「拍、拍、拍。要溫柔喔！」
- 孩子玩玩具玩得太瘋了。懲罰型父母會使用情感勒索，說出這一類的話如「你真是小孩子」「自私」「笨手笨腳」，以侮辱的方式鼓勵孩子做得更好。但你會拿起玩具放在安全的地方，然後說：「等你能夠安靜一點時，再告訴我」。如果孩子說「我準備好了」，但還是繼續粗魯地玩，你可以把玩具拿走並說：「等我準備好讓你再試試看時，我會告訴你。」

你會注意到，使用正向教養的父母不會忽視問題。他們積極參與並幫忙孩子學習如何更妥善地處理問題，同時保持冷靜、友善，尊重孩子和自己。

6 改善溝通技巧

身為父母，有一部分的工作是提供孩子資訊，但有更大一部分是幫助孩子學會自主思考。你可以學習新的傾聽方式來做到這一點。「聆聽」是父母最難學會的溝通技巧。以下訣竅可以幫助你成為一名更好的傾聽者，並幫助孩子培養更好的思考能力。

提出啟發性問題

太多父母習慣告知孩子發生什麼事情、導致事情發生的原因、應該如何看待，以及應該怎麼做。但「告知」並不能鼓勵孩子培養自身的智慧和判斷能力、相關技能、負責能力，而且會讓他們錯過「將錯誤視為學習機會」這份美好的禮物。當你告訴孩子「什麼」、「如何做」以及「為什麼」時，你教的是思考什麼，而不是如何思考。在一個充滿同儕壓力、邪教崇拜和幫派的社會裡，教孩子思考**什麼**而非**如何**思考，是非常危險的，因為孩子只會尋求下一個「專家」給他方向，而不是使用批判性的思考技能。

最重要的是，記住，只有當你真的想了解孩子的想法和感受時，才適合提出為什麼、是什麼以及如何進行的問題。在你準備好傾聽之前，不要發問。

你可以透過問孩子「發生了什麼事？」「你認為發生的原因是什麼？」「你怎麼看待這件

事？」「你下次該如何運用從這次獲得的資訊？」來幫助孩子發展思考技能和判斷能力。

以下這個範例故事可以具體說明，一名母親在她八歲孩子的腳踏車被偷後，如何處理：不說教，而是提問。

妮塔哭著走進屋裡：「我找不到我的腳踏車。一定是有人把它偷走了。」

媽媽：「我很抱歉。我可以看出妳有多沮喪。告訴我，發生了什麼事。」

妮塔：「我把腳踏車放在莎莉家前面的草坪上，現在不見了。我討厭偷腳踏車的人。這太過分了。」

媽媽：「是的。很可惜，我們無法控制世界上的每一個人，讓他們變好。真讓人遺憾。」

妮塔：「是啊！」

媽媽：「既然我們無法控制別人，妳能想到哪些可以在未來保護好東西的做法嗎？」

妮塔：「我最好不要把東西留在外面。」

媽媽：「聽起來，妳從這個痛苦的經驗中學到了很多東西。也許之後我們可以再談談買另一台腳踏車的事，妳需要做些什麼，以及如何照顧它，好讓這樣的事不再發生。」

妮塔：「我們不能現在談嗎？」

媽媽：「我覺得我們兩個現在都很沮喪。妳認為需要多久時間，我們才能理性地談這件事？」

妮塔：「明天？」

媽媽：「聽起來不錯。」

當孩子告訴你事情時，你可能會想為自己辯護、解釋，並告訴孩子應該如何感受或解決問題。這是一個幫助孩子釐清問題並與感受連結的好機會，不要介入去拯救和接管問題。你可以透過提問，來幫助孩子更深入探索。如「可以告訴我更多嗎？可以給我一個例子嗎？你還有什麼想說的嗎？還有什麼嗎？」一個很有用的辦法是，多問孩子幾次「還有什麼嗎？」，直到孩子想不出別的話要說。在這一點上，相信你的直覺。孩子在被傾聽和認真對待後，感受會好轉，而這就是他們所需要的。你還可以問，「你需要我和你一起腦力激盪，設想解決方案嗎？」如果孩子沒有要求，請避免幫忙。

練習反映式傾聽

另一種幫助孩子感覺被傾聽並學習思考的方法，是透過有如為孩子舉起一面鏡子般的「反映式傾聽」。你的工作是向孩子反映你所聽到的事。最好使用與孩子稍微不同的用語，別讓自己聽起來像隻鸚鵡，但同時要貼近孩子所說的話。

這裡是一個例子。

孩子說：「我討厭凱倫。」你說：「你討厭你最好的朋友？」孩子說：「是的，因為他在背後說我壞話。」你說：「他對別人說了一些沒有當面對你說的話？」孩子說：「是的。」

在這個時候，你可以告訴孩子：「我很高興，你和我分享你的感受。你需要一個擁抱嗎？」這遠比試圖解決問題，或勸說孩子應該當個好朋友、學習原諒和遺忘，來得更有效。我們了解你很想這麼做，但藉由不帶評判地讓孩子表達感受，孩子將得以自己學習，而你的教養工作也會做得更好。

在這個例子中，孩子從媽媽那裡得到了一個擁抱，隔天她和她的朋友又做回最好的朋友了。

發展感受性詞彙

如果你希望孩子認識感受並培養情緒智商，請從聆聽他們的感受開始，不要試圖解釋或修復。孩子將會學到，擁有感受以及表達出來都是平凡不過的事。但如果孩子是在發洩情緒而非表達感受，亦即在鬧脾氣但不說為什麼生氣，你可以透過「為感受命名」幫助孩子識別。

這裡的訣竅是：使用感受性詞彙。感受通常可以用一個詞來形容：快樂、受傷、舒服、害怕、飢餓、困倦、憤怒、難過、無助、絕望、煩躁、尷尬、羞愧、高興。

以下將說明如何使用感受性詞彙。

孩子玩拼圖遊戲玩得很沮喪，無法將拼圖正確地湊在一起。他將拼圖扔到房間另一頭，開始哭了起來。你可以對孩子說：「你很生氣，是因為這個拼圖很難。你不喜歡這麼難的拼圖，對不對？」

孩子可能會生氣，但他不知道他體驗的感受叫「生氣」，這感受有名字，而且他可以擁有這樣的感受。透過命名，你正在教會孩子一個感受性詞彙。

你可以再進一步問孩子，他是否需要幫忙，還是願意再試一次，直到幫拼圖找到正確的位置為止。你也可以讓孩子對拼圖感到生氣，並對他說：「也許你想等感覺好一點時再試試看。」

你可以透過同樣的方式分享**你的**感受。當孩子打小狗時，你可以說：「我擔心你會傷害到小狗，或是小狗可能會咬你，我希望你能對狗狗溫柔一點。」

如果分享你的感受並未改善情況，隨時回到採取行動，將孩子和小狗分開，讓他們知道你不喜歡這種遊戲方式，他們可以稍後再試試看。

在傾聽時保持沉默

無聲勝有聲。當孩子跟你說話時，你可以保持沉默傾聽，避免說教或主導對話。你會驚訝地發現，當你說得越少，孩子說得越多。你可以適時地用「哦」和「嗯嗯」這類方式回應即可。

使用「我注意到」做為陳述

不要問設計好的問題。一個設計好的問題是你已經知道答案，但為了困住孩子而問的問題如「你做了家庭作業嗎？」「你刷牙了嗎？」「你打掃好房間了嗎？」相反的，使用「我注意到」來陳述，不要詢問設計好的問題。「我注意到你沒有刷牙。現在去刷。」「我注意到你還沒做作業。你想如何完成？」「我注意到你沒有打掃房間。我們要不要打電話向消防隊借個大水龍帶，還是花你的零用錢來僱個傭人？」

如果孩子回答「是的，我做了」，你可以說「是我錯了」或「太棒了，我想看看」。如果孩子欺騙你，針對孩子行為背後的信念——可能是為了爭奪權力或是報復——進行處理（可參閱

〈幫助孩子感受歸屬性和重要性〉中的「四個錯誤的行為目的」）。

7 設定合理的期望

你是否注意到，一旦你有了孩子，時間便不再只是你自己的？

現在有許多父母試圖成為超級父母，全心參與孩子生活的各個層面。他們希望孩子參加各項活動，在學校表現優異，擁有健康的自尊心，並保護孩子免受生活的考驗和磨難。

除此之外，許多父母不是單親撫養就是在職父母，或是兩者皆是。由於離婚和再婚的緣故，他們可能得養育來自不同家庭的孩子。這些父母可能仍住在自己父母家裡，或是讓父母和他們一起住。

現在的父母十分難為。

這是為何需要照顧好自己的原因，將期望值降低，讓目標容易達成，是很重要的。

你的房子可能看起來不像《美麗家居》（*House Beautiful*）*雜誌那樣。你可能沒時間準備精緻佳餚。高爾夫球和網球要等孩子大一點才能打。在你調整生活方式，把時間用來滿足孩子對愛、陪伴和訓練的基本需求時，可能很難再像以前一樣，既快速又不費力地把事情做好。

別對自己太過嚴苛。

你可能需要花一週的時間，處理本來在一小時內就能完成的事，那沒關係。如果可以，僱用幫手或盡量委託他人。

你可以使用托育服務，在沒有孩子的情況下處理雜事。學習讓其他家庭成員幫忙家庭事務。花時間訓練他們，這樣每個人都能一起幫忙。**

以孩子為考量來布置房子，這樣就不用擔心安全問題。你可以將一些活動限定在屋內的特定空間裡進行，像是在餐桌上吃飯，在桌子上使用蠟筆，在屋外玩球類遊戲，在起居室裡玩打鬧遊戲等等。

做預算時的態度要務實。

了解孩子在「想要」和「需要」之間的差別。

你不必購買名牌服裝或到昂貴的度假勝地度假來滿足孩子。他們可以學著存錢來購買想要的東西。擁有電視機、電話、汽車、手機、iPod、電腦等物品，並非他們與生俱來的權利。事實上，擁有太多東西可能會讓孩子變得過度追求物質享受，導致他們沒有「東西」就不知道如何感到快樂。

*《美麗家居》是創刊於西元一八九六年的室內裝潢雜誌。

**更多關於讓家人學會照顧自己和他人的資訊，請參考琳．洛特（Lynn Lott）和莉琪．因特納（Riki Intner）的《沒有戰爭的家務》（*Chores Without Wars*，暫譯）。

8 舉行家庭會議

讓全家人參與家庭事務的最佳方式之一是：舉行家庭會議。在一起學習如何解決問題的同時，全家人也在學習溝通技巧、合作、尊重、創造力、表達感受，以及共享一家人的樂趣。

家庭會議是全家每週一次在固定時間舉行的聚會（有些家庭將這段特別的時間稱為「家庭會議」；其他一些新型態的多元家庭則因為有些成員不能接受**家庭**這個說法，而稱其為「談話時間」或「特殊時光」）。無論你怎麼稱呼，這都是一個家庭成員可以坐在一起，談論各自關注話題的時光。

大多數的家庭會議都有一個議程，通常會包括感謝、回顧之前的議題、解決問題、安排計畫和共同從事有趣的活動。在這段時間內，家庭成員可以表達情感、互相稱讚，並進行對話。

請確保在開會時沒有其他干擾，例如電視或電話。你們可以圍坐在餐桌旁或客廳裡。如果某位家庭成員選擇不參與，請照常開會，並歡迎他們隨時加入。將開會時間限定在十五分鐘到半小時之內。這次討論不完的事項，留到下次的會議再處理。

在一週內選個時間，張貼議程。冰箱門上是個好地方，因為每個人都可以看得到，並在上面寫字留言。將議程做為備忘清單，列出在會議舉行前可能會忘記卻很重要的討論事項。除了備忘之外，這份議程也能幫助你，等到每個人都在場，再一起幫忙處理問題，並找出解決方案。

以讚美和感謝開啟每次的家庭會議，讓每個人有機會表達和聽到正能量的話。根據家庭成員的年齡大小和技能高低，輪流主持會議，並寫下達成的協議。在讚美之後，主席負責提出議程上的討論事項，並幫助家庭成員依序進行互相尊重的溝通。最簡單的做法是繞桌子兩圈，給每個人兩次機會，能夠不被打斷地表達對問題的看法或感受。如果沒什麼話要說的人，可以說：「我跳過。」這是讓全家透過分享意見、傾聽感受和提出解決方案，來練習解決問題技巧的好時機。

在進行改變前，先得到全家每個人的同意——這一點非常重要。在達成共識前，你必須先接受事情原本的狀態。在一些家庭中，父母會先決定好一個權宜方案，直到全家想出所有人都同意的做法。有些問題在全家達成共識前，可能需要經過幾週的討論。

腦力激盪（提出建議清單，先不加以評估）能創造更多供每個人考慮的選項。不要尋求完美的解決方案，建議家庭成員從腦力激盪的建議清單中選出一種做法，然後試行一小段時間。訂好下次開會的時間，評估該解決方案，並討論每個人在試行過程中所學到的東西。

當每個人都專注於解決方案而非責備時，家庭會議的效果會是最好的。在家庭會議上沒有人應該被審判，每個人都應該被傾聽並受到認真對待。進行對話而不嘗試修正，是促進家庭合作與和諧的好方法。

9 提供有限的選擇

在適合的時候，讓孩子在至少兩種可接受的選項間做選擇。

這裡的關鍵詞是「適合」和「可接受」。尤其對幼兒來說：很多時候不適合給予選擇。讓幼兒選擇是否要刷牙、上學、傷害他人或身處險境（例如爬上屋頂）是不適合的。「可接受」是表示你願意接受孩子選擇的任何選項，例如「存零用錢或不購買」「練習鋼琴或放棄上課」「在晚上八點十五分或八點半上床睡覺」「把髒衣服放進洗衣籃裡或穿髒衣服」，有些父母不願意讓孩子去做的選項，例如穿髒衣服——那麼這些選項就不應該出現。

幼兒對有限選擇的反應通常都十分良好。如果你告訴他：「當我們過馬路時，你想牽我的右手還是左手？你決定。」孩子會在你教導和保護的同時，感受到自己的能力。特別是加上「你決定」這句，賦能效果更是加倍。

隨著孩子的年紀增長，給他們的選擇需要更廣泛，否則容易產生拉鋸戰。例如，你可以問一名青少年：「你想要我設定一個宵禁時間，還是想參與這個決定過程？」大多數的父母採取的方式是直接告知，並未讓孩子參與對話並傾聽他們的意見。這不僅不尊重孩子，也會引發他們的叛逆性格。如果你和孩子在宵禁時間上的看法相差十萬八千里，你們可以試著從小小的協商開始，例如一次試行個一到兩週。

10 設定限制

父母必須為幼兒設定限制，並讓年長的孩子幫忙。你的工作是設定範圍，像是決定橋梁的寬度那樣。當孩子年幼時，限制要嚴格一些。隨著孩子年紀增長，要擴大限制的範圍，並讓孩子參與設定這些限制。

教養的藝術，有一部分是在於明白何時該放寬限度。孩子通常會透過對話或行動來幫助你做決定。如果你能針對我們提供的溝通技巧加以練習，並定期舉行家庭會議，當孩子準備好擁有更多自由並與你參與設定互相尊重的新規則時，他會讓你知道的。

如果你仔細觀察孩子，會發現他們幾乎會不顧後果、一次又一次地挑戰你所設定的限制。孩子通常會比你先做好承擔更多責任的準備。關於這點的例子是，一名母親教孩子如何小心過馬路——一方面要牽好她的手，一方面要左右觀察來車。有一天，孩子說不需要她幫忙，可以自己過馬路，但她還沒準備好放手。孩子堅持要到巷子另一頭和朋友玩，並表示可以自己注意車子。她決定讓兒子試試看，但心裡仍有些懼怕，於是跑去躲在樹叢裡，在必要時還來得及阻擋行駛的車子。她訓練有素的兒子，當然是輕鬆安全地過了馬路。

正向教養的父母使用自然後果、邏輯後果和日常慣例來設定限制。在學習過程中，自然後果很簡單而且非常有效。它們是自然發生的。當你站在雨中，會被淋濕。當你淋濕時，你會想，

「我要回家去拿雨傘或雨衣。」沒有人需要事先告訴你要這麼做。當你頻繁地向孩子嘮叨自然後果，通常會養成只有在被指使、提醒或嘮叨時才會好好做事的孩子。你干預了自然的秩序，剝奪了孩子學習選擇所造成的後果的機會。

你可以在行動前等待和觀察，看看在你不干預的情況下，孩子會怎麼做。只要你允許的自然後果沒有潛在危險，你在事後都能進行干預。孩子不會因為淋到一點雨而死於肺炎。如果孩子似乎不介意淋濕，你可以說：「親愛的，我希望你回家去拿你的雨衣，因為在下雨時需要穿上雨衣」。另一種說法可能會更有效：「親愛的，你要怎麼做，才不會被淋濕呢？」在得出那個明顯的答案前，孩子會自己思考，並感受到「自我掌控」的能力。如果父母能夠抵抗控制、拯救或懲罰孩子選擇的衝動，孩子就能自然地學習。

有時，自然後果對於幫助孩子學習生活技能或人生課程來說：太過危險或不適合。這時邏輯後果就會很管用。不過，這裡的困難在於，許多父母對邏輯後果有嚴重的誤解，並試圖將懲罰偽裝成一種邏輯後果。

懲罰是，當孩子犯了錯，你覺得有必要透過讓孩子受苦來加強學習效果時所發生的事。邏輯後果的重點則在於，幫助孩子面向未來學習，而不是為了現在或過去付出代價。讓孩子體驗自己選擇所造成的後果，可以幫助他們學習到寶貴的人生課程。孩子將學到的是：犯錯沒關係，再試試看就好。

當你真正了解如何設定和貫徹執行後果時，通常會感到內疚或難過。你可能會比孩子受更多的苦。事實上，這才明確表示，你確實做到了。如果孩子一直忘記帶午餐盒去學校，並期待你開車送過去，你可以說：「很可惜，你忘記帶午餐盒。也許你的朋友會與你分享。我今天不能幫你把午餐帶到學校。」你可能會擔心孩子餓死，但事實上，你的兒子或女兒可能因為吃到朋友在午餐中不喜歡吃的健康食物，反而吃得更好。

「後果」就是允許孩子從自己的選擇和行為中學習。如果你和青少年階段的孩子都同意——只要他記得加油，就能開你的車，當他沒有這樣做，而你徹底執行協議時——他就會從中學習。大多數父母傾向於說教，或再多給一次機會、拯救、責罵，而不是說「當你有足夠的錢來補貼用掉的汽油時，歡迎再來開我的車。」太多的父母認為這太過嚴厲和不公平，因為孩子沒有被拯救而正在受苦，特別是當你的兒子有一個重要約會，需要開你的車前往時。就算造成你的不便，你親自開車送他，或讓他搭朋友的便車、騎腳踏車，都好過拯救他。讓他從小小的不便中記取教訓，可以避免他因為從未面對過自己行為的後果，而產生的長遠問題。

最有效的後果是，讓孩子一起參與設定的後果。

詢問孩子，什麼是好的解決方案（比起後果，這是一個更好的用詞）；彼此努力達成共識，遠比任意設定一個後果來得有效。下面的例子顯示，父母如何透過詢問在室內打球的問題，讓孩子一起參與設定後果（或「解決方案」）。

爸爸：「如果你們繼續在客廳裡打球，你們認為可能會有什麼問題？」

孩子們想了一會兒，想出了幾個答案，「我們可能會打破東西、惹你生氣、讓狗狗太興奮、太吵、玩得太開心。」

然後，爸爸問：「你們認為要如何解決這些問題？」

孩子們建議，除非他們玩的是室內球，否則在外面打球會更好。

到了這時候，他們也認同離開客廳是個好主意。

爸爸：「如果你們在玩球時，沒有遵守互相尊重的承諾，哪一種後果會具有相關性、尊重且合理？」

孩子們一致同意，可以讓他們到外面玩完這場遊戲；或是把球拿走，讓他們改天再試試看。

因為孩子參與設想解決方案，所以當父母之後貫徹執行時，他們會更樂於合作。孩子不必受苦就能學習。但是當你貫徹執行時，請和下面這位父親一樣，發揮同理心。

八歲的布倫特生氣地噘著嘴，因為他不能繼續在游泳池裡玩，必須在草地上坐十分鐘。即使他事先同意，這是在泳池邊快跑、把人推進泳池裡需要承擔的後果，但是他並不開心。他的父親坐在旁邊說：「我知道等待很難，但你很快就能再試一次。在等待的時候，想喝一杯檸檬水嗎？」布倫特悶悶不樂地說：「不，謝謝。」但他接著問：「嘿，爸爸，你可以幫我拿一顆橘子嗎？」

這裡的訣竅是，一次關注一個問題。詢問其他家庭成員的想法。當他們提出的想法不適合時，提供有限的選擇。例如，如果孩子說「我根本不想做」，提供他一個有限的選擇，像是，「你可以在早餐前或晚餐前做。『根本不想做』並非選項之一。」

11 建立日常慣例

父母為孩子設定限制最有效的形式之一，就是建立日常慣例。問題在於，有時你所建立的日常慣例並非你想要的。

晚上你通常要花兩小時才能讓孩子上床睡覺嗎？你早上需要嘮叨、哄騙、提醒甚至叫囂，才能讓孩子做好上學前的準備嗎？你需要做所有的家事並因此感到不滿嗎？其實這些都是日常慣例。我們猜想你會樂於建立新的日常慣例，讓全家人在其中付出與收穫，並發揮主動性和創意。正向教養的日常慣例有助於消弭親子拉鋸戰，並提供家庭成員尋求歸屬感和為家庭貢獻的方法。

建立良好的日常慣例，能協助父母發展家庭的長期利益。所謂的長期利益包括安全感、相對寧靜的家庭氣氛、信任，以及孩子可以學習的生活技能。孩子有機會學習專注於情境的需求：去做需要被完成的事。孩子學會對自己的行為負責，感受自己的能力，並能夠在家庭中與人合作。

孩子喜歡日常慣例，並對此反應良好。孩子年紀越小，日常慣例的撫慰效果就越大。想像一下，原本習慣在故事時間前吃餅乾、喝牛奶的學齡前兒童，在代課老師改變這個順序後，試圖進行調整的模樣。一旦日常慣例確立後，父母便不需要一直要求孩子幫忙。

一開始，可以由你來建立日常慣例。例如先穿上睡衣，然後講故事，接著擁抱，最後是睡覺時間。有些極年幼的孩子會對你說：如果你不躺在他身邊直到他睡著，他就不上床睡覺——這和建立日常慣例是非常不同的。只要你溫和且堅定，在孩子成長並準備試探你設定的規則前，你所建立的日常慣例都會有用。到了那時，即使是幼兒也能參與建立日常慣例，來減少睡覺、清晨準備、用餐、家庭作業、度假等等挑戰。

例如，你可以問一個兩歲大的孩子：「睡覺前需要做些什麼？」如果他沒辦法想到答案，你可以說：「刷牙？」一旦你有了一份完整清單，其中可能包括吃點心、洗澡時間、穿睡衣、刷牙、選擇第二天早上要穿的衣服（這有助於消除早上的拉鋸戰）、說故事時間、擁抱等之後，幫助孩子決定需要完成的順序。建立一個睡前日常慣例表，然後拍攝孩子進行每項任務的照片，幫他把照片貼到慣例表上，每項任務旁邊。孩子喜歡在睡前日常慣例表上，看到自己從事每項任務的照片。

現在，讓日常慣例表發號司令。在大多數的情況下，孩子將會熱切地遵循自己的慣例。如果他忘記了，你可以問：「日常慣例圖表上，下一步是什麼？」讓孩子來回答你而非被告知時，他會更願意合作。

最後，透過堅定和溫和的行動來執行日常慣例。對孩子提及他的圖表或任務清單，或是問他「我們的協議是什麼？」拒絕拯救和說教。

建立日常慣例的另一個訣竅是設定期限。在建立日常慣例時，從期限開始往前推算，以確定完成任務需要的時間。例如，如果你想在星期天下午兩點前打掃完房子，讓全家人有時間一起外出，你便要思考這會牽涉到哪些工作、需要多長時間，以及每個人需要何時開始才能準時完成。

請注意，大多數的日常慣例會牽涉到整個家庭。我們發現，當全家人一起工作，而非父母不在，只留給孩子一份要完成的任務清單時，日常慣例才會最有效果。

以下是一些日常慣例的範例：

打掃房子

每週選擇一個時段，共同打掃房子。每名家庭成員可以選擇一個或兩個房間進行打掃，或是負責一至兩項的任務，如擦桌子或清理水槽。一旦每個人經過與他人共同工作的訓練，一家人可以在一小時內打掃完有六個房間的房子。

計畫和準備餐點

一個人負責做飯，一個人從旁協助，一個人負責擺餐具，一個人負責清理。在舉行家庭會議時，讓每名家庭成員至少選一晚，負責其中一項工作。製作一份餐點圖表，讓每個人列出想準備的食物。這份圖表可以包括主菜、蔬菜、沙拉和甜點。在擬定購物清單時使用這份圖表，能確保你購買到所需的食材。

超市購物

在超市時，使用這份購物清單。讓每名家庭成員從主清單中挑選他們想在超市裡幫忙採購的物品。全家一起前往超市，讓每個人幫忙採購各自清單上的物品。約定在結帳櫃檯見面、付錢、回家，一起卸下採購物品，並將物品放到該放的位置上。

刷牙

當孩子年紀還小時，他們需要你幫忙刷牙。跟孩子一起刷牙，協助他們使用牙線。隨著孩子年齡增長，將刷牙加入上學前和就寢前的任務清單上，對孩子會很有幫助。有些家庭也會將「睡前一起刷牙」建立成日常慣例。

如果孩子拒絕刷牙，不要嘮叨，請牙醫定期使用氟化物治療，幫忙預防蛀牙。使用星星獎賞表和賄賂是不尊重孩子的，因為這代表孩子沒有獎賞就不做事。它們也是不必要的，因為孩子喜歡做被期望的事。

許多牙醫和口腔衛生師會花時間和孩子談論口腔衛生，這也是對你的一大幫助。

這些只是部分家庭建立日常慣例的例子。以務實的態度面對，並且了解：日常慣例的運作，一開始不可能完美。習慣於某種行為模式的孩子，需要一段時間才能相信父母說的話是認真的。請記住，即使我們想要改變（或知道改變）對我們有益，但，抗拒改變是人的本性。當你認識到這一點，在孩子停止抵抗之前，你將能更容易地持續貫徹並建立良好的日常慣例。

12 真正認識孩子

我們多希望看到保險桿貼紙上寫著「你明白孩子在想什麼嗎？」而非「你知道孩子在哪裡嗎？」正向教養邀請你了解孩子的想法。你不必同意，但你可以透過了解孩子的想法，知道更多驅使他們行為的動力。

孩子的感受如何？我們希望你經常問這個問題，進而對孩子內心深處的真實情感有所掌握。如果你的女兒說她對新生兒感到嫉妒，請認真對待，不要只是試圖說服她別那樣想。

你的孩子在生活中想要的是什麼？你的孩子有什麼樣的價值觀、希望和夢想？我們問的不是你，而是你的孩子。進入孩子的世界，嘗試理解並尊重他的觀點。對孩子「是個什麼樣的人」保持好奇，不要試圖根據你的價值觀、希望和夢想去塑造他們。

你還需要問自己另一個問題：你對孩子有信心嗎？你是否相信孩子是一個偉大的人類，擁有從生活挑戰中學習和成長的潛能？當你對孩子有信心時，會更容易停止控制和懲罰的態度，並以尊重的方式支持及教導孩子，讓他們學會大人不在身邊時所需具備的生活技能，例如應對同儕壓力等等。

13 歡迎錯誤

你小時候學過哪些關於犯錯的觀念？這些是你對犯錯的想法嗎？犯錯很糟糕。你不應該犯錯。如果犯了錯，你就是笨蛋、壞蛋、不夠好或魯蛇。萬一犯了錯，不要被人發現；如果被人發現了，即使說謊，也要想辦法找藉口。

我們稱這些為「關於錯誤的瘋狂觀念」，因為這些想法不僅損害自尊，還會引發憂鬱和沮喪的情緒。當你感到沮喪，便很難學習和成長。

我們知道，有人犯了錯會像鴕鳥一樣，把頭埋在土裡，試圖掩蓋問題。這些人不了解的是，當一個人坦承錯誤、道歉並試圖解決問題時，人們通常會很願意原諒。（如果政治人物都能理解這個概念該有多好？）

掩蓋錯誤會讓你感到孤立，因為你無法修復隱藏的錯誤，也無法從中汲取教訓。試圖防止犯錯會讓你變得僵硬和恐懼。我們聽過一種說法：「良好的判斷來自於經驗，而經驗則來自於不好的判斷。」*

你有機會幫助孩子改變這些關於錯誤的瘋狂觀念。告訴孩子，只要人活在這世界上，就會繼續犯錯。既然這是事實，比較健康的做法是：將錯誤視為學習機會，而非不夠好的象徵。教孩子將「犯錯」視為從別人那裡獲得幫忙的寶貴機會。當孩子知道這不表示自己壞或是有麻煩時，即使犯了錯，他們也會願意為自己所做的事情負責。孩子會願意承擔責任——一個將犯錯視為學習機會的必要步驟。

有時，犯錯是來得及彌補的，或至少在無法彌補時道歉。告訴孩子，犯錯本身並不如我們如何面對錯誤來得重要。任何人都會犯錯，但只有具備安全感的人才能說出「我錯了，我很抱歉。」如果孩子想要彌補錯誤，那麼「修復錯誤的3R原則」將能帶來幫助。

①承認（Recognize）：以負責任的態度認錯，而非責備。

②和解（Reconcile）：對被冒犯或被傷害的人道歉。

③解決（Resolve）：可以的話，一起設想解決方案。

如果你犯了錯，「修復錯誤的3R原則」也能幫助你彌補孩子。

請記住，當你犯錯時，不要猶豫，讓孩子知道。孩子會非常願意原諒你，並能夠學習你的行為榜樣。

＊這句話是作者在位於加州特拉基（Truckee）的「擠壓酒店餐廳」（Squeeze Inn Restaurant）廁所牆上看見的。

14 以積極暫停取代處罰

父母現在最喜歡使用的管教方法之一，是某種隔離法或「暫停」。他們會用懲罰性的態度說：「回房間想想你做的事。」這些父母認為內疚、羞愧和痛苦能激勵孩子在將來做得更好。事實是，當孩子感覺良好時，才會做得更好。你沒辦法在對孩子罰站讓他們感覺變糟後，期待藉此激勵孩子做得更好。懲罰性的罰站，更有可能導致孩子自我感覺惡劣，如「我不是一個好人」，或是對你採取報復心態，如「我要讓你瞧瞧。我要報復——我會更小心，不要被抓到。」

另一方面，「積極暫停」對孩子來說，會是鼓勵和賦能，而非懲罰和羞辱，並能傳授他們寶貴的生活技能。我們都知道，在我們可能做或說一些會後悔的事之前，有時候最好先冷靜一下。我們都聽過這些老掉牙的建議，數到十或做個深呼吸。當「暫停」的目的是為了讓孩子有機會短暫的休息，並在感覺好一點後再試試看的話，便具有鼓勵的性質。「積極暫停」能提供一段冷靜期，幫助孩子「感覺」更好，因為這是激勵他們「做」得更好的動力。

重要的是，讓孩子一起參與，創造一個有助於他們感覺良好的地方。你們可以在這個地方放些軟墊、音樂、絨毛動物和閱讀的書籍。讓孩子為這個地方取個「罰站」以外的名字（罰站的負面意涵很難被消除）。有些孩子將它稱為「冷靜區」或是「感覺良好區」。

以下是如何使用這個地方的方法。

當孩子出現挑戰行為時，詢問他們：「如果去那個感覺良好區，對你會有幫助嗎？」如果孩子因為太煩躁而說「不」時，你可以接著問：「你想要我陪你一起去嗎？」（有何不可。你可能和孩子一樣需要冷靜的時間。事實上，你先花點時間冷靜一下是個不錯的想法。）如果孩子仍然說「不」，你可以說：「好吧，我想我會去。」然後前往你的積極暫停區。這對孩子是很好的行為示範。

有些孩子喜歡肚子裡裝有計時器的絨毛羔羊*，可以讓他們帶到積極暫停區。當孩子感到心煩意亂時，可以自行決定需要花多久時間來讓感覺好轉，並設定計時器（或在旁人協助下設定）。這隻絨毛羔羊也可運用在「時間到了」的時候——清理時間到了，離開公園的時間到了，做作業的時間到了等，透過設定計時器這種有趣的方式，孩子能夠擁有「控制活動時間」的感受。此外，如果你自己需要一些時間讓感覺變好，也可以向孩子詢問並借用他們的「暫停羔羊」。

請記住，「積極暫停」不是本單元唯一或是最好的選項。當你真的必須使用時，視為兩種選擇的其中之一會更有效。「現在對你最有幫助的是什麼？去你的感覺良好區，還是把問題放在待辦事項裡？」

你還需要注意一點。即使是「積極暫停」，也不適合用在三歲或四歲以下的孩子身上。**

---

* 「安裝計時器的絨毛羔羊」，可參考正向教養網站，站上即有販售：www.positivediscipline.com。

** 更多有關「積極暫停」的資訊，請參考簡．尼爾森《積極暫停：避免在家庭和教室發生拉鋸戰的方法》（*Positive Time-Out: And Over 50 Ways to Avoid Power Struggles in the Home and the Classroom*，暫譯）

15 對孩子一視同仁

如果你有一個以上的孩子，要避免手足競爭、貼好孩子／壞孩子的標籤、傷害情感，可以使用一個有用的詞彙是——**孩子們**。

很多時候，大人習慣於挑剔某個孩子，而非一視同仁且使用這樣的詞彙：**孩子們**。你很難確實知道是誰起的頭。你可能看到哥哥打了弟弟，但你沒看到弟弟做了什麼挑釁哥哥。

不要試圖找出是誰開啟了這場爭端，試著說：「孩子們，如果你們想繼續吵架，請到外面或到另一個房間裡去吵。」

如果孩子們正在為誰可以坐前座而爭吵時，試著告訴他們：「孩子們，在你們想出如何分享座位的計畫之前，沒有人可以坐前座。請你們自己花時間想出辦法。」

如果孩子們回答「這不公平。我沒有做錯任何事」，或是「媽媽，是湯姆，不是我」時，簡單地回答：「我對找錯或指責沒興趣，我想解決問題。如果你們想一起找出辦法，我很樂意坐下來陪你們。」

16 專注於解決方案，讓孩子一起想辦法

大人往往對孩子懷有偏見，沒有意識到自己低估了孩子提出可被接受的解決辦法和方案的能力。當大人試圖參與解決孩子間的衝突時，往往會讓情況惡化。孩子們有辦法快速且有效地解決問題。孩子不會總是採取和大人一樣的做法，事實上，許多大人在解決衝突方面所具備的技能，並不比孩子來得多。你是否有和其他家長爭執孩子的事，但孩子們早就忘記你們爭執的理由，繼續快樂地玩在一起的經驗？給孩子們機會，讓他們自己解決問題。許多父母認為自己的工作就是解決所有的問題，而他們是唯一有辦法的人。試著邀請孩子一起想辦法吧，並觀察他們如何發揮創意。

在某個家庭中，孩子之間正在爭執誰可以玩任天堂遊戲。爸爸說：「在你們想出分享而非爭吵的方法前，我會把遊戲先關掉。想出辦法時再告訴我。」孩子們起初只是抱怨，但後來他們告訴爸爸：「我們想到解決辦法了。約翰可以在星期一和星期三玩，我可以在星期二和星期四玩。星期五則是自由日。我們都同意了。」

如果孩子又開始爭吵，爸爸只要再告訴他們：「重新草擬辦法。遊戲共享計畫看來失敗了。當你們準備好再試一次時，告訴我，那時才可以再玩遊戲。」

17 多注意孩子的行動，而非言語

如果你想了解別人，多注意他們做什麼，而不是說什麼。人有兩個舌頭——嘴巴裡的舌頭（說話）和鞋子裡的舌頭（行動）。他們可能說一回事，但做一回事。人可以說好聽的話，但行動才會透露事情的真相。反之亦然。

重要的是，父母必須對孩子保持一致，確保自己的言行相符。如果你告訴孩子不會清洗放在洗衣籃外的衣服，但卻因為擔心孩子上學沒有衣服可替換，而到他的房間裡四處搜尋並收拾待洗的髒衣物，你的言行便不相符。孩子很快就會學到，你說是一回事但做卻是另一回事。當你言行不一時，他很快就會忽略你說的話。

另一方面，觀察並多注意孩子的**行動**，而非他們的話語，信任孩子並讓他做想做的事也會有幫助。例如，孩子可能會告訴你，在出去玩之前會把房間打掃好，如果你注意到他的房間還是一團亂，但他已經出門和朋友玩了，他就是沒有說到做到。每當發生這種情況，許多父母會說，「我真的不能相信孩子說的話。」如果你認為孩子只是說你想聽的，卻做他想做的，不妨在他出去玩之前檢查一下房間。

阿爾弗雷德．阿德勒一再表示，「觀察行動，而非言語」，人們經常說一回事，做另一回事。事情究竟如何，看行動就知道。行動勝於雄辯。

當言語和行為一致時，健康的溝通便能由此而生。當你嘴巴裡和鞋子裡的舌頭相互配合時，你便能尊重並鼓勵自己和他人。一旦言行不一，你的溝通就會充滿雙重訊息。

18 不做承諾也不接受承諾

除非你打算遵守並絕對會做到，否則別做承諾。不要對孩子說「明天我會帶你去購物」，而是等你準備好去購物時再告訴孩子：「現在我準備去購物。你想要和我一起去嗎？」

答應孩子你會考慮某件事卻忘記這麼做，會讓他們感到非常沮喪。相反的，你可以告訴孩子還沒做好準備。他們可以將該事項放在家庭會議的議程上，或是在約好的時間來找你討論。做承諾卻不注意承諾的細節，或沒有事先和伴侶確認就開口承諾，容易使你陷入兩難，並和孩子產生怨懟。

如果孩子對你做出很多承諾卻沒有遵守，可以對他們說：「我不接受承諾。當你準備好說到做到時再告訴我，我會和你一起慶祝。」

19 幫助孩子感受歸屬感和重要性

人類最主要的渴望是感受歸屬感和重要性。每個人都在尋找如何產生歸屬感和重要性的方法。如果孩子認為自己不被愛或缺乏歸屬感，通常會試著做些什麼來獲得愛，或是靠傷害別人來討回公道。

有時，孩子會想放棄，是因為覺得不可能把事情做好或找到歸屬感。當孩子感覺自己不被愛、不重要時，往往會以錯誤的行為來尋求歸屬感和重要性，我們稱為「四個錯誤的行為目的」，其中包括：

①尋求過度關注；

②爭奪權力；

③報復；

④自暴自棄（放棄）。

孩子無法意識到這些錯誤的行為目的，是因為驅動他們的是隱藏的信念。一旦你了解到孩子的行為動機是來自感覺受挫時，便能想辦法在孩子受挫時鼓勵他們。當你處理行為背後的信念，而不只是行為本身時，你的教養將會更有效。

想要鼓勵受挫的孩子，可以對其不當行為背後的動機（訊息密碼），而非不當行為本身做反應。找出孩子訊息密碼的最佳方法之一是：檢查你對該行為的情緒反應。

如果你的情緒反應是煩躁、內疚或擔憂，孩子便有可能是在尋求過度關注。他的行為雖然惹人厭，但背後的訊息密碼卻是「注意我，讓我參與」。你可以整天給孩子許多隨性的擁抱，定期共度特殊時光，並一起腦力激盪，找出有益於每個人的方法。

忽略孩子讓你感到煩躁的關注需求。你可以告訴孩子，你對這樣的需求感到煩躁，他如果想要你注意他，需要做的是詢問。如果孩子在白天需要你的注意力，他可以對你說：「我需要一點注意力。我想要一個擁抱、玩遊戲、告訴你一些事情」等等，你會非常樂意給予他注意力。

如果你對孩子的行為感到憤怒或沮喪，這表明孩子的錯誤信念可能是爭奪權力。他的行為看起來可能很挑釁，但他的訊息密碼則是「讓我幫忙，給我選擇」。對你造成權力爭奪戰的部分負責，並與孩子分享你的感受：「我看得出來，是我干涉控制得太過頭了。難怪你會這麼叛逆。」在你們都冷靜下來後，尋求孩子的幫助，共同解決問題。這將有助於你創造雙贏的局面，而不是加劇權力爭奪戰或把這件事變成孩子的報復。

如果你感到受傷、失望或厭惡，這些情緒反應則表示孩子的潛藏信念是報復。你要了解，孩子在傷害你或他人的同時，自己也會感到受傷。他的訊息密碼是「我很受傷，請認同我的感受」。透過與孩子確認他感到受傷的原因，來處理傷害。對自己可能做過的任何事情負責（即使是無意的），如果是他人所造成的傷害，以同理心進行傾聽。幫助孩子決定如何讓他感覺好轉。你可以採取行動，幫助孩子以積極的方式感受歸屬感和重要性，而不是反過來傷害或拒絕孩子。

當你感到絕望和無助時，孩子會感到沮喪而「自暴自棄（放棄）」。孩子所發送的訊息密碼是「不要放棄我，教我如何一次踏出一小步」。你也不要沮喪，將任務簡單化就能以確保成功的方式來鼓勵孩子。花時間訓練孩子。持續地告訴孩子，對他學習和進步的能力有信心。這樣做能幫助你自然地表現出積極和鼓勵的行為，並藉此幫助孩子前進時充滿信心和希望。

20 使用鼓勵，而非讚美和獎賞

阿德勒學派心理學家，也是《孩子的挑戰》（*Children: The Challenge*）一書作者的魯道夫・德瑞克斯（Rudolph Dreikurs）曾經說過：「孩子需要鼓勵，如同植物需要灌溉。」

「鼓勵」是一種表現愛的過程，向孩子傳達他們本來就已經很好的訊息。「鼓勵」能教導孩子，他們所做的事與他們是誰是兩回事。「鼓勵」也能讓孩子知道，他們的獨特性能受到珍惜而非評判。透過鼓勵，你將教會孩子，錯誤只是學習和成長的機會，不該感到羞愧。能夠感受鼓勵的孩子，會懂得愛自己，並產生歸屬感。

「讚美」和「鼓勵」是不一樣的。

讚美或獎賞表現好的孩子很容易，但對於行為不當且不滿意自己的孩子，在他們最需要鼓勵時，你會怎麼說？試試這些：「你真的很努力。」「我相信你能處理這個問題。」「你很擅長解決問題，我相信你能找到解決的方法。」「無論如何，我都愛你。」

「讚美」和「獎賞」會讓孩子依賴他人的判斷，而非相信自己內在的智慧和自我評價。避免給予如「你讓我感到驕傲」這樣的讚美，試著這樣的鼓勵，「你一定會為自己感到驕傲」。

避免讚美，「你拿到了A，我會給你獎賞」，而是試著鼓勵他：「你真的很努力。你很值得拿到A」。

持續讓孩子嚐到讚美和獎賞的甜頭，會引導他們相信「我只有在別人說我好的時候才是好的」，還會讓孩子避免犯錯，而非從錯誤中汲取教訓。「鼓勵」則會教導孩子相信自己有做正確事情的能力。

你可以寫鼓勵的小紙條給孩子。在一些家庭中，每個人會輪流找到可以鼓勵的事情，以言語和行動鼓勵彼此。每名成員每週都會給予其他成員一到兩次的讚美。

鼓勵有助於創造積極的家庭氣氛。

21 說不

你可以說不。但如果你**常常**說不，就會是個問題；有些父母不認為自己有權利在不解釋的情況下說不。例如，如果孩子知道零食時間會吃健康的點心卻要求吃冰淇淋，你可以就是說「不」。

如果孩子回答「為什麼不呢？這不公平。史密斯太太就讓她孩子吃冰淇淋當零食」時，你可以說：「看著我的嘴巴，『不行』。」

「喔，別這樣，對我好一點嘛！你總是這麼嚴格。」

「『不行』，哪裡不清楚？」

「好吧。你很無聊。」

大多數的孩子知道父母何時是**真的**在說「不」，像是使用某種特定的語氣或神情，或開始數到三時。如果孩子不試圖讓父母改變心意，他就不是孩子，但你完全可以用清楚和明白的「不」來回應孩子想要操控你的做法。

如果你發現孩子真的不明白你說「不」的理由，告訴他們，但態度要堅定——他們也不需要同意你的理由。

拉米雷斯太太認為，有必要說服孩子接受她說不的理由，但這只會刺激孩子想出更好的理由反駁她。有一天，她試著溫和且堅定地對孩子說：「親愛的，我愛妳，但答案是『不』。」她女兒一邊說「我不相信妳」，一邊帶著微笑走開。很顯然的，她終於相信母親是認真的——而自己是被愛的。

22 幽默感

隨著孩子日漸成長，你的教養態度有可能變得日趨嚴肅。回想一下吧！你看著小嬰兒和幼童時的感受。他們的一切看起來是那麼可愛。

注意自己和孩子相處的狀況，有什麼時候你會真心地說出：「他們真的很可愛！」培養「他們真的很可愛」的態度，可以幫助你理解孩子的行為。當你明白他們表現的是適齡行為時，就可以將惱人的行為視為可愛。吃得滿臉都是食物的嬰兒，以及掉在嬰兒椅下的一堆殘渣都是可愛的，為什麼青少年的房間就不能是另一種適齡的「可愛」呢？

把孩子的穿著方式視為是一種個性的表現，而不是對你及你教養方式的反映。孩子三歲時可能想穿得像超級英雄，七歲時想穿得像棒球運動員，到了十五歲時，他們最愛的可能是從「救世軍」*那裡買來的寬鬆衣服。

＊救世軍（Salvation Army）於西元一八六五年在英國成立，是以基督教信仰做為創立宗旨的國際性宗教與慈善組織，其中包括知名的二手舊貨店。

有時候，父母會忘記自己的幽默感，或是育兒情境中的趣味。

你可以不用一直那麼認真。

試著告訴不情願做家事的孩子，你在當地報紙上讀到關於他們的新聞。然後假裝將兒子或女兒接受採訪的內容讀出來，說他們有多喜歡洗碗，在父母提醒他們洗碗時又有多麼開心。

你可以用星座玩同樣的遊戲，假裝你正在讀他們的星座運勢：「今天我要記得給父母五次擁抱。」

取綽號是另一種保持幽默感的有趣方法，只要避免以貶低或操控的方式。

在某趟滑雪之旅中，有個孩子在其他人登頂前就從坡道滑下來了。他的綽號變成了「慢滑伯」。而他一直拒絕滑雪的兄弟，喜歡大家叫他「打死不滑」。

對於虎頭蛇尾的孩子，試著為他們介紹「開始─中間─結尾」的計畫。告訴孩子，他們一開始表現得很棒，到了中間也表現得還不錯，但你已經很多年沒看到結尾了。之後，你可以問他們：「這些事情是如何結尾的？」

當父母接受孩子的差異並展現幽默感時，孩子其實很喜歡被人開玩笑似的談論自己的獨特性。

23 好好生活

太多的父母希望孩子能夠完成自己在生活中無法完成的事情——或是認為孩子應該做到跟自己一樣的事。他們不願意尊重孩子身為人所擁有的感情和渴望。紀伯倫（Kahlil Gibran）在他所著的《先知》（*The Prophet*）中，對此有一段動人的描述：

你的孩子不是你的孩子，
他們是「生命」的子女，是生命自身的渴望。
他們經你而生，但非出自於你，
他們雖然和你在一起，卻不屬於你。
你可以給他們愛，但別把你的思想也給他們，
因為他們有自己的思想。
你的房子可以供他們安身，但無法讓他們的靈魂安住，
因為他們的靈魂住在明日之屋，
那裡你去不了，哪怕是在夢中。
你可以勉強自己變得像他們，但不要想讓他們變得像你。
因為生命不會倒退，也不會駐足於昨日。

「好好生活」意味著積極追尋自己的夢想，同時支持孩子追尋他們的夢想。這並不意味著忽

視或縱容孩子。

這整本書談的都是如何教導和引導孩子。如果你擁有完整的生活，你就不會依賴孩子，而是與孩子共享好時光。

24 避免貼標籤和吃藥

你是否注意到，當今的社會有種傾向，將每一種「不當行為」都貼上某種精神或行為問題的標籤：「注意力不足過動症」、「對立反抗症」、「分離性焦慮症」、「主見過強的孩子」、「憂鬱症」……這份清單一直在增加。可怕的是，現在每種標籤都有藥物可治——但這些行為大部分其實都是**正常**的。例如，被稱為「對立反抗症」的行為，通常只是孩子對控制欲強的父母的自然反應。當你以愛的名義過分控制孩子時，會導致他們無法產生歸屬感、自我價值感，更無法培養解決問題時所需具備的能力。只要父母運用本書所描述的許多正向教養工具，上述所有情況，幾乎都能讓孩子放棄這些「行為」。

25 有信心

對孩子有信心，並不表示你相信他們總是會做對的事情——這表示對孩子的本性有信心，表示你相信孩子在大多數時候表現出來的是適齡行為，例如不遵守承諾洗碗或割草坪。你可以預期這些情況發生並使用尊重的激勵方法，而不是因此暴怒、不尊重孩子。對孩子有信心，可以幫助你們彼此從錯誤中學習。

對孩子有信心，也並不表示他們已經準備好獨立。他們仍然需要你的愛與支持，以及在學習生活技能上的幫助。當你對孩子有信心時，你不需要控制和懲罰，而是更有耐心地傳授賦能的方法，例如共同解決問題、貫徹執行、家庭會議，並詢問「啟發性」的問題，以幫助孩子從錯誤中學習。

對孩子有信心也包括將目光放在長遠的目標，知道孩子現在的樣貌不會是他們永遠的樣子。

26 確實傳達愛的訊息

確實傳達愛的訊息，是你能給孩子最好的禮物。孩子能夠透過你對他們的觀感，形塑對自己的看法。當他們感覺被愛、有歸屬感和重要性時，就具備了成為一位快樂且能對社會做出貢獻的成員的基礎。當你確實傳達出愛的訊息，你對孩子的積極影響也會被傳達。

幫助孩子感受愛，最簡單的方法，就是在一天內說很多次「我愛你」。給他們很多的擁抱、呵癢和親吻。與孩子一起計畫特殊時光。孩子需要與父母個別獨處的時間。當孩子年紀還小時，每天花點時間與他們一對一相處很重要。隨著孩子年齡增長，特殊時光可以變成每週一次的慣例。為特殊時光計畫你們兩人都能享受的活動。如果其他孩子過來打擾你們，請他們離開。

別忘了和孩子一起玩。你們可以在地板上打鬧、去公園、一起烘焙或做飯、玩遊戲等等。重要的是，挪出時間，享受樂趣。建立一些家庭樂趣的美好回憶，不要總是那麼嚴肅。家庭的樂趣不需要花很多的時間或金錢。它需要的是承諾和玩的意願。

27 採取小步驟

通往成功的道路，最好一次一小步。如果把目標設得太高，你可能永遠不會開始；或是如果事情沒有立刻見效，你便感到挫折。如果你能持續一次踏出一小步，就能繼續前進，你和孩子都能從中受益。

第二部

日常教養問題的解決方案

在教養路上面臨的各種難題，

讀者可按學齡前、學齡期、青少年期

不同階段尋找各種因應方案。

除了蒐集各年齡層的教養問題，

更涵括單親家庭、繼親家庭等親子關係，

及外出旅行、搬家等生活中會面臨到的各種狀況。

Part

1

學齡前的各種問題

孩子總是哭鬧，該如何才能讓孩子一覺到天亮？分離焦慮又該如何解決？孩子要不是不愛洗澡，要不就是一洗就不肯出來？兩歲真是孩子最難教養的階段，父母們究竟該怎麼辦呢？

斷奶

「我三歲的孩子仍然離不開奶瓶、小毯子和絨毛玩偶。每次我帶孩子出門都會很尷尬，因為旁人會投來許多不認同的目光，親戚們還會不斷責備我。該讓我的孩子斷奶了嗎？如果是，我該怎麼做，才不會讓孩子留下終生的心理創傷呢？」

了解孩子、自己和情況

我們不難理解為什麼兒童不易斷奶。但是，為什麼對父母而言也是個難題呢？為什麼看見孩子不喜歡斷奶的時候，我們就忽然忘了斷奶其實對孩子是有幫助的呢？

可惜的是，愛孩子和讓孩子斷奶間的矛盾是如此之大，導致你無法幫孩子斷奶，造成孩子在日後不可避免地為此怪罪你。

父母真的以為孩子會感激自己為他所做的一切，因此當他們看到孩子變成被寵壞的媽寶，而非懂得感恩和適應力強的孩子時，便不斷覺得受傷，感到失望。幸運的是，相反的情況也有可能發生：當你給孩子足夠的愛，幫助他斷奶，並教導他如何獨立和有自信時，即使他暫時不喜歡，最終也會尊敬並感謝你的。

對於被斷奶或執行斷奶的人來說：斷奶都不是一件容易的事，但這對每個人最終的成長和進步來說，卻至關重要。

給父母的建議

①**制定計畫（取決於孩子的年齡，可能的話，與孩子一起進行），在其中設定目標和時間表，記得花時間訓練孩子學習新技能。**你的第一個目標可以是在外出時將小毯子留在家裡，下一個目標則是將小毯子放在衣櫥裡一整天。在沒有壓力或和孩子起衝突的時候，好好按照計畫進行。

②**準備好面對孩子的抵抗，讓他擁有自己的感受。**對孩子說：「我知道你想念你的奶瓶，你希望還可以帶著它，但，現在你已經可以用吸管從杯子裡喝東西了。在你用杯子和吸管喝牛奶時，想靠在我身上嗎？」之類的話。

③**有信心、保持一致地貫徹執行。**如果你有時態度強硬，有時又軟弱屈服，所有人都會因此受折磨。

④**選擇好你的戰場，並採取小小的步驟循序漸進。**你無法在一夜之間改變孩子的習慣。

提前計畫，預防問題發生

①**如果你不喜歡孩子的某些習慣，就不要放縱他繼續下去。**例如，你不希望孩子睡在你們的

床上，就不要因為自己太累、無法起床餵孩子，或是擔心孩子哭而破壞原則——你可以在之後的斷奶過程裡，慢慢戒除孩子的這個行為。

②**如果你想幫助孩子變得更獨立，在手邊準備一些有助於他改變的物品**，例如，便於孩子學習穿衣的彈性褲、便於孩子自己吃飯的塑膠盤子和杯子等，使學習變成遊戲。

③**調整心態，將自己視為賦能型的父母，而非保護型的父母**。讓孩子在準備好時嘗試新事物，同時確保學習過程安全無虞（這麼說並非要你不管孩子，或是忽略他的安全、健康與真正的需要——兩者完全不同）。

④**了解需要與願望之間的差別**。孩子可能希望隨身攜帶泰迪熊，但他其實**不需要**。他可能希望你躺在床上幫他入睡，但他其實不需要。

孩子學到的生活技能

孩子將學會如何打破舊習，學習新的行為以取代舊的習慣，而後能一次踏出一小步，漸漸做出改變。

教養指南

①孩子需要斷奶以發展自立能力，這將有助於他在社會中生存得更好。斷奶的時間拖得越久，每個人就會越不自在，孩子怨恨的時間也會越長。

②斷奶不僅是讓孩子不再依賴乳房或奶瓶（儘管大多數的媽媽都會告訴你，這個過程本身已經很困難），父母還必須以關愛的方式，逐漸幫孩子脫離在情感和身體上的依賴性。

③健康的愛有時會讓人感到不適，這點可能令人難以理解，卻是一個非常重要的觀念。對你來說：拯救孩子、縱容孩子或在孩子生氣時安撫他，可能是讓你感覺比較舒服的做法。如果在為孩子斷奶的過程中，有什麼讓你**感覺舒服**的部分，可能反而不是健康的做法。從長遠來看，讓你感覺不舒服的部分，才是你最關愛孩子的做法。

進階思考

除了人類以外，每種動物都知道斷奶的重要性。出於本能，動物們都知道，除非斷奶，否則年幼動物無法像成年動物那樣生存。

母畜完全不會因為幼畜不享受斷奶的過程而受到影響（實際上母畜也不享受這個過程）。

你是否看過幼畜在母畜決定該斷奶時嘗試吸奶？每當小馬或小牛試圖吸吮時，母畜都會用頭將牠們撞開。

幼畜多努力都沒用：因為母畜的本能告訴她，幼畜斷奶對其自力更生和生存的能力，至關重要。

一夜好眠

「我們的孩子一歲了，他不想睡在自己的床上——他會一直哭，哭到我把他放下來和我們一起睡為止。我聽說過一種說法，孩子哭的時候就讓他哭，但這感覺很殘忍。現在先生和我都睡眠不足，更別說要有彼此單獨談話和擁抱的時間了……該怎麼做，才能讓孩子在自己的床上一覺到天亮呢？」

了解孩子、自己和情況

許多父母都是「全家一起睡」的擁護者，經常允許孩子和他們一起睡覺。如果你也允許孩子和你們一起睡，這是你個人的選擇，我們尊重，你不需要閱讀這一節。然而，有太多父母允許孩子一起睡的狀況並非自願，而是因為覺得必須這樣做而不開心。在這種情況下，如果你只是因為訓練孩子獨自睡很麻煩而便宜行事，或是你認為孩子不能獨自睡覺就讓孩子一起睡，其實是不尊重彼此的決定。這會剝奪孩子發展自信和獨立的能力，而你可能正在幫他形成很難打破的習慣。在不傷害孩子自尊心的情況下，你是可以教導孩子睡在自己床上的。

如果你不確定是否支持「全家一起睡」的概念，理查德．費伯（Richard Ferber）博士*的研究能幫助你做出決定。他的建議是，孩子需要有自己睡覺的地方，無論是在父母的房間裡有自己的床，還是有自己的房間。透過這種方式，孩子可以學到許多寶貴的課程：我可以處理自己擁有的空間。我不是宇宙的中心。我是家庭裡的重要成員，但我的父母也很重要，需要時間休息和恢復活力。

如果你面對的是新生兒，請從「提前計畫，預防問題發生」裡所提的建議開始，以免讓自己心疼。如果你已經幫孩子養成了和你一起睡覺的習慣，現在正是透過以下建議，開始為孩子「斷奶」的時刻。

給父母的建議

①無數的父母發現，讓孩子哭是有用的，如果你能保持一致做法，這種情況通常不會持續超過三至五天。這個建議通常是在最短的時間內最有效的方法。但是，如果你無法忍受，我們會提供其他建議。其中有許多建議都是為了幫助你鼓起勇氣，做出最終對孩子有利的事情。請記住，儘管雛鳥不願意飛行，但母鳥仍會將牠們踢出巢穴。我們知道，對於母親而言，沒有什麼比聽到孩子哭泣更令人心碎。但是當你記得哭泣是一種溝通方式時，你便明

＊理查德．費伯是波士頓兒童醫院兒童醫師與小兒睡眠障礙中心主任，長年從事兒童睡眠和睡眠障礙的研究，主張孩童應該學習獨自入睡。著有《解決孩子的睡眠問題》（*Solve Your Child's Sleep Problems*，暫譯）等多部作品。

白哭也有很多含意。你的孩子可能在告訴你，「即使這是為了我的幸福，我也不喜歡這樣。」在本書中，我們一次又一次地建議你，讓孩子在沒有被拯救的情況下擁有他們的感受——重要的是，讓孩子遇到不完美的情況，這樣他就能學會面對失望的能力，並了解他不僅能夠生存下來，而且還會對自己產生良好的自我感受，遠比被溺愛和拯救好。孩子有需求和願望，**重要的是照顧他所有的需求，而非滿足他所有的願望**。孩子需要睡眠，而且可能想和你一起睡，但這對他或對你來說：可能不是最好的做法。鼓起勇氣，做長期對你們來說最好的事。只要你在白天和孩子一起共度足夠的美好時光、擁抱他、和他玩等等，孩子就不會因為哭著入睡而感覺沒有被愛或受到精神上的創傷。

②有些人會請專業人員到家裡，幫孩子學習如何獨自入睡。這些專業人員大多遵循類似我們所提出的建議。唯一的區別是，父母不必聽到孩子哭。我們希望你有勇氣和孩子一起經歷這個「斷奶」的過程，而不是將孩子留給陌生人。

③有位媽媽不得不去她妹妹家睡覺，讓丈夫執行「聽孩子哭」這項艱鉅任務。這對他來說也很難，但比讓媽媽執行容易一些。另一位媽媽為了讓孩子學會自己睡覺，採用的做法是打開收音機，用枕頭蒙住頭放聲大哭而度過了三個夜晚。另一位媽媽在後院裡搭帳篷，並在帳篷裡睡了五天，才讓孩子學會獨自入睡。他們都說：一旦孩子學會獨自入睡後都變得更快樂，在白天也更容易照顧。

④有人建議在嬰兒或幼兒哭泣時，進入他們的房間，輕拍一會兒他們的背，然後離開。這對

一些孩子有用。其他人則說這好像在戲弄孩子。如果你喜歡這個建議，可以試試看（「進階思考」裡有不同的建議，該範例裡是一個已經會說話的孩子）。

提前計畫，預防問題發生

①許多人認為應該等寶寶睡著了再放到床上，所以他們搖他、照顧他，當寶寶睡著後，再將寶寶放好。出乎意料的是，寶寶通常都會立刻醒來，然後又開始哭。我們的建議是，到了睡覺時間再餵寶寶、換尿布、幫他打嗝，然後在他醒著的時候讓他躺下，這樣寶寶才能學會自己入睡。如果他在餵奶或喝奶瓶時睡著了，你甚至可以叫醒他。請記住，讓孩子哭一會兒並不是大事。這可能是孩子自我安撫的方式。

②寶寶在三個月大的時候，通常就能夠一覺到天亮（有些寶寶更早就達到目標）。如果你正在哺乳，寶寶到了三個月時，通常已經能調整好白天需要攝取的牛奶量，在夜間也不會需要更多。寶寶三個月大後，如果他在半夜醒來，可以讓他以自我安撫的狀態再慢慢自己入睡——即便是以哭泣的方式。

③寶寶在時間表排得緊湊的托兒所，通常都是被包在襁褓中睡覺，直到餵食時間才醒來。如果寶寶哭了，托嬰人員會讓他們以自己的方式重新入睡，而寶寶也確實如此。這些嬰兒有多少比例是在回家後又出現了睡眠問題呢？有父母受不了孩子的哭泣或是認為嬰兒必須和他們一起睡覺才行嗎？你可能因為你的態度，正在製造原本不會出現的問題。

④有一種新興的趨勢認為，寶寶俯躺在肚子上睡會更舒服、睡得更好。其他人則認為嬰兒必須仰躺著睡以防止嬰兒猝死症。還有一些人建議讓寶寶側躺著睡。我們不會建議哪種方法最好，但會建議你諮詢小兒科醫生或查詢網路的家長論壇，幫助你找到最好的做法。

孩子學到的生活技能

孩子會學到自己不需要依賴任何人，就有能力處理睡眠這種自然的身體機能。他會學習自信和自立，了解自己的所有需求都會得到滿足，而非他所有的願望。

教養指南

①對自己和所下的決定都要有信心。你的信心會創造出孩子能夠感受並共鳴的能量。如果你相信自己並對孩子有信心，你會採取相應的行動，孩子也會跟著仿效。
②在讓父母得以監控寶寶呼吸的嬰兒監視器發明前，數以百萬計的嬰兒也都平安長大了。
③請記住，你也需要睡覺，這樣你才有體力，足以在白天給孩子最好的照顧。

進階思考

華盛頓州柯克蘭市（Kirkland, Washington）認證的正向教養講師梅蘭妮分享了以下這個故事。她說：下述的解決方案非常尊重我的需求——我希望能在上床睡覺前，擁有獨屬於自己寶貴的半小時時光。我也許會讀一本書、看報紙，或者只是安靜地坐在房間裡。這同時也是尊重我的兒子，因為他需要一位溫和與關愛的媽媽哄他入睡。

在此提供我的做法供你們參考：先進行平時就寢時間的日常慣例，最好能以抱著孩子讀書結束。接著，把孩子放到床上，問他是否願意讓你按摩他的背，大概四到五分鐘的時間。給孩子選擇，讓他擁有一些控制感。按摩完後，告訴孩子，你需要刷牙、穿睡衣、準備早上的咖啡、閱讀郵件等……一些他不會有興趣參與的無聊日常瑣事。然後告訴他，你一分鐘後就會回來。將拇指指尖和食指指尖緊緊壓在一起，對孩子表示這是一分鐘，把拇指和食指分得很開則是三十分鐘。有時孩子需要這種視覺效果。然後，一定要在一分鐘內回來——第一天甚至可能在三十秒內就要返回，讓孩子沒有機會下床找你。

當你回到房間後，簡短地按摩孩子他的背，然後告訴他：「我需要穿上睡衣，兩分鐘後我就會回來。」重複這個過程，並延長每一次的時間，直到你進入房間時孩子已經睡著為止。

前幾個晚上，可能需要多花點時間——孩子有可能在床上躺不了一分鐘，但不要放棄。保持冷靜，根據實際情況調整時間，並繼續重複這個過程。

這個做法對我的兒子非常有效。他現在只需要簡短的背部按摩就可以上床睡覺了。我在家長課程上與其他父母分享了這個做法，他們也覺得很有效。

一號嬰兒睡在帶有網罩的嬰兒床上，這樣貓咪沒辦法跑進去；嬰兒監視器日夜都開著，父母幾乎從不眨眼休息，注意聽著嬰兒每次的呼吸。二號嬰兒在沒有任何網罩或嬰兒監視器的情況下，睡在嬰兒床上，但睡在靠近他父母的房間裡，這樣，如果他哭了，父母就可以聽到他的聲音。三號嬰兒睡在不同樓層，沒有嬰兒監視器或網罩……而，原來，他才是所有嬰兒中睡得最香的。

恐怖的兩歲

「我的孩子是一位天使，快兩歲了。我聽說了很多關於這段時期的恐怖故事，讓我很害怕，不知道會遇到什麼狀況。你們有什麼建議嗎？」

了解孩子、自己和情況

在父母想要控制或保護，而非賦能的世界中，才會有所謂的「恐怖的兩歲」。如果你歡迎孩子的個體化，兩歲這年便是黃金時期。事實上，我們想重新命名為「超棒的兩歲」。

當孩子開始主張更多的獨立性時，你會發現，只要你越能掌握正向教養的基本知識，這個年齡的孩子就會顯得越有趣。如果你只知道說不、使用罰站、打屁股或不理會鬧脾氣的孩子，你可能就會感到沮喪。你的孩子現在正感受到一種個人力量，這很好，但他只有兩歲，遠遠不能當家作主。他正在尋找實驗的空間，同時也知道安全的邊界在哪裡。這就是你的工作。

我們的建議將幫助你，將兩歲孩子的生活變成全家的美好時光。

給父母的建議

①當孩子用亮晶晶的眼睛看著你，試著用他下一個「調皮」的行為吸引你的注意時，一句話都不要說。如果沒那麼重要，就忽略他吧。如果很重要，請保持沉默，**採取必要的行動**（分散注意力、重新引導、帶離現場）以確保情況安全。

②當孩子對所有的事情說「不」時，就表示你提出太多要求，或問了太多可以用「要」或「不要」回答的問題。相反的，**提供孩子有限的選擇**。「過馬路時要牽著我的手哦！」就如同在邀請兩歲的孩子大聲喊「不要」，而「你要牽我的右手還是左手？」則是在邀請孩子合作。

③**兩歲的孩子已經能了解社會秩序運作的邏輯**。以下就是一些常見的例子：洗澡時間到了；是把玩具撿起來的時間了；當計時器的鈴聲響起時，我們必須跑到車上，才不會錯過比賽；先穿褲子，然後是鞋子；繫好安全帶、坐上兒童座椅，然後才能開車……等等（請參見第一部〈建立日常慣例〉）。

④**鼓勵孩子做會做的事，而不是阻止他去做什麼**。對他說：「狗是拿來抱抱的」或「食物是拿來吃的」，或「一旦我們將食物放在裡面，你就可以按下微波爐上的按鈕」。如果你仔細注意，會發現自己對孩子使用了多少否定的字詞，而非告訴他**可以**做些什麼。

⑤**兩歲的孩子喜歡幫忙**。這能讓他感受到正面的力量。讓兩歲的孩子來幫忙，這樣你也能休息一下，而不是**他**必須要小睡。請他在你附近走走才能保護你的安全，而不是大聲叫他不要亂跑。輕聲細語地詢問孩子事情，而非大喊大叫。

⑥當你和兩歲的孩子交談並解釋事情時，你會很驚訝於他聽懂的程度，好像他是一位具有真正理解能力的大人。兩歲的孩子通常會說出「要有耐心」或「我們在圖書館說話，要輕聲細語」之類的話，他們完全在模仿大人對他們說的話語，並練習達到大人要求的行為。

⑦「再試一次」是兩歲孩子的神奇咒語，表示他現在做的事情行不通，這是一個錯誤，他還有機會……！

提前計畫，預防問題發生

①盡量減少使用權力和控制，改用賦能和鼓勵。

②建立一份尊重這個年齡的孩子的時間表，他們在這個階段，不喜歡匆忙。給活動多留點時間，讓孩子有機會合作。

③事情說一次就好，直接行動。不要威脅或從遠處重複你的命令。

④如果孩子不了解你的願望或需求，在兩人都沒有壓力的時候，練習「讓我們來假裝」。你可以假裝現在是晚餐時間，練習禮儀，或者假裝現在是洗澡時間，練習慣例。

⑤在事情不順孩子意的時候，不要害怕讓他去感受情緒。你可以在不改變心意或解決問題的情況下，認可他的感受。

⑥兩歲的孩子有很棒的幽默感。如果你兩歲的孩子在噘嘴，你可以說：「我想要那張臉」，然後假裝把他的臉從他身上移開並戴在你臉上。很快的，你們兩個都會笑出來。

⑦不要忘了，每天花點時間玩樂。兩歲的孩子仍然是孩子，需要你陪他玩，而不是匆忙地從一個活動趕去參加下一個活動。

孩子學到的生活技能

孩子會知道他有實驗的空間，不會因此受傷或加重整個家庭的負擔。他可以自己進行更多的活動，從而獲得自信和技能。

教養指南

①不要讓兩歲的孩子主導家庭生活。只要你的方法堅定、溫和、友善並且不要太多——就可以設置界線並加以遵循。

②放鬆地享受這名小小孩在做的所有事情。除非涉及安全，否則請勿干預。你會驚訝於這個小小孩已經學會了多少東西。

進階思考

媽媽每天至少要將比利與小狗史尼克分開超過十次，她常對他說：「狗狗是拿來抱抱的，不是拿來踢的。溫柔一點，否則你和史尼克都要先休息一下，之後再玩。」

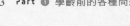

她希望史尼克學會遠離比利，以免被擠壓和戳傷，但牠似乎喜歡被處罰，而比利也無法停止對牠的粗魯行為。

媽媽不願意讓比利虐待小狗，所以她繼續視需要將他們分開。

這種行為大約持續了三週，有一天，她聽到比利從另一個房間裡叫她。

「媽媽，過來看看我對史尼克多溫柔。」

她走進那個房間，發現比利和史尼克一起蜷縮在狗床上，就像兩個好兄弟一樣依偎著彼此。

媽媽意識到比利一直想做出正確的事——而他花了一段時間，才弄清楚怎麼做。

阿吉拉爾夫婦決定停止對雙胞胎說「不」，希望因此免於經歷「不的階段」。取而代之的是，他們分散雙胞胎的注意力，向他們展示可以做什麼，而非阻止他們做什麼，並做了很多「行動」（包括悄悄地重新引導），而非「說話」。

有一天，他們很震驚地聽到兩歲雙胞胎中的一個說：「不行、不行！壞狗狗！」

這時，他們才想起自己不小心對狗說了「不」。

洗澡問題

「洗澡時間在我們家是一場惡夢。最小的孩子在我試著幫他洗頭時會尖聲大叫，十歲大的孩子則是拒絕洗澡或沖澡，非得把他拖進浴室裡才行。」

了解孩子、自己和情況

許多年幼的孩子會拒絕洗澡（但在泡過澡後又不想離開！），在孩子成為青少年後，他們通常會補洗小時候沒洗夠的澡，有時還會每天洗上好幾次。

現在因為嬰兒用的濕紙巾非常有幫助，嬰兒不再需要每天洗澡。你和醫生可以決定嬰兒洗澡的最佳頻率。不過大多數的幼兒到了某個年紀，都會變得不愛洗澡。你越試圖強迫，情況就會變得越糟。

令人放心的是，在你避免和孩子因洗澡問題產生拉鋸時，孩子就算全身髒兮兮，也不會有什麼真正的危險。

給父母的建議

①幼兒喜歡遵循日常慣例，特別是當他們幫忙制定慣例圖表時。「參與」會增加孩子的合作力。洗澡時間正是就寢慣例的一部分。

②讓不愛洗澡的孩子知道，他不能不洗澡，但可以選擇洗澡的日期和時間。與孩子分享權力，藉此增加他們合作的機會。

③到了洗澡時間，溫和且堅定地提醒孩子他們同意過的事，並給予選擇：由你幫忙關掉所有的干擾源，例如電視、電子遊戲和電腦，還是由孩子自己關？給孩子一個煮蛋計時器，從洗澡時間的前十分鐘開始倒數計時，給孩子機會分享權力和控制權。

④讓不想離開浴缸的孩子自己下決定的好方法是：由你使用有限的選擇，將洗澡時間設定為十五或二十分鐘。讓孩子自己設定計時器，還是由你設定；讓孩子自己把浴缸的水排掉，還是由你來排掉。

提前計畫，預防問題發生

①讓洗澡時間變得有趣。讓孩子擁有只能在浴缸裡使用的特殊玩具——任何可以噴水或倒水的玩具都會很有趣。給孩子足夠的時間在浴缸裡玩耍。和幼兒一起待在浴室裡，以確保他們的安全。

②幼兒喜歡和父母一起洗澡。當孩子開始表達需要隱私時，就是讓他們自己洗澡的時候了。別堅持孩子一定要和你一起洗澡或淋浴。

③**和孩子互相洗頭**。避免讓泡沫跑進孩子的眼睛，並使用不具刺激性的洗髮精。如果你能在洗手槽或淋浴間裡幫孩子洗頭，並讓浴缸成為可以玩耍的地方，有些孩子會更喜歡洗澡。

④對於喜歡洗上半小時澡的青少年，和他們討論節約用水、尊重其他需要使用熱水的人……等事物的重要性。請孩子幫忙選個你也能同意的洗澡時間，並設置洗澡計時器。

孩子學到的生活技能

孩子會學到保持良好的衛生習慣並尊重他人。他們會發現日常慣例變得很有趣，而自我照顧並不一定意味著自我折磨。孩子也會學到自己享有隱私權，而大人會予以尊重。

教養指南

①如果你是因為想趕快讓孩子上床睡覺而覺得孩子洗澡洗得太久，那麼請你試著將洗澡時間視為一種特殊時光，而不是一件苦差事。

②在兩代人之前，大多數的人只在每週六晚上洗一次澡，以便做個文明人，好在隔天上教堂。世界上還有許多地方，每週洗一次以上的澡就算是一種奢侈。鼓勵孩子在必要時洗澡，但對何謂「必要」保持彈性，藉此鼓勵孩子合作。當孩子有過髒兮兮的經驗後，他們

通常會更喜歡乾淨。

進階思考

一位收養了一名三歲殘障孩子的媽媽說：洗澡時間對他們來說是一場惡夢。

這個小女孩只會說幾個字，例如「媽媽」。但是她很聰明，已經學會了手語。

這位媽媽會把小女孩放進浴缸裡幾分鐘，然後把她抱出來、擦乾，並讓她上床睡覺。

可是當她把小女孩擦乾並帶她上床睡覺時，這名小女孩會又踢又叫。

這位媽媽參加了本書作者史蒂芬．格林的演講，意識到由她決定洗澡結束的時間並非尊重孩子的做法。她決定讓孩子有更多選擇。

那天晚上，媽媽把小女孩放進浴缸後告訴她，想出來時再叫媽媽。

二十分鐘後，這位媽媽進來看看她是否洗好了。小女孩用手語說「不」。

媽媽在三十分鐘後又進來檢查一次，又看到小女孩說「不」。

大約四十五分鐘後，小女孩喊道：「媽媽、媽媽！」

當媽媽走進浴室時，這名小女孩用手語告訴她說「可以出去了」。

這是這名小女孩兩年來第一次沒有在擦身體和上床睡覺的時候又踢又叫。

就寢問題

「我們每晚都快被孩子搞瘋了。他們知道睡覺時間到了，但還想再多喝一杯水、多聽一個故事，把燈打開，把窗簾關上、拉開。還會要我們帶去上好幾次廁所，一忙就是一個多小時，在我們最後拒絕進去他們的房間時，還會瘋狂尖叫。最近，更糟糕的是，八歲的孩子因為不能像十歲的孩子那樣晚睡而大哭大鬧。」

了解孩子、自己和情況

任何一個孩子偶爾都會試著晚睡。然而，嚴重的睡覺問題卻經常是由和孩子陷入拉鋸戰的父母所造成的。

你越常讓孩子一起建立日常慣例，孩子就越能夠體驗到結構和秩序。對孩子來說，重要的是讓他們提出想法，而不是主導家庭生活的步調。任由孩子在晚上像訓練馬戲團動物般讓自己忙得團團轉的父母，顯然就是在讓孩子當家作主了。

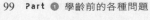

給父母的建議

①挪出時間和孩子一起建立就寢慣例圖表——就寢這件事不應該超過二十到三十分鐘——不要試著做其他不在圖表上的事。孩子會尋求更多注意力的原因之一，是因為還沒有得到你足夠的關注。

②利用至少二十到三十分鐘的時間，全神貫注地進行孩子的就寢慣例，並堅持在規定的時間裡完成。當你說到做到，孩子會知道你是認真的。孩子知道什麼時候有協商的餘地，什麼時候沒有。

③在孩子躺到床上準備完成就寢慣例後，**千萬不要**躺在孩子身邊等他們入睡。一旦到了睡覺時間，你就該離開房間。避免和孩子拉鋸。如果孩子也跟著你要離開房間，以溫和堅定的態度，輕輕抓住他的手，安靜地將他帶回房間。不要解釋或討論接下來應該要做什麼。孩子已經知道了。行動勝於雄辯，不要給孩子爭論的空間。這個過程你也許需要重複好幾次，才能讓孩子知道你說到做到，並會以溫和且堅定的行動貫徹執行。孩子應該要睡在自己的房間。如果他們在半夜來到你的床上，請輕柔安靜地將他們帶回他們的床上，給他們一個吻，然後走回你自己的房間。視情況需要，重複這個動作幾次，直到孩子知道你的床只屬於你。

④如果孩子已經養成操控的習慣，你也許需要花費三至五個晚上，以溫和堅定的態度重複這

個動作（安靜地帶他們回自己的房間），好讓他們知道你說到做到。對孩子來說，溫和堅定的父母，比可被操控或過於嚴厲卻不溫和的父母，給予他們更多的安全感。

⑤如果你一直在與孩子進行拉鋸或任由自己被操控，請和孩子一起坐下來，向他承認你的錯誤：你不該放任孩子養成對彼此不利的睡前習慣。這是開始教導孩子的好時機，告訴他們，錯誤正是美好的學習機會。你們也可以一起學習如何解決問題。

⑥有些父母會在孩子的門外上鎖，把孩子關在自己的房間裡。這不但危險，也不尊重孩子。繼續重複帶孩子回自己房間的動作。如果你保持溫和堅定的態度，這個過程大概只需要進行十次到二十次。請記住，斷奶對於「哺乳者」和「被哺乳者」都不是簡單的事，但對於讓雙方擁有健康的依存關係，卻是必要的。

提前計畫，預防問題發生

①讓孩子一起建立就寢慣例圖表（每個孩子可以擁有屬於自己的慣例）。讓孩子幫忙列出就寢前所有需要做的事情（洗澡、穿睡衣、刷牙、收好玩具、做功課，選好隔天要穿的衣服、上洗手間、故事時間、擁抱和親吻）。提供他們有限的選擇，讓孩子幫忙決定每個步驟需要花多長的時間，而他們需要從什麼時候開始，才能按時完成所有的步驟（他們想從七點或七點零五分開始？換睡衣需要一分鐘還是兩分鐘？）幼兒喜歡看到自己進行每個步驟的照片被貼在圖表的每個任務旁邊。你可以將這份圖表張貼在孩子的房門上。

②一旦到了進行就寢慣例的時間，告訴孩子，睡覺時間到了，而不是要求他們（去刷牙、穿上睡衣等等）。問孩子：「就寢慣例圖表上的第一個步驟是什麼？」他們喜歡告訴你，感受自己的能力，就不會和你產生拉鋸。

③有些孩子覺得在睡前玩「限時做到」的遊戲很有幫助。在計時器上設定好規定的時間，讓孩子在倒數結束前完成所有工作。你也可以使用腹部裝有計時器的可愛絨毛玩偶動物，或一些類似的計時玩具來輔助。

④讓孩子知道你會在睡前十分鐘講故事。如果他們完成所有步驟，就有時間講故事；如果沒有，就只有呵癢和親吻的時間，說故事時間必須等到第二天。

⑤告訴那些因為哥哥姊姊可以晚睡而覺得不公平的孩子，他們可以感到生氣，但不能晚睡。

⑥在孩子長大一點後，讓他們一起決定睡覺的時間，並給予有限的選擇，例如，「你可以自己決定想在七點十五分還是七點三十分去睡覺。」

⑦當孩子年紀更大一點，讓孩子自己選擇他們喜歡的睡覺時間，只要大人能夠從晚上九點後開始享受「沒有孩子的安靜時光」就好。「睡覺時間」意味著進去房間的時間，不一定就是上床睡覺的時間。每個孩子都是不同的，有些孩子比其他人需要更多的睡眠時間。如果孩子沒有打擾到其他人，請他們記得在看完書或安靜地玩完遊戲後關燈，想睡時再睡。如果孩子熬夜熬到太晚，第二天早上看起來很累，和他們一起回顧事情發生的經過、導致事情發生的原因，以及將來如何解決問題。如果孩子因此上學遲到，讓孩子去學校面對老

師，體驗遲到的後果。

孩子學到的生活技能

孩子將學會自立，而非操控他人的技巧，或是依賴別人執行自己身體自然的睡眠功能。孩子會學習尊重父母的需求，明白父母也需要有自己的時間，或是孩子不在身邊時彼此的相處時間。孩子也能學習到，父母會尊重他們卻不會任由他們操控。孩子會知道自己無法總是得到想要的東西，可能因此感到沮喪，但最終會沒事的。

教養指南

①教孩子辨識身體發出的訊息（像是什麼時候累了），而不是只有你最清楚他何時該去睡覺。即使孩子不睡覺，也要堅持他們回房休息的時間，這是對你自己的尊重，你也才能把時間留給自己。

②有些父母認為，滿足孩子無理的要求是一種愛的表現，卻沒有考慮到長期下來帶給孩子的影響。給孩子「他們總是能得到想要的東西」這些印象，並非是尊重孩子。孩子需要知道的是，就算有失望的情緒，一切也會過去，仍然可以感到幸福。因為你在就寢慣例和白天的其他時間裡，給了孩子滿滿的愛，所以他們不會因為需要獨自入睡而感到難過。事實恰恰相反：他們將能學到獨立自主的技能。

進階思考

有位母親說：「我們三歲的孩子不斷地離開她的房間。第一個晚上，我們帶她回去，她又踢又叫，鬧了一個小時，直到累得在房門口睡著。第二天晚上哭了半個小時。接下來的三個晚上，這樣的情況持續了十分鐘。但在此之後，睡覺時間成為我們的快樂時光，成為了一個充滿擁抱、呵癢、故事和合作精神的日常慣例。」

另一位父親發現，只要在晚上將孩子抱上床睡覺時，問兩個問題，就能解決許多麻煩：「今天發生讓你最難過的事情是什麼？今天發生讓你最快樂的事情是什麼？」問了問題後，他會仔細傾聽，同時也分享自己最難過和最快樂的時刻。儘管有時需要更多時間，但其實每個孩子很少花超過兩到三分鐘。

他說：「當我花時間提問和傾聽時，我對孩子願意與我分享那麼多事情感到驚訝。這些時刻感受到的親密，似乎也能幫助他們安靜下來，讓他們更容易入睡。」

尿床

「我八歲的兒子還是會尿床。我聽過各式各樣的處理方法，像是每晚叫醒他幾次，或是給他一張有尿床警報器作用般的床單。但這些在我看來都很麻煩，對孩子來說也充滿害怕、恐懼的經驗。請問你們有任何建議嗎？」

了解孩子、自己和情況

如果孩子到了四、五歲還會尿床，就必須特別注意。如果孩子在大多數的夜晚都沒有尿床，只有少數幾天尿床，可能與家裡存在的壓力有關，包括受到性虐待或肢體虐待的可能。這也有可能與四種錯誤行為目的中的任何一種有關（請參見第一部〈幫助孩子感受歸屬感和重要性〉）。當孩子經歷某種壓力，像是家有新生兒、父母離婚或是搬新家，他也可能在無意識中選擇了其中一種錯誤的行為目的。

如果孩子每晚都尿床，那麼尿床有可能是因為膀胱尚未發育成熟或是沉睡所導致的身體狀況。你首先要做的是為孩子安排體檢，檢查一下是生理還是發育問題。

尿床讓孩子和家人都感到尷尬，父母的反應經常是企圖控制問題。建議父母們，請試著採取以下一些方法。

給父母的建議

①如果你的家庭正在經歷可能造成壓力的變化，例如新生兒的誕生、搬家或新工作，多花點時間陪伴孩子，增加他的歸屬感和自我價值感。當孩子有安全感時，尿床的情況就可能會停止。

②要知道孩子尿床是否為發育問題，除了看他在白天有沒有控制膀胱的困難外，再來就是看孩子在晚上是否睡得太沉、很難被叫醒。除非孩子請你幫忙，否則不要叫醒孩子。睡覺前不要試圖控制孩子攝取的液體量，或是問他是否在睡覺前上過廁所。相反的，告訴孩子，有些人需要更長的時間來發展控制膀胱的能力，而你相信他能夠按照自己的節奏來面對這個問題。

③不要羞辱孩子而使問題惡化，提供孩子積極的支持、理解和鼓勵。進入孩子的世界，詢問他對這個問題的想法，是否需要幫助或是可以自己處理。以尊重的態度傾聽孩子。

④決定你的做法，不要試圖控制孩子的行為。你可以為床墊鋪設塑膠床單，或使用容易清洗的舊床單來製作睡袋。如果你不喜歡尿騷味，可以離開孩子的房間。無論你做什麼，都要保持尊嚴和尊重的態度。

⑤為孩子提供這些改善問題的選擇：盡量在白天延後上廁所的時間，除了加強膀胱能力外，

也能體驗控制感；問孩子是否希望你在晚上定時叫他起床如廁——他可以做選擇；向孩子提議，購買可以叫醒他的尿床警報器，以便自己起床上廁所；或尋求催眠治療師的幫助。

提前計畫，預防問題發生

①注意你可能做了哪些事，造成孩子以此行為尋求過度關注，進而產生拉鋸、報復循環或無助感。許多父母遇到孩子尿床的問題，常會以嘮叨、提醒、哄騙的方式試圖控制孩子的膀胱，進而製造出這些問題。請你停止！試著和孩子共度特殊時光，共同遊戲，享受彼此的陪伴。讓孩子參與家庭會議，解決問題，分享感受，並處理受傷的情緒。給孩子有意義的工作，以增強他的歸屬感和貢獻能力。

②不要過早進行如廁訓練。這會引發孩子出現問題行為。我們建議你等到孩子滿兩歲半後的那個夏天再開始。當然也有例外。有些孩子會自己開始這個訓練。我們想說的是，你不需要過早感到緊張。

③教孩子如何使用洗衣機。即使是三歲的孩子也能勝任這份工作。如果孩子半夜尿床後感到不舒適，教他如何自己換衣服和床單。一旦你花了時間訓練孩子，就學著放手，不論他的選擇為何，讓他自己照顧自己。他可能會選擇繼續睡在潮濕有臭味的床單上，並接受被朋友嘲笑的經驗。

④分享關於尿床的正面故事，讓孩子知道這是一個常見的問題。邁克爾・蘭登（Michael

Landon）就曾根據他的童年經歷，創作了一部關於尿床的電視電影*。我們的一位朋友說：在美國海軍陸戰隊裡，有特別給尿床的士兵專用的帳篷。負責該帳篷的中士每隔兩小時就會叫醒這些士兵。

⑤碰到旅行或孩子想在外過夜的情況時，和他討論在公共場所處理尿床問題的解決方案，像是穿上特殊的隔尿褲，或是在睡袋中放襯墊等。

孩子學到的生活技能

孩子將會學到，父母能以尊重且溫和的方式，幫助他們面對生理或發育上的問題。他們做的事並不代表他們個人——而是可能正為了某個問題苦惱，但不會因此就變成一個毫無是處的人。

教養指南

①上廁所是一種自然的身體機能。孩子其實很喜歡模仿大人做事，請避免讓事情演變成一場只有輸贏的拉鋸戰，令孩子覺得只有贏或丟臉兩種選擇。

②避免拿自己的孩子與其他孩子比較。就算其他孩子比你的孩子更早停止尿床，那又如何？無條件去愛孩子原本的模樣。

進階思考

以下是來自某個家庭的經驗——

我們在家庭露營旅行中，認識到不同孩子控制膀胱的能力。如果喬西說他需要上廁所，我知道我們大約還有二十分鐘的時間，尋找一個合適的停車地點。如果凱蒂說她需要上廁所，我則知道我們大約還有十分鐘的時間。但如果是布萊恩說他要上廁所，我們就必須立刻把車停到路邊。

布萊恩一直到青少年早期都還會尿床。我們知道這是發育上的問題，也知道他因此感到非常尷尬。十四歲時，朋友邀請他一起在外面露營過夜。他整晚不睡，就因為害怕自己會尿床被嘲笑。

我們知道他的尿床問題跟發育有關，所以沒有強迫他改變，免得增添他的壓力。我們只是加以同理，和他一起尋找許多可能的解決方案。

其中最有趣的一個方法是，我們同意在他的腳趾頭綁一根繩子。因為我自己在晚上會起床好幾次上廁所，他請我拉他腳趾頭的繩子叫醒他。

最終，我們對這個問題都變得毫不在意，布萊恩在清潔床單方面也變得相當拿手，以致於我們都不確定他何時停止尿床。

我相信他不再尿床了。我會再和他的太太確認一下。

＊邁克爾．蘭登為美國演員、編劇、導演與製作人。他根據童年經驗製作有關尿床的電視電影《最孤獨的長跑者》（*The Loneliest Runner*），曾於一九七六年十二月二十日在美國國家廣播公司（ＮＢＣ）播出。

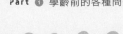

咬人

「該如何讓孩子停止咬他的朋友？再這樣下去，他可能很快就沒有朋友了。每當他感到沮喪時就會咬人。」

了解孩子、自己和情況

我們希望讓你了解，有些孩子從長牙到三歲左右這段期間，會短暫地出現咬人行為。雖然孩子咬人確實會令父母感到尷尬，更會惹得被咬的孩子父母生氣，但在大多數的情況下，咬人並不是一種不當行為，而是一種缺乏技能的表現。咬人的孩子通常會在社交情境中感到沮喪，不知道如何以可被接受的方式來表達自己。有一些學齡前兒童會咬人，是因為這是他們探索世界的方式：「我想知道蘇西嚐起來是什麼味道，是什麼感覺。」

孩子也可能會咬父母，並認為這是一種遊戲。重要的是，你要以「不造成後續問題」的方式來處理咬人行為，例如別讓孩子感覺自己很壞，或是因為被大人懲罰，而認為自己可以去傷害比自己幼小的孩子。

給父母的建議

①不要反咬孩子或用肥皂洗孩子的嘴巴。傷害孩子對於讓他停止傷害別人一點幫助也沒有。

②如果孩子過去有咬人的紀錄，請密切監督。一旦孩子開始與人吵架，迅速介入。

③花幾天觀察孩子和其他孩子遊戲的情況。每當孩子看起來準備咬人時，請將他帶離現場，並告訴他：「咬人是不行的。你要用說的。」孩子可能不了解你說的話，但會了解你的行動。如果孩子還不懂得說話，在告訴他不能咬人後，提供他轉移注意力的選擇，例如：「你想要玩鞦韆，還是堆積木？」

④如果孩子在你能夠介入之前就咬人了，先安慰他，再請他一起幫忙安慰被咬的孩子。給孩子一個擁抱，說：「你看，莎莉在哭。我們可以做些什麼，讓她感覺好一點呢？讓我們在她被咬的地方放一點冰塊，你可以幫我給她一個擁抱。」有些人反對這種做法，但思考一下你所示範的行為。你正在教孩子專注於安慰另一個孩子，而不是傷害他人。孩子不會明白你說的教訓，不會理解你的懲罰，但會感受到同情和幫助他人的能量。當孩子的大腦發育到足以理解時，他會記得的是同情，而不是羞辱和痛苦。

⑤向孩子被咬的父母道歉。誠實表達你的感受，「我對此感到非常尷尬，我會盡一切努力幫助我的孩子停止咬人。不過，我不相信懲罰能夠解決任何問題。」先安慰咬人的孩子，再安慰被咬的孩子，向他們示範待人處事的溫和方式。

⑥如果另一名父母認為你應該懲罰孩子，請堅持立場。「我看得出我們有不同的教育哲學，強迫對方改變立場，對我們任何人來說，都是不尊重的行為。」然後以有尊嚴和尊重的態度離開現場。你的孩子，比別人對你的看法來得更重要。

提前計畫，預防問題發生

①和孩子玩「讓我們假裝」的遊戲。假裝你們兩個人正在搶玩具，而且你準備咬他。停下來問孩子，「如果我現在咬你，你會有什麼感覺？你希望我採取什麼其他的做法？」然後假裝你們在搶玩具，讓孩子試試他所建議的做法，而不是咬人。

②和孩子一起腦力激盪，想出其他處理問題的辦法。如果他想不出咬人以外的其他辦法，教他如何使用言語表達。你可以建議一些說法，例如告訴另一個孩子「我在生你的氣」、「讓我玩一次」、「我會拿另一個玩具跟你交換」，或是請一位大人幫忙解決問題。接著，跟孩子玩「讓我們假裝」的遊戲，讓他有機會練習這些建議。

③對孩子表達你真實的感受：「看見你咬人的時候，我覺得很難過，因為我不喜歡看到別人受傷。我希望你能找到咬人以外的其他方法。」或是，「因為你會咬人，我現在在你身邊會感到不安全。在你準備好不再咬人之前，我會先離開，去一個安全的地方。」

④如果孩子還不會說話，對你來說：重要的是接受孩子需要密切監督的事實，並在他學會如何以社會認可的方式處理挫折感之前，以溫和堅定的態度給予轉移注意力的選擇。請你放

心，孩子上幼兒園後——甚至可能更早——就會停止咬人。

⑤在密切監督孩子的過程中，你將能理解孩子想藉此表達的事情。向孩子指出另一種做法前，幫助孩子表達他的意圖：「我可以看得出來，你想要那顆球。但透過咬人來要球是不對的。讓我們一起找找，還有沒有另外一顆球。」

⑥如果孩子處於長牙階段，還是想繼續咬人，你可以給他一個絨毛玩偶、一個布或是一塊固齒器。給孩子水果冰棒也可以幫助他舒緩牙齦的酸痛。

孩子學到的生活技能

孩子會學到，傷害他人是不被接受的行為。無論自己做了什麼，父母都會愛自己，而且大人可以協助他們，找到可被接受的解決問題的方式。孩子會學到以不傷害他人的方式解決問題，而不是發展受害者或霸凌者心態（這通常在你安慰受傷的孩子、羞辱咬人的孩子時發生），而且父母會以溫和且堅定的態度陪伴他們學習。

教養指南

①有些人認為，安慰一個剛咬過人的孩子是在獎賞這種不當行為。但事實並非如此。擁抱是向孩子保證你對他的愛，而不是接受他的行為。擁抱有助於孩子感受到歸屬感，就能減少孩子的不當行為。這麼做也在向孩子示範一種被接受的行為模式——愛其他人，並告訴對

方你不喜歡什麼。

②有些父母認為應該要反咬孩子，讓他們也感受到被咬的滋味。三或四歲以下的孩子無法理解像是「同理心」這種抽象的概念，但他們可以理解具體的示範，並模仿你的行為。透過回咬他們，教給孩子的其實是「咬人是一種被接受的行為模式」——即使你讓他們嚐到了疼痛的滋味。「反咬」示範的是報復（誠實的父母會承認，這其實是他們真正的目的）和暴力。請記得你的做法會產生的長期效果。你想教孩子報復和暴力，還是以相互尊重的方式解決問題？無論是閱讀、開車還是社交技能，學習都需要時間。

進階思考

蘇珊和她的新男友法蘭克，經常在她兩歲的孩子貝琪旁邊吵架。每當兩人開始吵架，貝琪就會走到法蘭克身邊咬他。法蘭克認為蘇珊在縱容她的孩子；蘇珊則認為貝琪在試圖表達自己對他們爭吵的意見。但蘇珊和法蘭克都同意，該是幫貝琪找到另一種表達方式的時候了。

首先，他們決定，要吵就去其他地方吵。接著，他們同意要好好注意貝琪，因為他們看得出她何時想咬人。她想咬人時，眼睛會閃閃發亮，頭往後仰，張大嘴巴衝過來。一旦出現這種情況，最靠近貝琪的人必須將她抱離法蘭克身邊，對她說：「不能咬人。如果妳想咬東西，媽媽會給妳一個橡膠玩具去咬。」

過了幾天，貝琪就不再咬法蘭克了。

無聊

「我的孩子向我抱怨說無聊，想要我放下一切陪他玩。」

了解孩子、自己和情況

我們生活在一個孩子習慣於被取悅的社會。電視、電腦和電子遊戲是造成這種困境的主要原因。孩子被動地坐著看兒童影集《芝麻街》（*Sesame Street*）或是玩電子遊戲，而且玩得興致高昂（《芝麻街》確實具有教育性，玩電子遊戲也能幫助孩子學習手眼協調能力，但這些事情同時也限制了創造力、智力和適當的大腦發育）。造成這種困境的另一個原因是，許多父母認為自己必須為孩子解決所有的問題。

你確實需要協助孩子參與運動、戶外活動、發展嗜好，和其他適度的活動，但孩子不需要整天被娛樂活動塞滿，或是每分每秒都由父母來掌控。

給父母的建議

①問孩子：「你可以想到哪些辦法來解決這個問題？」如果孩子說「我不知道」，不要直接

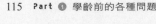

給他答案。你可以告訴他：「我相信你想得到辦法。」

②以同理心傾聽孩子，並加以認同，不要試圖解決問題。「我能理解。我自己有時也會覺得無聊。」如果孩子一直纏著你，繼續傾聽，並以淡定的聲音對他表示認同，「嗯。嗯。嗯。」孩子最終會因為無法說動你幫他解決問題而感到厭煩，轉而找其他事情做。

③你也可以說：「這很好。也許你的身心需要一點安靜的時間。你想學習如何冥想嗎？」孩子在聽到這個問題後可能會馬上逃開。然而，「冥想」確實是一個可以為孩子示範的好方法，你可以在他們準備好時進行教導。

④限制孩子看電視、使用電腦和玩電子遊戲的時間，讓孩子習慣於運用創意和智力，而不是變得被動或依賴電子設備。

⑤告訴孩子，你很樂意示範如何清理烤箱或清洗窗戶，這樣他們就不會無聊了。

提前計畫，預防問題發生

①在舉行家庭會議或解決問題的過程中，與孩子一起腦力激盪，想想有哪些事情是孩子無聊時可以做的。讓每個孩子從這份清單裡去選擇自己喜歡的活動，製作「當我無聊時可以做的事情」的清單。

②下次當孩子又開始抱怨時，你可以告訴他們：「看看你的清單。」

③一旦孩子有了這些無聊時可以做的清單，你就能讓他們自己選擇。「你可以繼續感到無

聊，或是去找一些事情來做。我相信你會從事對你而言最好的活動。」

孩子學到的生活技能

孩子會學到，他們可以自己決定如何運用空閒時間。他們可以尋求他人的理解、情感支持和靈感，但最終要學會照顧自己，獨立自主的技能在生命早期階段就可以開始訓練。孩子還能了解到，無聊是創意的前導，如果他們感到無聊，這通常能引導他們嘗試嶄新且令人興奮的活動。

教養指南

①孩子知道如何讓你感到內疚並幫他們解決問題。你可能已經注意到，當你嘗試為孩子解決問題時，無論你做什麼，都會做得不夠好。

②相信你的孩子。這份信心將會具有感染力。孩子將會因為你的引導而培養出自信。不要害怕讓孩子做家事或進行可以消磨時間的日常慣例，這能幫助他們消除無聊的感覺。

③孩子會感到無聊，是因為他們需要大人幫忙安排節目、活動和戶外運動，他們才能夠去參與。有些孩子之所以感到無聊，是因為被父母忽視，但孩子其實是需要依靠成人的幫助才知道有哪些方法可以運用，以及如何運用。也有些孩子是因為刺激過多而感到無聊。

④避免認為父母的工作是保護孩子免於承受生活所帶來的挫折。但你也不能以此為藉口，走向另一個忽視孩子的極端。

進階思考

當你允許孩子有一個小時以上的無聊時間，他們就會對無聊感到厭倦，並開始運用天真的智慧尋找替代方案。當我的孩子告訴我「爸爸，我很無聊」，我會說：「親愛的，我了解。讓我知道你怎麼解決這個問題。」然後我會繼續做我的事情。

虐待動物

「兒子竟然伸腳踢貓咪，我氣壞了，打了他的屁股，告訴他不應該虐待動物。第二天，他掐住那隻貓，幾乎快把貓咪掐死了。我要如何教他善待動物呢？」

了解孩子、自己和情況

看到孩子虐待動物，你會感到生氣憤慨是正常的，但要記住，如果你以孩子對待動物同樣的殘酷態度去對待孩子，對事情沒有任何幫助。

打屁股對於傷害孩子的程度來說：與孩子去踢打動物時對動物造成的傷害是一樣的。更糟糕的是，你對孩子的憤怒程度通常會影響孩子對動物的憤怒程度。

在一旁看著孩子學習和寵物玩的過程，可能會令你感到難過痛苦，但最後都會值得的。當孩子還小時，讓他與動物建立關係，讓他與寵物一起成長，體驗無條件付出的愛。同時要記住，小孩子可能會以緊抱、踢或戳來看看會發生什麼事的方式，表現他的愛，對此你必須擁有一定的警覺、堅持和耐心。幫助孩子找到其他表達愛和好奇心的方式。

如果孩子經常出現虐待動物的行為，這表示背後可能存在比較嚴重的問題，你需要尋求專業的協助。

給父母的建議

①你真的可以考慮在家裡飼養寵物。培養孩子對動物的同理心是很重要的。

②如果你和上述情況一樣，對孩子虐待動物的反應比較大，請先將孩子與寵物分開。接著，先讓自己冷靜下來，對打孩子屁股的事向他道歉。對孩子說實話，坦承你對他傷害貓咪的行為感到生氣，但這不能做為你傷害他的藉口。如果你不要在當下怒斥孩子，而是在冷靜下來之後對他解釋生氣的原因，孩子會學到更多。

③進入孩子的世界，揣測他被打屁股時的感受：「我猜你不喜歡我打你屁股。你可能因此感到生氣或受傷。」等孩子回應，認真傾聽，並以此回應來認同他的感受：「我可能也會有

相同的感受。」

④如果再次發生類似的情況，請馬上採取行動。把貓與孩子分開，對他說：「養貓咪不是為了打牠。對貓要溫柔。你可以拍拍牠或抱抱牠。如果你打牠或踢牠，貓咪就會跑去其他安全的地方。所以，你們就得等晚一點再試著一起玩。」這樣的狀況可能得重複幾次。

⑤給寵物一個安全的地方，讓寵物可以休息一下再繼續活動。大多數的貓狗如果沒有被孩子好好對待，都會自動逃開並迴避孩子。

⑥教孩子如何安全地撫摸和擁抱寵物。讓孩子知道，動物的身體和他的身體一樣珍貴。

提前計畫，預防問題發生

①決定你的做法並告訴孩子：「我不會再打你，因為我不希望讓你、貓咪或任何人有不被尊重的感受。」示範你希望孩子學到的行為。你也許因為沒有意識到，或以為這是訓練貓狗最好的方式，而對孩子示範了不尊重動物的行為。確實遵守你所傳授的觀念，停止懲罰寵物。你可以參考由琳．洛特、簡．尼爾森和泰瑞．傑（Therry Jay）合著的《寵物教養》（*Pup Parenting*，暫譯），學習如何使用正向教養的方式養育毛小孩。

②以提問的方式邀請孩子一起思考。「你還記得如何溫柔地撫摸小狗嗎？你想不想坐在沙發上，我再把貓放在你的腿上，讓你抱抱牠？我們要不要將小狗戴上狗鏈，帶出去散個步？你要不要再試試看，溫柔地摸摸貓咪？」等待孩子的回應並仔細傾聽。

③教導孩子：**感受和行為是兩回事**。他可以感到生氣，但不可以做出傷害他人的行為。幫助孩子找到可被接受的行為方式。「當你生氣或感到受傷時，可以怎麼做，而不傷害到他人或動物呢？我們可以怎麼做，讓貓咪和你都感到安全呢？」

④當孩子傷害動物或他人時，通常是因為自己感到受傷（除非孩子年紀太小，不知道用力擠壓會讓人受傷）。試著猜測讓孩子感到受傷的原因（可能是新生兒的誕生、父母離婚，或是被懲罰）。將你的猜測以溫和的態度告訴孩子，看看是否正確，並與孩子共同設想解決方案。

孩子學到的生活技能

孩子會學到如何愛護和照顧寵物，而不是虐待動物。孩子不需要從受苦裡學習，因為他能得到你的尊重，所以也能學會尊重他人。

孩子還會學到，犯了錯，再試一次就好，有時，對所有人來說：休息一下是最好的辦法，這也包括家裡的寵物。

教養指南

①孩子在生活中學習，而你就是他的老師。如果他生活在殘酷的家庭裡，他學到的就是殘酷的態度。如果他生活在彼此尊重的家庭裡，也將學會尊重。

②孩子同樣值得擁有你為了保護動物免於傷害而展現的同情心。

進階思考

羅西喜歡幫小貓穿上洋娃娃的衣服。她會以某種方式彎曲牠的身體，硬是把牠塞進衣服裡。小貓抓傷並咬了羅西時，媽媽在一旁看得膽戰心驚。但貓咪的舉動從未讓羅西退縮，而她的行為也從未讓貓咪膽怯。事實上，令媽媽驚訝的是，這隻貓咪最喜歡待在羅西的房間裡，睡在她的棉被下。牠迴避家裡其他的人，但只要羅西一出現，牠就會像小狗一樣朝她跑去。

有時，解決虐待動物問題的最佳辦法，是讓孩子和動物自己想辦法。

愛哭

「我的孩子非常敏感，動不動就哭。我困擾極了，如何才能改變他呢？」

了解孩子、自己和情況

「感受」能給我們相當寶貴的訊息，讓我們明白自己是誰、什麼事對我們而言是重要的。孩子需要學習的是，他可以擁有任何一種感受。有些孩子容易哭是因為本性敏感，而這是他表達自己的方式。其他孩子哭則是為了得到關注、權力、想要報復，或是一種自暴自棄的表現。有些孩子則會因一時的失望、憤怒或沮喪而哭。

嬰兒當然會哭，因為這是他們唯一的溝通方式。關鍵在於，你要充分了解孩子，以認識箇中差異，並掌握必要的教養技巧，有效處理每一種情況。

給父母的建議

①把孩子抱在腿上（如果孩子已經七歲以上，坐在他身邊），問他：「你願意告訴我，發生什麼事了嗎？」然後安靜地傾聽。

②當孩子停止說話時，抑制對孩子說教、解釋或試著替孩子解決問題的衝動。只要問他，「還有別的嗎？」這個問題經常能鼓勵孩子深入理解自己的感受。

③給彼此一段夠長時間的沉默，確認孩子把話都說完，也冷靜下來了，再問他：「你想和我一起腦力激盪出一些解決方案嗎？」很多時候，你不需要真的去解決問題。有時孩子需要的只是安慰、被傾聽以及認真對待。

④如果孩子太難過或具有攻擊性，無法坐在你的腿上或是跟你說話，你可以告訴他：「不要壓抑你的感受。你有權利擁有這些感受。你可以感到難過。你想說話的時候再告訴我。」如果孩子對你出言不遜，你可以選擇離開現場，或是對他說：「你願意到你的房間或是其他可以讓你感覺好一點的地方，待到你想重新和人互動的時候，再出來嗎？如果你不願意，我會回去我的房間，等到你好一點時，可以再來找我。」

⑤你可以使用「反映式傾聽」，只要閉上嘴就能做到：嗯。嗯。除非孩子請你幫忙，否則讓孩子自己想辦法。

⑥你也可以積極地傾聽孩子，這表示你要注意他話語背後的含意，以及他想表達的深層感受：生氣、受傷、心煩——任何你認為他可能感受到的情緒。同樣的，有時候，這樣就足夠了。讓孩子感到自己被理解，是很重要的。

提前計畫，預防問題發生

①盡早以重視孩子感受的方式，讓孩子明白擁有「感受」是沒問題的。當孩子說「我餓了」，不要說「不，你才不餓呢！你二十分鐘前才剛吃了東西」，相反的，你可以告訴他：「我聽到你說餓了，但是我剛收拾好午餐，現在不想再做任何食物。你可以等到晚餐時間再吃東西，或是到放著健康小點心的架子上去找點東西來吃。」這是同時尊重孩子的

感受與需求，也能顧到你的自身需求的做法。

②教導孩子表達真實的感受，例如：「我感到——因為——，我希望——。」（當弟弟推倒我堆的樂高積木時，我感到很生氣，因為我很努力地蓋出那棟大樓，我希望你告訴他，不要碰我的玩具。）表達真實的感受，並不意味著別人也要有相同的感受，或是一定要滿足你的需求。

③鼓勵孩子，將惹他生氣的事放在家庭會議裡，這樣全家人就可以一起幫忙解決問題。

④孩子的本質需要被無條件接受。即便孩子本性敏感，與你或是你的理想有所不同，也要加以接受。你可以做的是專注於孩子性格積極的面向。許多女性擇偶時會選擇善感的男性，反之亦然。個性多樣是讓世界變得有趣的原因之一。

⑤若行為已發展成模式，便適合進行事先規劃。告訴孩子，你尊重他擁有感受的權利。如果他希望你幫忙解決問題，可以在準備好時告訴你。讓孩子知道，在生氣時試圖解決問題是不會有效果的，如果他之後需要你一起解決問題，你一定會幫忙（在孩子尋求協助時幫忙解決問題，與出於拯救或過度保護的心態所進行的幫忙，兩者之間完全不同）。

⑥絕對不要拿孩子們相互比較，或是和其他家的孩子進行比較。這不僅不尊重孩子，也會讓他們感到挫折。

孩子學到的生活技能

孩子會學到，自己的感受是重要的，其他人會加以傾聽，並以尊重的方式幫助他表達感受。感受沒有對錯，全都只是「感受」。感受可以提供寶貴的訊息。感受與行為是不同的。孩子可以學會以表達感受的方式讓自己感覺變好。孩子會學到自己可以擁有並處理感受，而他的父母也擁有同樣的權利。

教養指南

①不管對男孩還是女孩來說：哭泣和大笑都是一種自然健康的紓壓過程。被教導不能哭泣的人，經常會露出雙倍的笑容才能掩飾傷痛。

②為了孩子的心理健康，請允許他哭泣。然而，如果你認為他在利用眼淚操控你的話，請重視他的需求，但不要淪於被操控。

③修復孩子的感受並非你的工作。你的工作是接受孩子擁有感受，幫助他加以辨識，並以尊重的方式進行表達。

進階思考

朱利安和他的奶奶在沙灘上共度了愉快的一天。到了要離開的時候，他打開「水龍頭」，開始哭了起來。當他啜泣地說不想離開時，真會讓人感到他心碎了。

等他哭了一段時間，奶奶才終於能抓住他的注意力問道：「你願意向海洋說再見嗎？」朱利安果然立刻分心而忘了哭泣，因為他要完成幫助海洋感覺更好的任務。「再見，海洋，我會想你的。明天見。」淚水停止了，朱利安感覺自己被安慰了。

予取予求

「三歲的兒子拒絕使用我給他的杯子喝牛奶，而想用一個特殊的玻璃杯。九歲的孩子認為開車接送他是我的工作。青春期的女兒一定要拖到半夜才叫我幫她打作業。我想幫助孩子，但我擔心自己是不是把他們寵壞了，讓孩子變得予取予求，並期待別人給予特殊待遇。另一方面，如果我不尊重孩子的要求，會不會讓他們覺得自己的需求不重要，而損害到他們的自尊心？」

了解孩子、自己和情況

這是一個很好的問題，任何想為孩子培養健全自尊心的父母，都會提出這個問題。孩子自尊心低落的主要原因之一，就是因為沒有被傾聽、被認真對待和受到肯定。然而，有些孩子則因為父母做得太多而變得予取予求，認為自己的要求永遠會得到滿足。重要的是，你要在溺愛孩子（淪為孩子的奴隸）以及忽略孩子的需求（否定其重要性）之間，取得平衡。

被賦權的孩子常常發表意見，並希望一起做決定。愛要求的孩子則希望一切順他的意。他們通常會被視為「難相處的孩子」。懲罰或屈服對這些孩子都沒有幫助。只有溫和堅定的建議，能幫助父母避免陷入拉鋸，並有辦法教導孩子重要的生活技能，例如與人合作和解決問題。

給父母的建議

①放下一切去滿足孩子的需求，並不是你的工作。當你因為尊重自己和自己的需要而對孩子說「很抱歉，我還有其他事情」時，不要感到愧疚。你這是在幫自己和孩子一個忙。讓孩子以為忘東忘西、不經思考和予取予求很管用，才是不尊重他們。

②協助孩子學習如何滿足個人需求。換句話說：你可以將杯子放在一個容易拿到的地方，讓他自己拿來倒牛奶；與其他父母建立汽車共乘制；告訴孩子可以幫忙打電腦報告的最晚時段，並確實遵守。

③對孩子提出「是什麼」以及「如何」的問題，幫助他想辦法解決問題。

④提供有限的選擇如：「你可以自己再去拿一杯牛奶，還是需要我幫忙？」「你想騎腳踏車去看比賽，還是打電話給賈斯汀的媽媽，看看她能不能載你去？我很樂意去接你。」「如果你想要我幫忙打報告，只要能在九點鐘以前給我，我很樂意幫忙。要不然，我也很樂意把我的電腦借給你自己打。」

⑤在家庭會議上討論「施與受」的原則，並依此擬定計畫。「我願意花時間開車，幫助你解決交通問題。你願意幫我什麼忙呢？」「如果你願意接送男孩們去練習足球，我可以幫忙打報告。」「如果你今晚幫我洗碗，我可以負責開車接送孩子練習。」事先想好，你希望在哪些地方獲得幫助。

⑥在每次的家庭會議中安排行事曆，提早計畫孩子需要的接送、家庭作業的輔導等等。

⑦尋找解決方案，不要自己承擔所有的責任。如果孩子把你當司機，想辦法與其他父母建立共乘制、鼓勵孩子在可以的時候騎腳踏車，或是幫忙查看公車時刻等。

⑧在孩子學習自助的新技能時，扮演好陪伴的角色，如：打電話給其他父母和朋友洽詢替代的交通方式、練習自己倒牛奶、學習如何打報告……等等。不要期待孩子獨力完成，或是認為這是你該為孩子做的。與孩子共同合作。這會花去你較多的時間，但孩子將能學會如何負責任地提前計畫。

⑨對年紀較大的孩子，你只需要說：「這在我聽來是個合理的需求，我相信你可以找到方

法，完成你想做的事。」然後放手讓孩子去做，不要覺得這是你該為他們做的事。

⑩孩子可以自己輕鬆做到的事，卻跑來找你幫忙，你可以微笑地說：「沒辦法喔！」讓孩子在沒有你幫忙的情況下，完成事情。

提前計畫，預防問題發生

①在孩子還處於學齡前階段時，為反覆出現的問題先制定好解決方案。例如，如果孩子總是要求使用某個特殊的杯子，把他的餐具放在較低的櫃架上，並將牛奶和果汁裝在小罐子裡，放置於冰箱較底層的空間，讓他可以自己倒飲料。

②花時間訓練——教孩子清理溢灑出來的東西、洗好自己的碗盤並放回櫥櫃裡。提供孩子足夠的資訊，讓他了解實際需要。例如，牛奶需要好好清理才不會變酸變臭，全家人也能因此享受乾淨的廚房。

③孩子很難將自己的需求及滿足需求的時間，以及可能對他人造成的不便，三者聯想在一起。你可以幫助孩子建立這種聯繫並做好計畫。清楚告訴孩子，你何時有空協助。例如，如果孩子要求你在最後一分鐘幫忙洗衣服，告訴他，你很樂意在洗衣日去清洗放在洗衣籃裡的衣服，除此以外，所有衣服都必須另行安排。如果孩子的年齡適當，你也可以教他如何使用洗衣機。

④相信孩子並使用言語鼓勵：我相信你。你可以的。你很會解決問題。

⑤一旦孩子滿四歲，利用家庭會議，提供學習合作技能的好機會。

孩子學到的生活技能

孩子會學到，他可以有需求，但不能要求別人給他特殊待遇。他在自立和尊重他人時，感覺會更好。孩子將學會如何提前計畫以滿足自己的需要，並有辦法處理需求無法得到滿足的失望。

教養指南

①有些父母在愛的名義下滿足孩子的各種要求，但這對你和孩子來說：都不是真正的愛，因為你教給孩子的是：「愛」意味著想辦法讓別人滿足自己的需求。

②你可以設定自己想提供多少次的接送和願意幫多少忙的底限。有時父母因過度滿足孩子的需求，以致於犧牲了自己的需要。

進階思考

十二歲的珍妮特喜歡芭蕾舞，決定每週要上五天的課。珍妮特的媽媽很高興，對她優秀的表現感到驕傲。

不過，這位媽媽是全職的上班族，無法放下工作，每週開車五天接送她。媽媽告訴珍妮特，在無法接送的那幾天必須安排共乘。

但珍妮特說：沒有人住在她們家附近。媽媽於是幫珍妮特查看公車時刻表，並弄清楚如何搭公車去上課。不過，如此一來，珍妮特就得自己將所有的跳舞用具帶到學校，再連同學校作業一起帶著去搭公車，再到市中心轉車，而公車通常需要等很久——這令她感到很不開心。

媽媽向珍妮特解釋，並不想讓她受苦，但真的無法放下工作每天去接送，所以珍妮特必須思考，舞蹈對她來說，到底有多重要。

珍妮特最終的選擇是搭公車。儘管很困難，但她認為這種犧牲是值得的。

多年後，珍妮特才意識到自己因此培養出技能與自信，當她決定環遊世界時，這些技能和自信都派上了用場。

克拉克在妻子手術後臥床的復原期間，接手了家務。他很驚訝於完成所有的工作需要花掉多少時間，並對幾乎沒辦法留時間給自己而感到沮喪。

孩子們一直需要他的幫忙。他盡可能地保持愉快並滿足每個人的需求，但卻也變得越來越沒有耐心。

最讓他困擾的是，孩子們總是在他準備好出門時，才在最後一刻開始做早該做好的事，結果讓他只能在一旁空等。

他和孩子們談了這件事，他們也答應要做得更好，但情況還是一樣。

有一天，他終於爆發了。「到此為止！你們今天的行為害所有的人都遲到，必須在週末被禁足。」

孩子們苦苦哀求，請他原諒，但克拉克立場堅定。

老大特別不知所措，因為他承諾要在那個週末參加朋友玩到通宵的生日派對，但無論如何爭辯，父親都不願意改變心意。

這名男孩於是打電話給奶奶，抱怨情況不公。奶奶問事情是如何發生的，他告訴她事情的經過，但卻對自己和弟弟經常遲到的事情輕描淡寫帶過。

「達斯汀，」奶奶說：「你的爸爸很生氣、很受傷，是因為你們不尊重他，我認為他是為了報復，才對你們下禁足令。」

「奶奶，我哪裡不尊重爸爸？照顧我們、接送我們是他的工作。我們年紀還不夠大到可以開車啊！」

「親愛的，你的爸爸是在幫忙你們。他沒有義務到處接送你們。他試圖對你和弟弟好，但你們卻只是常讓他等候，也沒有對他表示感謝，或為他做點什麼表示回報，因此讓他感覺自己被利用、不被尊重。」

「奶奶，也許我應該對爸爸說對不起。您覺得呢？」

「如果你是認真的，並想好如何告訴爸爸，你真的想改變，而不是隨口承諾——那應該會有幫助。你可以告訴爸爸，你意識到自己犯了錯，並打算做得更好，問他能不能考慮將『禁足』推遲一週，好讓你能守住對朋友的承諾。」

「我會試試看。奶奶，謝謝您。」

達斯汀真的不知道他沒有資格一直讓人接送，並提出種種不合理的要求。他和奶奶的談話，幫助他更全面的了解情況，並開始想辦法改善與父親的互動。

吃飯問題

「孩子們的餐桌禮儀很差。他們在吃飯時坐立難安，伸長了手去抓食物，還抱怨我做的飯難吃。一個孩子總是在節食，另一個只想吃熱狗。我以為，吃飯時間應該是一個愉快的家庭活動？」

了解孩子、自己和情況

你是對的。吃飯時間應該能同時滋養身體和靈魂。太多家庭忘了這一點，並將吃飯時間化成一場找問題、說教、威脅、爭吵和個人嬉笑喧嘩的噩夢——如果他們還有機會一起吃飯的話。

許多家庭帶孩子出去吃速食，或是每個人在一天中的吃飯時間都不一樣。在一些家庭中，廚房全天開放，只要有人覺得餓了就能進去抓點小零嘴來吃。有些孩子只吃不健康的食物，到處都看得到體重超重的孩子和成年人。你其實在無意中已經等於干涉了他們看似自然的行動，而非提供孩子健康的飲食選擇——相信他在餓的時候才吃，不餓就不吃。你可能在沒有意識到的情況下導致孩子飲食失調。

我們有幾個建議，幫助你將吃飯時間變成全家一起擁有正向體驗的地方，不但吃得到健康的食物，還能享受彼此的陪伴。這一切，從你開始。

給父母的建議

①每天至少一次，全家一起坐下來吃個飯。不要在電視機前吃飯。大人應該坐下來和孩子一起吃——在餐桌上。偶爾利用鮮花、蠟燭或餐墊來進行餐桌的擺設，或是在家裡的用餐室吃飯，為家庭營造特殊的體驗。

②如果孩子知道他可以選擇吃什麼或不吃什麼，就不會那麼容易抱怨。不要試圖強迫孩子吃任何東西。不要堅持叫孩子吃光盤裡所有的東西，或品嚐每一種食物。如果孩子拒絕吃東西，不要給他過多的關注。

③幼兒喜歡玩食物、把牛奶灑出來、把食物丟在地板上，這是很正常的。適齡行為並非不當行為。清理溢出物，讓孩子用手指在食物裡作畫，讓狗狗吃掉落在地上的食物，或是在幼兒的座位下放一塊塑膠墊。教導孩子協助清理髒亂。

④讓孩子為自己服務，不要討論他吃什麼或不吃什麼。你只要在吃完飯後清理他的盤子就好（十五到二十分鐘的吃飯時間已經足夠）。

⑤如果孩子抱怨你做的飯，對他說：他可以不吃不喜歡的食物，但是抱怨會讓做飯的人感到受傷。如果孩子說「我不喜歡吃這個」時，把食物從他的盤子上拿走，告訴他：「好，你可以不必吃。」這樣做通常很快就能讓孩子停止抱怨。

⑥如果孩子不喜歡家裡準備的飯菜，有些家庭會讓孩子自己做三明治或奶酪玉米餅。這比為每名孩子準備特殊的餐點要好得多。

⑦如果孩子的行為變得太令人討厭，你可以試著改變你的做法，而非試圖控制孩子。你也可以端起盤子，到另一個房間裡吃。

⑧如果孩子說他在節食，不要驚慌。先看看實際上是否真有這回事。孩子也很可能說歸說、做歸做。

⑨不要假裝沒事。讓孩子知道，你確實看到他的催吐行為（或是其他不健康的舉動）。詢問孩子會採取什麼步驟來面對飲食失調的問題，以及需要什麼樣的幫助。

⑩如果孩子持續發生功能障礙性的飲食模式，如神經性厭食症（自我飢餓）或貪食症（嘔吐和催吐），從治療飲食失調的診所、營養師或諮商師那裡尋求可能的協助。請特別留意家族成員是否出現過任何相關病史，因為家族史和飲食失調之間確實存在著關聯性。

⑪如果孩子決定成為一名素食者，或嘗試其他注重健康的飲食新法，問問孩子可以如何支持他。不要取笑他，或堅持要他按照你的方式進食，或將這個新習慣視為飲食失調。許多素食者都是在很小的時候就決定要改變飲食習慣。如果你是素食者，但你的孩子堅持吃肉，這個建議也適用於你。不要強迫孩子以你的方式進食。

提前計畫，預防問題發生

①固定吃飯的時間（但允許孩子在餐與餐之間吃健康的小點心——不要讓孩子等到太過飢餓時才吃飯）。向孩子強調，吃飯時間可以分享當天發生的事，享受彼此的陪伴，以及共享一家人相處的美好感受。

②如果孩子抱怨食物難吃，也許該讓他自己選擇要吃些什麼——至少每週一晚。讓孩子們輪流每週選一晚負責做飯。即使是幼童也可以幫忙撕生菜、打開一罐豆子，或者做一份簡單的沙拉。

③與孩子討論他們能夠幫你做什麼。可以討論需要完成的不同工作，例如擺設餐具、做晚飯、洗碗、餵寵物。

④不要在家裡囤放垃圾食物。如果孩子的肚子裡裝滿零食或垃圾食品，他們當然不會想吃正餐。你要特別避免含糖食品。糖會破壞身體對好食物的天然需求。

⑤提供健康的零食。如果孩子因為吃了奶酪、胡蘿蔔條或其他健康零食而不吃飯，沒有關係。誰說好吃的食物只能在吃飯時間吃？

⑥在進餐以外的時間，幫孩子練習良好的餐桌禮儀。每週選一晚也可以。讓練習變得有趣，誇張些也沒關係。

⑦舉行家庭會議時，全家一起設想每個人都能享受用餐時光的方法。

⑧檢視你自己對體重、食物和飲食習慣的態度，觀察你如何影響了孩子。你會說「吃完盤裡所有的食物」，然後因為孩子超重而感到生氣嗎？你告訴孩子不能在兩餐之間吃東西，卻

又鼓勵他在吃飯時間裡暴飲暴食嗎？你是否在無意識間運用了其他方法，試圖控制孩子飲食的攝取？

孩子學到的生活技能

孩子能學到的是，他在吃飯時不會有麻煩，所以不必用差勁的餐桌禮儀來轉移父母的注意力。他會將餐桌視為一個有趣的地方，可以透過參與、成為家庭的一部分等許多正面方式，來獲取注意力；可以按照自己的步調來發展對食物的品味；不會被強迫吃不想吃的東西，也不會得到特殊待遇。孩子會學到，尊重是雙向的。

教養指南

①你可以幫助孩子學習聆聽他的感受和身體訊息，不要讓孩子為了取悅你而被訓練成一個暴食者，或是為了讓你感到挫折的挑食者。想想有多少超重的成年人，從小就被訓練成「要把碗裡的食物吃乾淨」，並且變得完全不了解「飢餓」是什麼意思。

②如果你將用餐時間視為「叫孩子吃飯並訓斥餐桌禮儀」的時間，孩子就有可能以不好的態度回擊。但如果你將吃飯視為全家共同分享的特殊時光之一，孩子的態度也會如實反映。

③在不同的發育階段，當孩子的生理發展不符合全國一般生長標準時，請對他和你自己都保持耐心。當所有方法都失效時，相信你自己的常識，唯有你明白孩子真正的生長情況。

④鼓勵孩子常態性的進行運動。如有必要，把電視關掉，讓孩子離開沙發。

⑤我們訪問過在大蕭條時期成長的人。他們說挑食根本不是問題。如果有孩子不想吃東西，父母不會大驚小怪，因為吃的東西往往是不夠的。當孩子沒有因為挑食而得到任何「好處」時，他要不是吃剩下的東西，就是等著挨餓。

進階思考

我們認識的一名孩子參加了一場大學院校針對學齡前兒童的研究計畫。研究者在午餐桌上擺放了各式各樣的食物，並允許孩子吃任何想吃的食物。有時孩子會先吃蛋糕，有時會先吃花椰菜。

這個計畫的主要論點是，當你允許孩子從各種有營養的食物中進行選擇時，他們會自然地選擇能夠攝取到均衡營養（隨著時間推移）的食物——不需要大驚小怪。

有一位媽媽認為控制女兒的飲食是她的工作。如果女兒早餐不吃燕麥片，這位媽媽會讓她當成午餐吃。如果她午餐不吃燕麥片，媽媽就會把燕麥片當成晚餐給她吃。她女兒當然拒絕，然後便生病了。醫生發現她可能患有佝僂病（rickets）*。這個女兒認為在和媽媽的拉鋸戰中獲勝，比吃飯還要重要。

*佝僂病常見於兒童時期，多半是因為維生素D攝取不足。缺乏維生素易導致缺乏鈣質而骨骼疏鬆，發生在成人身上則較易形成軟骨症。

當醫生知道事情的來龍去脈後，他告訴這名母親：「請把有營養的食物放在桌子上，然後不要管她。」

當媽媽這樣做了之後，她的女兒進食情況總算好轉。不完美，但比原來好多了。

我第一次坐下來和繼子及他們的爺爺奶奶一起吃飯時，大家批評最小那個孩子飲食習慣的次數，真是把我嚇到了。他被哄著吃這個、那個，被說是家裡最愛挑食的孩子。他們告訴我，他不吃蔬菜或水果等。

他當然會挑食，因為他得到的都是負面的關注，每一餐飯也成了和大人的拉鋸戰。

午睡

「我的孩子拒絕午睡，但到了下午五點，他會變得很累且易怒，搞得每個人都很痛苦。有時他會在五點半左右入睡，然後在八點左右醒來。睡覺時間成了一場惡夢。當我知道孩子需要午睡時，該如何讓他小睡一下？」

了解孩子、自己和情況

孩子不想睡覺，並非因為他不需要睡眠，而是因為他正在探索這個令人興奮的世界，不想錯過任何東西。

重要的是，你要尊重對待孩子自主的需求，同時幫助他學會做選擇，遵循一定的規則，讓自己和他人的生活愉悅。

你有享受安靜時刻的權利，孩子可以在一段時間內自娛自樂。你可以把這段時光稱為「安靜時間」而不是「午睡時間」。孩子可能睡、也可能不睡。你可以在午餐後安排一小時的休息時間，當做給自己的時間，並讓孩子安靜地在自己房間裡玩耍。

不要堅持孩子在安靜時間睡覺，但要求他尊重其他人需要的空間。

給父母的建議

①不要告訴孩子他累了（即使你認為他是）。向孩子承認另一個事實──你累了，需要休息一下。

②告訴孩子他不必睡覺，但是必須待在床上或特別的安靜角落（參閱「提前計畫，預防問題發生」④），安靜地做一小時的事，比如看書或聽輕柔的音樂。

③給孩子有限的選擇如：「你想從一點還是一點十五分，開始你的安靜時間？」

④溫和堅定地徹底執行。每當孩子在安靜時間還沒結束前就起床，輕輕地牽他的手，將他帶回安靜角落。你可能需要重複這個動作二十次或更多次，直到他明白你是認真的。

提前計畫，預防問題發生

①建立慣例並徹底執行。在安靜時間開始前，可以進行五分鐘閱讀故事或玩遊戲的特殊時光。

②孩子喜歡慣例，並應該一起計畫。你可以利用提問和有限的選擇，來找出孩子喜歡什麼形式的安靜時間。

③在規劃安靜時間的日常慣例時，確保是安排在安靜的活動（而非刺激的活動）之後。

④試著讓安靜時間與睡前時間有所區別。讓孩子為安靜時間選擇特別的絨毛玩偶、不同的床、不同的棉被或一個從不同房間裡拿來的特殊睡袋。

⑤教孩子使用簡單的音樂ＡＰＰ，讓他從一系列安靜的音樂中進行選擇，然後自己按播放鍵。

孩子學到的生活技能

孩子會學到，大人會尊重他的抵抗意願。他們也能學到，雖然有一些選擇，但仍需要遵循慣例，以尊重其他人。

教養指南

①孩子需要的睡眠量不一樣。有些孩子到了兩歲或兩歲半就不用午睡了。其他孩子則可能到上了幼兒園都還需要午睡。

②以「哭泣」來表達挫折感，並不會減損孩子的自尊。讓孩子養成「我無法面對失望」、「我不需要遵循任何限制」、「我可以操控別人以得到想要的」的信念，反而有損其健康自尊的發展。

進階思考

在芭芭拉．比約克倫（Barbara Björklund）和大衛．比約克倫（David Björklund）所著的《父母教養手冊》（*Parents Book of Discipline*，暫譯）中，曾舉出以下的例子：

我們認識的一位母親，讓她的學齡前孩子在哥哥房間裡午睡，只要孩子能好好睡覺就行。我們認識的另一位奶奶，在她的衣櫃裡放了一個本來屬於孩子叔叔的米老鼠睡袋。只要能夠馬上睡覺，他們讓孩子挑選房子裡任何一間房間午睡，也可以使用睡袋「露營」（這些孩子在家從不午睡，但在奶奶家總會睡上兩三個小時）。

不要！

「我的小孩總是說不要。不管我是好聲好氣還是大喊大叫地請他做事，他都說不要。甚至連請他挑一本故事書，他也說不要。我聽說過『可怕的兩歲』，但這也太誇張了吧！」

了解孩子、自己和情況

大人所謂的「合作」，經常意味著「照我說的做！」。如果孩子說「不要」或拒絕大人要他做的事，並不代表他不合作。有時，對非常年幼的孩子來說：「不要」只是一個簡短、直接和有趣的詞語。他的意思甚至可能不是「不要」——大人也需避免把事情變成拉鋸戰。

孩子可能在經歷正常的個體化過程——他在一步步建立自己的主體，並與你進行區別，或是在練習擁有不同意見。這是一個讓你更了解孩子的機會，不要壓抑他的自主性。如果孩子在試圖表現自主時遭受過多的控制或懲罰，可能會對自己產生懷疑和羞恥感。不過，你要留意，養成一個霸凌者，和幫助孩子個體化的能力，兩者之間仍有界線。這當中的平衡來自於，在學習培養和支持孩子個體化過程的同時，也要建立尊重和安全的界線，以免讓狀況又變成一場拉鋸戰。

給父母的建議

①忽略「不要」這個字。如果可能，離開現場即可。如果需要採取行動，行動時請閉嘴。例如，如果孩子需要上床睡覺，牽著他的手，將他帶到房間裡。

②**給孩子無法以「是」或「不」回答的選擇**。「你想穿黃色還是藍色的睡衣？」「你想聽一個長的還是短的故事？」別問孩子答案只有「是」或「不」的問題。反過來，花時間問他別的問題如：「首先我們——，再來我們——。」或是，「你能夠多快在你的汽車座椅上坐好？」

③**透過請孩子幫忙並邀請他做決定，來賦予孩子做決定的能力**。「我需要人幫忙清理這堆髒亂。你想幫忙哪個部分，你想讓我做哪個部分？」

④無論是改變話題還是進行新的活動，**轉移注意力**都能發揮很好的作用。

⑤**傾聽感受並加以辨識**。對孩子說：「你不高興是因為不能繼續在外面玩了。你希望能夠繼續玩，我也希望，但現在是吃晚飯的時候。我們來擺餐具吧。」

⑥**慶祝**。「萬歲！你開始為自己思考了！而且能分辨出事物的重要性。」一個兩歲大的孩子可能不明白你在說什麼，但這句話能幫你記住，讓孩子成為個體的重要。

提前計畫，預防問題發生

①**確實去了解適齡行為**，你才不會期待孩子做出（或不做）不符合年齡的事。有了這些知識，你就會明白使用溫和且堅定的方法來教授生活技能的重要。孩子也會更樂於合作，而非叛逆。

②**避免要求，並提供選擇**。「該離開公園了，上車吧。你願意幫我拿鑰匙還是錢包？」「該睡覺了。你的就寢慣例圖表，下一步是什麼？」盡量給孩子做決定和選擇的機會，幫助他感受自己的能力和重要性，而不是引發叛逆。

③**注意自己是否成了「不行怪獸」**。每次孩子問你問題或提出要求，你是否不經思考就說了「不行」？每當小孩觸摸不能碰的事物時，你就會說「不」嗎？許多父母經常說不，卻不懂孩子為什麼也愛說不。孩子年幼時，以轉移注意力的方式告訴他、向他示範怎麼做，而非說不。當他長大後，想辦法說「好」。例如當孩子說「我不想做你說的事」時，回答：「好，我能理解。你想不想列入家庭會議的議程，或是告訴我，你認為怎麼做更好，讓我考慮一下？」

④學齡前兒童對一切說「不」，經常只是因為喜歡這個字而已，如果你不覺得這樣可愛迷人，就別再問他那些需要回答「是」或「不」的問題。

⑤不要對孩子說「你是壞男孩」或「妳是調皮的女孩」。孩子可能會做出讓人不能接受的事，但他們不是壞人。

⑥**不要低估孩子的理解能力**。與孩子對話、解釋事情，然後看看他是否了解。例如，你可以

說：「如果你玩這些旋鈕，立體聲音響可能會壞掉。如果你想聽音樂，可以來找我，我們可以一起播放。」

孩子學到的生活技能

孩子會學到：父母會尊重他的個體性，並盡可能幫助他擁有能承擔的自主性。父母不會堅持全面控制，會邀請他參與並從旁提供支持和指導。

教養指南

①將孩子尋求自主性的過程，視為一種可愛和迷人的舉動。這將讓你避免立即做出反應而引發拉鋸。記住，這個過程是必要的——沒有成功培養個體化的孩子，可能會長成愛討好的大人。

②切勿只從字面上理解「不要」而讓事情演變成拉鋸戰——孩子的意思甚至可能不是「不要」。有些幼兒會以「不要」回應所有的事。仔細聆聽，並將這個詞置於脈絡中理解。

進階思考

奈特女士在了解到個體化的過程後，感到寬慰。

她與兒子一直在進行激烈的拉鋸戰。她認為自己的責任是提醒他注意，並按照她說的做。但當她說越多次如「是的，你會的」，兒子就會回答越多次如：「不，我不會。」

她開始使用幽默感。

當他再說不時，她給了他一個大大的擁抱，說：「什麼意思？我會搔你癢，直到我聽見你說是。」

很快的，他們都笑了，拉鋸戰也就此消失。

有時候當她兒子說「不」時，她會說：「其實這就是我的意思。」然後她會唱歌，「不，不，一千個不。」

拉鋸戰再次煙消雲散，然後她會溫和地引導他去完成需要做的事。

聽話與順從

「我的孩子非常不聽話。我擔心如果不嚴加管教，肯定會把他寵壞，但我越是懲罰他，他就越不聽話。」

了解孩子、自己和情況

你想要孩子聽話，重要的是考慮長期目標。教孩子聽話，服從你的意見，在今日的社會中可能是危險的。聽話的孩子可能成為凡事都要別人認同的人，會順從任何想控制他的人——首先是家庭，再來是同儕團體、幫派、教派，以及專制或虐待的配偶。

有些孩子拒絕失去自己的權力而變得叛逆。不了解的父母會加倍要求他服從，產生激烈的拉鋸戰。培養孩子的合作力、解決問題的能力、尊重自己和他人，會是更好的選擇。聖經文獻學者告訴我們，「棍棒不是用來擊打或懲罰，而是用來引導」*。

孩子需要的是指導，而非懲罰。

給父母的建議

①對於兩歲到四歲的孩子，你可以使用本書所建議的許多教養工具，例如：貫徹執行；啟發性提問；積極暫停；花時間訓練；透過讓孩子做適齡的家事，教導他負責任、合作和貢獻的價值。

②對於四歲到十八歲的孩子，在使用上述的教養工具外，還可以運用家庭會議、以共同解決

*原文為"The rod was not used to hit or punish, but to guide"，出自聖經箴言13:24。

問題的方式來傳授解決問題的技巧、誠實表達感受、學習放手等，來教導孩子相互尊重和生活技能。以下是如何做到的簡單說明：問孩子想要什麼；告訴孩子你想要什麼；看看兩者間是否能夠配合。如果雙方難以取得共識或默契，請盡可能一起列出最多的想法，選擇其中一個試行一週；在週末聚會，彼此說說問題是否得到了解決。

提前計畫，預防問題發生

①**幫助孩子學習應對在社會上可能遇到的潛規則**。教導他接受適當有益的事，同時試著以尊重的方式去改變不適當和不尊重他人的事。你可以在晚餐時間或家庭會議時進行討論，探索遵循、違抗或改變規則的可能性和後果。

②**不要求孩子盲目的服從，並不代表放縱**。有些時候遇到的情況適合一起設想解決方案，有些時候行動則比討論更重要。提前決定你的做法，並以有尊嚴和尊重的態度徹底執行。如果孩子跑到街上，抓住他的手並緊握不放。對孩子說：「你準備好跟緊我時，我會鬆手。」如果他在超市裡跑來跑去，將他帶到車上，靜靜坐著，直到他準備好再試一次為止（記得，必須事先讓孩子知道你的做法）。這一切請以溫和堅定的態度進行，而非以說教或羞辱的方式。

孩子學到的生活技能

兒童可以學會自律、負責、合作、解決問題、尊重自己和他人。

教養指南

①在許多年前，「服從」可能是在當時社會中必備的生存條件之一。要在今日的社會裡當個成功、快樂、有貢獻的成員，個人需要具備自律和培養良好特質的生活技能，而非服從。

②父母透過懲罰和獎賞要孩子順從時，實際上在教的是：只有當父母在身邊時才需要順從。父母的責任變成在孩子表現好時給予獎賞，逮到他不乖時加以懲罰。那麼當父母不在身邊時，會發生什麼事呢？

③「懲罰」經常會讓父母產生一種錯覺——因為孩子的行為暫時停止，便以為孩子聽話了。如果他們知道孩子真的學到了什麼，可能會很驚訝。孩子在被懲罰時，可能會做出下列五種決定：

- 怨恨：「這不公平。我無法相信大人。」
- 報復：「他們現在贏了，但我會討回公道。」
- 反叛：「我會反其道而行，證明自己不必按照他們的方式做事。」
- 偷偷摸摸：「我下次不會被抓住。」
- 自尊耗損：「我是一個壞人，不能為自己思考。除非我照人家說的做，否則我不會被愛，沒有價值。」

進階思考

昔日社會有許多服從模式。

即使是爸爸也要服從老闆，這樣才不至於失去工作；媽媽也要對爸爸言聽計從——或至少給人服從的印象——因為這是被文化接受的事。

少數族群也接受了屈服（順從）的角色。孩子有更多可以依循的順從模式。

現在，則很難為孩子找到順從的模式。

今天，少數族群積極主張享有完全平等、有尊嚴和受尊重的權利。大多數女性希望擁有的婚姻是夥伴關係，而非順從對方。

許多男人想要一個在經濟上也能有所貢獻的妻子，而不是需要被照顧的人。男性跟女性一樣，都不想再讓女性擔任次要角色，女性也組織了許多團體來探討自己的角色並維護權利。

正如魯道夫．德瑞克斯指出的，「當爸爸失去對媽媽的控制權時，父母也失去了對孩子的控制權。」

孩子只是在遵循身邊的例子。

而現在，教導孩子責任感和道德感，比教會他服從更重要。

美國存在主義心理學家羅洛．梅（Rollo May）曾經說過：「美國人最應該做的事，是在舊金山灣區建立一座責任女神的雕像，藉以和紐約港的自由女神像相抗衡，藉此不斷提醒我們，沒有了其中一個，我們就不可能擁有另一個。」

肥胖

「我不斷聽到現在普遍存在的兒童肥胖症問題。我的孩子到目前為止似乎還沒有這個問題，但我想知道是否需要擔心，或為將來可能發生的事做準備。」

了解孩子、自己和情況

儘管世界衛生組織宣稱，肥胖是可預防的十大健康風險之一，但根據研究，世界上仍有三億人有肥胖問題。僅僅在美國，六歲與六歲以上的孩子中，就有九百萬人有肥胖問題。這意味著這些孩子的身體有大量多餘的脂肪，而不只是稍微過重或是殘留的嬰兒肥。他們攝入的卡路里比燃燒的卡路里多。

如果孩子有肥胖風險，你確實有理由擔心。該如何確認？除了孩子的體重外，問自己以下問題：他們是否久坐不動？是否吃很多富含脂肪、糖分和鹽分的速食或垃圾食物？是否喝很多汽泡飲料或其他含糖飲料？如果是這樣，孩子可能會出現一些嚴重的健康問題，包括關節承受過多額外的壓力、脆弱的骨骼、呼吸問題、睡眠呼吸暫停、高血壓、高膽固醇、肝臟疾病和第二型糖尿病。最重要的是，孩子通常還會承受伴隨肥胖而來的社交和情緒問題。

肥胖除了是遺傳或身體的問題外，也是生活方式和健康意識的問題。可以減少和消除兒童肥胖的關鍵因素，包括增加孩子的體能活動、幫助他們培養更健康的飲食習慣和改善健康教育。

給父母的建議

①當孩子想喝汽泡飲料和吃垃圾食物時，請說不。保持溫和堅定的態度。讓孩子擁有自己的感受，並表示認同。「當你自己不能吃，看著其他孩子吃垃圾食物時，一定很難受。」

②如果你決定讓孩子每週吃一次垃圾食物（可能是星期二），但他卻在其他天想吃，可以問他：「我們同意什麼時候可以吃垃圾食物？」如果他們繼續乞求，不說話，聽就好。

③有空時可以邀請孩子一起上網搜尋你不答應他吃垃圾食物的相關資訊，以此作為回應。

提前計畫，預防問題發生

①讓孩子開始學習營養學的知識，並注意食物中含有的脂肪、糖分和鹽分。閱讀食品上的標籤，並教孩子也這樣做。

②訂閱雜誌或購買以健康飲食為主的食譜。每週至少與孩子一起按照健康的食譜做一次飯。

③散步或做一些體能運動，如騎自行車、健行、游泳、扔球，或每天與孩子一起打鬧，即使只有十分鐘。

④關上電視，並限制孩子使用電腦的時間。

⑤參與孩子學校的事務，發揮影響力，讓學校的午餐菜單或零食選擇更健康。

⑥減少進食份量。

⑦絕不強迫孩子進食或一定要把東西吃光。

⑧不要使用食物做為獎賞或懲罰。

⑨盡可能和孩子一起吃飯，不要坐在電視機前。擺餐具、上菜，並討論當天發生的事、新聞，或其他與吃多吃少無關的主題。

⑩不要購買汽泡或含糖飲料。試著在冰箱裡放置裡面加了切好的新鮮水果的水。每到用餐時刻，你可以在餐桌上放一瓶水，鼓勵孩子喝水。你也可以在一大罐水中放三個茶包，讓它靜置過夜，以此泡製低咖啡因的冷泡茶。果汁幾乎都有很高的糖分，限制孩子每天只能喝一小杯。

⑪為孩子提供新鮮水果、瘦肉和蔬菜。切好一盤新鮮的蔬菜（在孩子的幫助下），當他放學回家在找小點心時，把這盤拿出來。

⑫如果學校的午餐脂肪含量高，你可以教孩子自己做午餐（建議晚上做而非早上做）。讓孩子在超市裡挑選搭配午餐的小點心。選擇低脂點心，如椒鹽脆餅、優格、莓果和水果。

⑬為孩子設立糖果日，限制孩子每週只有一天可以吃含糖零食。

⑭挪出時間和孩子一起做飯和吃飯，而不是購買含有大量脂肪和熱量的現成或包裝食品。每週只能有一天外食。

⑮選擇步行而非開車，以爬樓梯取代坐電梯，食物攝取減半，運動量加倍。

⑯當孩子說很無聊時，帶他到戶外玩。幫孩子報名參加運動或體能活動。到當地的基督教青年會（YMCA）或公園洽詢休閒活動，參與收費合理的體能活動。

孩子學到的生活技能

孩子會學到如何掌握身體狀況，並認識健康飲食的價值和積極的生活方式。他還會了解到，花時間與家人購物、做飯、清潔、鍛鍊或吃飯，都是一種積極的體驗。價值觀最初皆是由家庭塑造，孩子將能從中認識與家人相處的價值。

教養指南

①你面對食物和運動的態度，對孩子未來的健康有很大的影響。事先計畫，不要屈服於由速食、現成食品和靜態的休閒活動所帶來的短暫快感。

②如果你需要幫助，不要猶豫，參加烹飪課，為自己或孩子參加減重課或是運動團體。

③避免用藥物解決體重問題。醫生的營養知識不見得比你多，而且到處都有資源可以協助你幫助孩子。善加利用這些資源。

④孩子所做出的選擇會持續一輩子，你要採取行動，扭轉孩子不健康的走向。

進階思考

一位母親抱怨說：「我的孩子除了洋芋片以外，什麼都不吃。」

家長課的帶領人問：「他從哪裡拿到洋芋片？」

媽媽解釋說：「好吧，是我買的，因為他只吃這個。」

我們相信，你已經看出這個情況是哪裡不對勁了。

馬克家在星期天下午有一個傳統，他們會全家人坐在一起，計畫接下來一週的晚餐菜單。家裡每個人都會提出關於晚餐的想法，爸爸會把這些想法寫在大型的週曆白板上。例如，星期日晚上由爸爸煮他著名的肋骨。星期一是比薩外送日。星期二媽媽說會負責煮雞肉，弟弟自願在星期三做熱狗。潔西說她星期四可以做鮪魚砂鍋菜。全家認為星期五可能是解決「剩菜剩飯」的一天，星期六全家會一起外出用餐。

一旦確定好菜單後，媽媽會製作一份購物清單，備齊一週所需的食材，這樣他們就不必一直跑超市或是臨時決定叫外賣或吃速食。

一旦完成購物清單，媽媽會把家人聚集起來。每個人手上都有一張紙和一枝筆，用來寫下需要在超市裡買到的食材。出門前有人負責設定時間，看看是否能在一小時內完成購物。接著，全家坐上車前往超市。

抵達後，每個人都推著一輛購物車，往不同方向前進。大約二十分鐘後，再各自回到收銀櫃檯前會面並結帳。

回到家後，每個人幫忙卸下採買好的物品，將東西放好並折好購物袋。家人會氣喘吁吁地檢查計時器，看看他們做得有多好。

如果你讀到這裡覺得不可能，難以置信地搖頭，你就錯了。馬克家為購物日創造出這樣一個充滿樂趣的活動，甚至連孩子的朋友們也會經常要求一起參加幫忙*。

如廁訓練

「關於如廁訓練，我聽過許多相互矛盾的觀點。正向教養的訓練方法為何呢？」

了解孩子、自己和情況

如廁訓練在現今社會已經成為一個被過分誇大的問題——可能導致內疚和羞恥感、拉鋸戰、報復循環、尋求過度關注，甚至連朋友間都開始比較誰的孩子先訓練好。其實，如果你**根本不去擔心這件事**，孩子自己會在適當的時候做好準備，因為他很快就會想模仿其他人都在做的事。但如果是三歲以上的孩子還無法自己如廁，而且沒有健康或關於性虐待的問題，表示你有可能在無意中製造了一場如廁的親子拉鋸戰。

給父母的建議

①等孩子兩歲半之後再開始訓練——除非他求你早點開始。如果孩子提早自己訓練，你是幸運的。請注意「自己訓練」這句話。大多數父母說的「我的孩子受過如廁訓練」，背後指的其實是：「我（指父母）受過如廁訓練。我受過嘮叨孩子並讓他看起來好像做好準備的訓練。我受過每次當孩子到廁所大小便時送上M＆M巧克力並在圖表上貼星星的訓練。」

②在讓孩子開始如廁訓練時，找一個他拿得動的寶寶便器椅。首先，讓孩子坐在上面，不需要特別做什麼事，要坐多久都隨他。孩子說不定喜歡坐在便器椅上讀書。

③天氣熱的時候，將孩子和便器椅帶到後院。讓他光著身子玩耍，你坐在一旁看書或看著他。只要他一開始小便，就把他放在便器椅上，對他說：「做得好」。孩子學會在正確的地方大小便之前，你需要經常這麼做。如果你不在意一點小髒亂，也可以在室內進行。

④**放輕鬆**，讓如廁訓練變得有趣。有一對父母將便盆清空，在盆子裡畫了一個箭靶。他的兒子迫不及待就想試試能不能擊中靶心。另一對父母則讓如廁變成母親和兒子的約會時間兩人坐在各自的馬桶上看書。

⑤當你使用防漏訓練褲時，不要在孩子不小心漏出大小便時羞辱他或讓他感到愧疚。不要讓

＊這則分享引用琳．洛特和莉琪．因特納的《沒有戰爭的家務》。

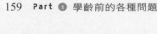

孩子又回頭開始包尿布，只要協助他清理即可。對他說：「沒關係。你繼續試試看。你很快就能學著用便器椅了。」

⑥避免獎賞和讚美，如給圖表貼星星或給糖果當零食。使用鼓勵的說法即可，例如上面的陳述。否則，對孩子來說：得到獎賞可能會變得比學到適當行為更重要。

⑦如果你正在和三到四歲的孩子進行如廁訓練的拉鋸戰，請馬上停止。教孩子如何照顧自己（清理他製造的髒亂和使用洗衣機）後，便放手不管。這可能聽起來很刺耳，但當你不管之後，你會驚訝問題有多快就消失了。

提前計畫，預防問題發生

①繼續使用尿布（甚至不談如廁訓練），直到孩子大到可以談論這件事為止（你會驚訝於孩子有多早就想要像媽媽和爸爸或不穿尿布的朋友那樣使用廁所）。然後，你們就能一起計畫，包括以穿包屁衣尿布褲做為過渡階段都行。

②如果孩子到了三歲還沒辦法自己上廁所，請醫生評估是否存在生理問題。如果不是生理問題，你們有可能陷入了一場拉鋸戰。猜猜誰會贏？你最好的做法是停止嘮叨，允許孩子以有尊嚴和受尊重的方式，體驗自己選擇的後果。在孩子平靜時，教他自己換衣服。當他弄濕或弄髒褲子時，溫和堅定地帶他回房間找新的衣服，然後將他帶到浴室裡，問他想單獨更衣，還是有你在一旁陪伴（不要為他做）。

③如果孩子拒絕（除非你真的停止拉鋸戰，否則應該不太可能發生），問他：「褲子髒了的感覺如何？你想怎麼解決？當褲子弄髒時，你可以到哪裡玩？」（見下一個建議）

④在平靜時（孩子仍乾爽時）和孩子一起腦力激盪，褲子髒的時候可以在哪裡玩。浴室外或浴室內，或是地下室都是適合的地方。確保孩子不認為這是一種羞辱的體驗，而是自己的選擇。「你可以換掉弄髒的褲子，或是在我們說好的地方玩。」

⑤教孩子（四歲及以上）如何將洗衣粉放入洗衣機裡，按下按鈕，洗自己的衣服。

⑥找一個老師願意進行如廁訓練的幼兒園。園內有孩子使用的小型廁所能幫助他們有更多機會看到彼此成功使用廁所，這樣他們會學得更快。許多幼兒園也會安排常態性的如廁慣例，藉此幫助孩子快速學習。

孩子學到的生活技能

孩子會發現自己能在一定的時間內，學會以適當的方式處理日常生活的經驗，不需要感到內疚和羞恥。錯誤只不過是一次學習的機會。

教養指南

①當孩子面對自認無法達到的期望時，通常會感到沮喪和無力。這經常是行為不當的肇因。孩子可能會試圖以無效的方式，證明自己有能力——透過拒絕做你要他做的事。

②當父母的愛不是無條件時，孩子會感到受傷。孩子可能沒有察覺到自己行為背後的隱藏動機，而反過來傷害父母。傷害父母的其中一種方法，就是拒絕做對父母而言重要的事。

③你放心，孩子在十八歲以前一定會自己上廁所；一旦拉鋸戰結束，甚至還會更早。放鬆並享受和孩子相處的時光。

進階思考

一位母親告訴她兩歲大的女兒：「這個週末，我們會進行如廁訓練。妳想要上廁所的時候，就讓我知道，我們會一起進浴室，妳可以坐在便器椅上，而不是尿在尿布裡。」

整個週末，她全神貫注地注意女兒，等待女兒給她的手勢或信號。

到了週日晚上，她兩歲的女兒完全做好了如廁訓練。

雖然她女兒在接下來的一年裡偶爾會有一點小意外，但大多數的時候，都願意自己使用便器椅。

害羞

「我的孩子非常害羞。每當有人和他說話，他就會跑來躲在我身後，不敢回答對方。每個人都知道他有多害羞。這是否表示他有點自卑？我該如何幫助他？」

了解孩子、自己和情況

有些人認為孩子天生就是害羞。當孩子表現內向時，往往也會被貼上害羞的標籤。孩子經常接受別人貼上的標籤，然後便能獲得過度的關注、爭奪權力、在感到受傷時進行報復，或在感到氣餒時做為放棄的藉口。害羞也有可能是一種無意識的行為。在某些時候，孩子可能有一個外向、善於交際的兄弟姊妹，因此在無意識的情況下會以「害羞」做為另一種在家裡尋求歸屬感的方式。內向的性格與自尊無關。當一個人的本質不被接受時，才會產生自卑感。

小心你所創造的事物——如果你將孩子貼上「害羞」的標籤，可能會引導他以害羞的個性生活，這會帶來一些破壞性的影響，包括孤單、與世隔絕以及害怕嘗試新事物。

請嘗試以下建議，不要替孩子貼標籤。

給父母的建議

①有時候，孩子會膽怯是有道理的，尤其當他正在檢視某個新的情況、不想與人互動，或是被迫按照其他人的標準來行動時。允許孩子謹慎地面對情況，不要替他貼上害羞的標籤。

②如果孩子確實膽怯，不要替他說話或哄他說話。你只需繼續與人進行對話，並相信孩子在準備好時會加入。

③向人介紹孩子時，不要說他害羞；也不要在孩子拒絕說話時就對人說孩子害羞。

④檢視自己是否強迫孩子以特定的方式行事。你們可能正處於拉鋸戰中，孩子正在消極地以沉默的方式告訴你——你無法逼他去做你要他完成的事。如果是這樣，請退讓後一步。孩子也可能正在利用「害羞」而感覺自己很特別，因為這樣能引來許多關注。讓孩子做他自己，並在你不介入的情況下，與他人建立關係。

⑤不要讓孩子以害羞為藉口，拒絕完成他原本該做的事情。告訴孩子：「你可以感覺不舒服，但仍然要去上學。我應該怎麼幫你，你才會感覺舒服一點？」

提前計畫，預防問題發生

①教導孩子，內向者和外向者擁有一樣多的優點，只是這些優點有所不同。

②不要過度保護孩子。每個人都會經歷一些生活的痛苦（先確定他的痛苦並非因為你拒絕接

受他的本性或是因為過度保護他而造成），重要的是，告訴孩子，如果他不喜歡這種生活方式所帶來的後果，可以自己決定想要改變的部分。當孩子認為內向風格是一種被接受的選擇時，將會更自由地做出想要的改變。

③試著與孩子交談並進入他的世界，了解「內向」對他來說是否是個問題。詢問孩子，如何幫助他在他人在場時感到自在。

④談論孩子的行為，而非貼上害羞的標籤。例如，你可以對孩子說：「我注意到，當有人對你說『你好』時，你會用手把臉遮起來。你這麼做是因為你認為這是一個遊戲，還是希望他們走開？如果你希望對方走開，你可以告訴他，『我現在不想回答任何問題。』」

⑤不要試圖強迫孩子進入還沒準備好的狀況。幫孩子找到可以採取的小小步驟，為他培養更自在的感覺。不要試圖叫孩子在朋友或親戚面前表演（唱歌、演奏樂器等）。

⑥在家裡創造一個安全的環境，讓孩子可以學著在家人面前說話；至於家以外的地方，是否說話的選擇權則交給他。實現此目標的方法之一是定期舉行家庭會議，孩子可以學會如何在別人面前表達自己的感受、給予和接受讚揚，並共同腦力激盪出問題的解決方案。

孩子學到的生活技能

孩子會學到，他可以用一種自在的方式行事而不會被貼上標籤，或被迫做自己不想做的事情。孩子將能學會如何表達自己想要的東西，而不是期待別人讀懂他的思想。

教養指南

①有些人選擇安靜內向的生活方式。我們需要接受並尊重不同的生活方式。

②讓自己熟悉四種錯誤的行為目的（參閱第一部〈幫助孩子感受歸屬感和重要性〉），確認孩子是否感到挫折，他是在尋求過度關注、爭奪權力、報復，還是想獨處。你鼓勵孩子的方式，應該是呼應他感到受挫之處。

進階思考

諾瑪和多琳喜歡每週一起喝杯咖啡。多琳四歲的女兒也常會跟著媽媽一起去諾瑪家。「嗨，妳好。」當諾瑪跟她打招呼時，她會躲在媽媽身後，多琳則會解釋道：「她很害羞。」

當諾瑪問她說：「妳想喝點好喝的果汁、吃點餅乾嗎？」多琳則會幫女兒回答：「她太害羞，不敢說話，但我相信她會喜歡。妳不如把食物拿出來，她會自己來。」然後轉頭對女兒說：「是吧，親愛的？」

當諾瑪問她想不想和其他孩子一起玩時，她說：「我不敢。我很害羞。」

諾瑪邀請多琳參加一個家長課程，她在那裡學到四種錯誤的行為目的。在討論到四種錯誤的行為目的時，講師解釋：如果孩子的行為讓你感到煩躁，這可能表示孩子認為只有在你注意他時，他才能感受到歸屬感，並利用這種行為試圖引起你的注意。

多琳意識到，她確實對女兒的害羞感到煩躁，但自己卻也一直給她過度的關注，反而延續了這個問題。

於是，多琳決定不再對其他人說女兒害羞，也不再代替她說話。她告訴女兒：「我注意到，當有人問妳問題時，妳有時會選擇不回答。這對我沒關係，但妳可以告訴對方，妳不想說話。當妳安靜時，我會假設妳不想說話，除非妳告訴我，否則我會繼續做我的事。無論妳說不說話，我都愛妳。妳需要什麼的時候，再和我說。」

在很短的時間內，女兒就停止了害羞的表現。

多琳後來告訴諾瑪：「我不確定她是什麼時候停止了害羞的模樣。我對於她的舉動變得比較沒那麼在意，所以幾乎沒注意到。我後來開始專注在她的優點，以及我們相處時的樂趣。我猜這可能有點關係。」

鬧脾氣

「當我的孩子躺在地上踢腳尖叫，尤其是在公共場所，我該怎麼辦？」

了解孩子、自己和情況

孩子鬧脾氣真是令人又氣又尷尬。有時孩子鬧脾氣是因為他累了，而父母將他拖到他無法獲得支援也無法應付的地方。你的孩子，其實可能正試圖以一種你沒注意到的微妙方式，讓你知道他的欲望與需求。你也可能正在以過多的命令和單字給孩子壓力，因而引發他的焦慮。有時，孩子的行為背後可能藏有其他目的——記住這件事，對你也會有幫助（參閱第一部〈幫助孩子感受歸屬感和重要性〉）。

「鬧脾氣」也是一種溝通的形式。如果孩子第一次鬧脾氣就有效地吸引你、困住你或使你不高興，他已經意識到這是與你建立聯繫的方式。要有效地糾正這個行為，你必須先以不再刺激孩子（免得引起更多脾氣）的方式來處理。你之後可以觀察一下鬧脾氣的訊息密碼，以及引發孩子鬧脾氣的可能原因。

給父母的建議

①相信孩子能夠解決自己的情緒。當父母總是試圖拯救或為孩子解決所有問題時，就會剝奪孩子對自我能力發展自信的機會。讓孩子擁有自己的感受，不要認為你需要預防或去改變任何事。當孩子鬧脾氣的時候，也不要屈服於他——立刻停止取悅孩子。選擇以下任何一種方法後，請以同理心取代控制或拯救的態度。

②對於一些孩子而言，鬧脾氣反而有助於他集中注意力並帶給他撫慰。珍重他的感受，對他說：「你可以生氣。每個人都會生氣。我在這裡，我愛你。」有些孩子不想被擁抱。你可以坐在一旁，單純給予情感支持，不需多說。

③你可以對孩子說不，孩子也可以感到生氣（當你沒有得到想要的東西時，難道不會生氣或難過嗎？），你可以說：「我知道你很生氣，沒關係。你希望可以擁有想要的東西，換做是我，也會有同樣的感覺。」然後，等待，或重新引導。

④處理鬧脾氣的另一種方法是，**單純地忽略它**。靜靜地站著，保持同理心，等一切結束。

⑤有時最好的辦法就是，**把嘴閉上，直接行動**。將孩子帶到外面的車子裡，讓他知道，可以生氣，等他氣消了之後，你們就可以再進行原來的活動。

⑥對於年幼的孩子來說，**分散注意力**確實非常有效。不要吵架或爭論，而是發出有趣的聲音、唱一首歌，或者對他說：「我們去看看那裡有什麼。」

⑦一旦孩子脾氣鬧完了，最好**不做任何評論**。當孩子以鬧脾氣的方式進行情感勒索，你不買單，他很快就會放棄的。一旦孩子平靜下來，你可以問他，是否想要和你一起思考解決類似問題的方法，然後提出啟發性的問題（請參見第一部〈改善你的溝通技巧〉），幫助他找出解決方案。

提前計畫，預防問題發生

①如同「給父母的建議」①所提，父母犯下的最大錯誤之一，是認為需要保護孩子免於沮喪或失望。但是，預防未來問題發生最好的方法，其實是改變你的態度，讓孩子擁有自己的感受。當孩子可以自在表達感受時，就不太會需要以鬧脾氣的方式吸引父母的注意。

②在孩子平靜的時候問問他：是否想學習一些面對沮喪情緒的好方法。如果他同意，告訴他，以言語來表達自己的感受，而非情緒。

③**注意你引發孩子鬧脾氣的原因**。你可能一直在爭論、要求、控制並與他作戰，直到他大發雷霆。

④**一起制定計畫**。問孩子在發脾氣時，希望你怎麼做。在孩子冷靜時進行這個討論。給孩子下列選擇：「你想要一個擁抱？還是等你發完脾氣再說？還是想去一個讓你比較舒服的地方（請參閱第一部〈以積極暫停取代罰站〉），直到你感覺好一點？」孩子可能還有其他想法，不過更願意接受自己事前幫忙選擇的計畫。

⑤**確定你的做法，並提前告知孩子**。例如，你可能決定要將孩子帶回車上，耐心地讀本書，直到他安靜下來為止。你也可能決定立刻回家，改天再來。無論你做出什麼決定，務必保持給予孩子尊嚴及尊重的態度。換句話說：閉上嘴行動。你可以使用的有效說法是，「等你準備好，我們再來」（如果你剛回到車上）或「我們可以等明天或下星期再來」（如果你決定回家）——最好等大家都冷靜下來，再發表評論。

⑥去公共場所前，對過程進行**角色扮演**（三到六歲的孩子會更理解「假裝」這個詞，而不是

角色扮演）。描述你的期待，讓孩子假裝你們在一個公共場所，而他正在表現你希望的行為。然後讓他開心地演出鬧脾氣的角色，你則按照兩人的約定處理情況。互換角色會很有趣。你扮演鬧脾氣的孩子，讓孩子演出父母會做的事情。

⑦將鬧脾氣的問題放在家庭會議的議程上，讓孩子一起腦力激盪，尋求解決方法。列出建議後，讓常會鬧脾氣的孩子去選擇認為最有幫助的建議。

孩子學到的生活技能

孩子會學到，生活中充滿起伏，他有能力處理自己的情緒。鬧脾氣和情感勒索並無法讓他如願以償，有更多適合的方式可以表達感受。

教養指南

①這是你給孩子的禮物，讓他知道，擁有感受是沒問題的——即使他正在大發脾氣，你也愛他並接受他。

②有些孩子（還有大人）喜歡在接受無法避免的事之前大吼大叫。這是他們的風格，不會傷害到任何人。一旦完成了吼叫（或發脾氣），他們通常會樂於去進行需要完成的事情。在他們情緒高漲時，避避風頭，你這艘船才不會被擊沉。

進階思考

貝尼托太太和四歲的女兒艾瑪共同決定，如果艾瑪不遵守晨間慣例——在早上七點半前換好衣服準備上學——貝尼托太太就會將衣服直接放進紙袋，讓艾瑪在抵達幼兒園前在車上換衣服（由於繫安全帶的關係，她在汽車行駛時不能換衣服）。因為這是在艾瑪平靜時討論好的，所以艾瑪很高興地同意了。

兩週後，艾瑪沒有按時換好衣服，身上仍穿著睡衣。貝尼托太太把衣服放進紙袋裡說：「現在該走了。我們到學校之前，可以先在車上換衣服。」

「不！我不想！」艾瑪的脾氣立刻變得暴躁。

貝尼托太太說：「現在該離開了。妳是想自己上車，還是要我幫妳？」

艾瑪可以聽出媽媽是認真的，於是她坐進車裡，繼續大聲喊道：「我不想在車上換衣服！妳好壞。我恨妳！」

貝尼托太太則說：「妳不高興，我不怪妳。換做是我，我也會不高興。」然後沒有再說一句話。她保持沉默，讓艾瑪體會自己的感受。

到達幼兒園時，艾瑪還噘著嘴（一種無聲的鬧脾氣）。她拒絕下車。

貝尼托太太說：「我會進去學校。等妳準備好時再進來。」然後把車停在車道上從園長辦公室就能看到的地方，以確保艾瑪的安全。

艾瑪坐在車上，噘嘴噘了大約三分鐘。然後她換好了衣服，走進學校。

貝尼托太太只是說：「謝謝妳遵守我們的協議。我很感激。」

距離艾瑪上次遲到來不及換衣服的事，又過去了好幾個星期。這次她沒有發脾氣就上了車。她和媽媽在上學途中談得很愉快。當她們到達時，貝尼托太太說：「妳穿衣服時，希望我坐在這裡，還是到辦公室裡等你？」

艾瑪說：「我希望妳在這裡等我。」

貝尼托太太讓艾瑪知道，如果她動作太慢，自己會去辦公室裡等，所以艾瑪很快就換好衣服，開心地和媽媽一起走進幼兒園。和貝尼托太太親吻道別後，艾瑪就跑去和朋友一起玩了。

觸碰物品

「我已經告訴我七個月大的孩子無數次，不要碰電視遙控器，但他就是不聽。數到三沒有用；打他的手也行不通。我該怎麼辦？」

了解孩子、自己和情況

孩子在探索世界時，想要觸摸外界是正常的。因此而懲罰孩子是不對的。最新的大腦研究報告顯示，當孩子做出發展適齡行為卻遭受懲罰時，會阻礙大腦的最佳發育。懲罰可能會使孩子產生懷疑和羞恥感，而不是健康的自我價值感。

這並不表示我們應該允許孩子觸碰任何他想要的東西。但這確實意味著我們需要使用溫和而堅定的方法，而非以懲罰去教導孩子。

給父母的建議

①對幼兒（和年紀較大的孩子）來說：行動勝於話語。如果你不想讓孩子觸碰某個東西，對他說「不要碰」，說一次就好。當他再次觸碰時，溫和堅定地把東西移走，把可以觸碰的東西拿給他。

②為孩子示範一下，怎麼樣觸碰物品，不會傷害物品也不會傷到自己。例如，「我們可以聞到花朵的香味，但不要把花摘下來」，或是，「只要我在下面放好杯子，你就可以按飲水機的冷水按鈕」。

提前計畫，預防問題發生

①將居家空間改變成友善兒童的環境，就能減少嘮叨孩子的機會，還能增進孩子大腦的最佳發育。將貴重物品放在孩子拿不到的地方，在電源插座上加蓋，並固定可能會被損壞或傷害孩子的物品。將可以讓孩子觸碰的物品放在低架位上。

②設置一個特殊的遊樂區，讓孩子可以在裡面安全玩耍。例如一個圍欄，或一個裡面裝滿有趣東西的櫥櫃，這樣孩子就能拉開抽屜並把東西攤在地板上玩。長時間將孩子限制在嬰兒

圍欄或高腳椅上，對於幼兒並不好。

孩子學到的生活技能

孩子會學到，有一些東西是不能碰的，而他在這個學習新事物的過程中會受到尊重。父母會在確保安全的前提下，尊重他的需求，讓他能安全探險。

教養指南

①許多父母認為，孩子應該學著不要碰東西，即使家裡增添了新成員也不想改變家裡的擺設。這表示父母不了解孩子的發展和適齡行為，同時也在向孩子傳達出「你的需求不重要又礙事」的訊息。

②向孩子說明他**能**做什麼，而非不能做什麼，如此就能消除親子間的拉鋸戰。隨著孩子的年紀增長，許多物品在孩子的某個年紀會引發他的興趣，很快也會失去吸引力。

進階思考

布雷特還是嬰兒的時候，我們曾經把家裡變成友善兒童的環境。我收藏的水晶品還為此收起來了一段時間。

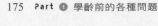

隨著布雷特逐漸長大，我考慮著再次拿出來，但總有一些理由讓我沒有這麼做——兩歲幼兒笨拙的步伐，四歲兒童粗魯的扭打，然後又有棒球、足球和籃球。

在他離家上大學時，我終於拿出一些放在書架上。結果我的丈夫在一場激烈的拼字遊戲中，在急著拿字典時摔破了一個。

我自己在除塵時又摔破了一個。

現在，我們有孫子了。我認為對這些易碎物品最好的做法就是：「防止觸碰」。

如果你想享受易碎的貴重物品，請放在有玻璃鏡面的盒子裡——即使孩子已經長大離家了。

收拾玩具

「對我而言，讓孩子把玩具收好，根本就是一場長期抗戰。我最討厭孩子的朋友來家裡玩，因為他們會把所有玩具扔到地板上，然後把房間弄得一團亂。無論我如何叨唸威脅說要把玩具拿走，都沒有用。」

了解孩子、自己和情況

大多數的父母都不喜歡家裡變成遊樂場。大多數的孩子則不喜歡收拾環境。而孩子大多數的朋友也都會忘了在遊戲玩完後幫忙收拾。這是適齡行為，但是你有權利要求孩子參與清理工作。你不需懲罰孩子或對他抱有不切實際的期望，只需要學習如何以鼓勵合作的方式來教導孩子。

給父母的建議

①不要自己收拾爛攤子，也不要因為孩子留下這堆爛攤子而懲罰他。

②二到五歲的兒童通常需要幫助。期待他遵照你的要求並自行清理是不切實際的。你可以說「我會幫你撿起玩具。你希望我撿哪些玩具，你自己想撿哪些玩具？」或是，「讓我們設定一個時間，看看在倒數計時的鈴聲響起來之前，我們可以撿起多少玩具。」

③年幼的孩子經常對「打掃歌」有反應。你要做的就是請他跟你一起唱「打掃、打掃，該打掃了。」然後一邊收拾玩具。孩子還喜歡腹部裝有計時器的絨毛玩具，不僅可以做為「打掃時間」的提醒，也可以設定打掃需要的時間。

④對於六到十二歲的孩子，你可以說：「你需要打掃一下自己的房間。你想自己打掃，還是邀請朋友來幫你？」

⑤詢問孩子是否願意收拾自己的玩具，還是希望你幫他處理（要讓這個做法有效，你需要事

先得到孩子同意：在你「清理」時可以將所有丟在地上的玩具收進一個袋子裡，一個星期後才會歸還給他——請參閱「提前計畫，預防問題發生」②。）

⑥如果孩子的一些物品在他的朋友來你家共同玩耍之後忽然消失了，請幫助孩子打電話給朋友，並詢問是否不小心拿走了孩子的一些玩具。讓對方的家人知道，你會很樂意過來把「迷路」的玩具接回家。

提前計畫，預防問題發生

①舉行家庭會議時，請孩子一起腦力激盪，看看你們能提出多少事前解決問題的想法。請記住，孩子對自己想出的解決方案，會更有動力去執行。

②決定你的做法。事先讓孩子知道，如果他們拒絕收拾玩具，你在打掃時會撿起任何被丟在地板上的玩具，直接收進袋子裡並放在車庫或高架一週。如果你能確實貫徹執行這個後果，你會對孩子根本不在意的玩具數目感到驚訝——因為你買了太多玩具，導致孩子對每個玩具的注意力根本不會超過兩分鐘。所以，這其實是你的問題。

③針對二到六歲的孩子，將每個玩具或一組玩具（尤其是帶有小零件的玩具組）放在單獨的塑膠束口袋中，掛在高處的掛鉤上。告訴孩子和他的朋友們，一次可以拿一到兩個袋子。他們玩完的玩具必須收好並放回袋子中，才可以再拿下一袋。

④孩子有朋友來訪時，讓他們事先知道你的預期目標，並幫助他們制定實現該目標的計畫，

如「你們認為需要花多少時間清理？是否需要設置計時器？還是希望我告訴你們何時要清理？」在孩子的朋友離開前，請他或她與你和孩子一起檢查房間，確認他們遵守承諾。

⑤在孩子的房間或家中獨立的空間裡，為孩子創建一個遊樂區。讓孩子知道，玩具只能放在這個區域，而不是客廳裡。如果年紀較大的孩子擁有的玩具有小零件，對年幼的孩子來說很危險，請確實將這個遊樂區與其他空間區隔開來。

孩子學到的生活技能

孩子會學到，責任與特權相伴而生。他可以學習在父母的幫助下提前計畫，並邀請朋友一起合作。

教養指南

①放棄嘮叨、威脅和懲罰。尋找解決方案，而非責備。

②你的孩子可能對清理負有全部的責任，但他的朋友在家裡可能不必收拾房間。幫助孩子邀請朋友參與，而不是把問題丟給孩子，讓他自己去想辦法。

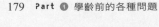

進階思考

一位母親講述了她的經歷。

「在我們家裡，孩子們很早就知道，我說得出就做得到，所以他們不會再花力氣試探我。當他們的朋友來玩完後拒絕幫忙收拾時，我聽到在隔壁房間的孩子說：『你最好開始收拾。因為當我媽說要收東西的時候，她是說真的。她會進來等我們收完，才會讓我們離開房間。』

「有時候，他也會有朋友想挑戰我的規定。然後我的孩子就會進來問我，是否可以幫他們一起收拾玩具。我會坐在房間的正中央，一次拿起一個玩具，然後遞給那位頑強的朋友，說：『誰想把這個玩具放好？我會非常感謝你幫忙收拾。這個玩具呢？誰想幫忙收起來？』直到最後一個玩具收拾好，我才會離開。」

分享及自私

「我的兒子拒絕與任何人分享玩具。當他的朋友來玩，他會從他們手中把玩具搶過來並大叫，『放手，不要碰它，這是我的！』前幾天，當他妹妹拿起他的一本書時，他居然伸手打她。在他妹妹尖叫著跑回房間時，我兒子對著她大喊，『別碰我的東西！』」

了解孩子、自己和情況

分享不是天生的特質；這是需要學習的。有時父母會過早期待孩子懂得分享（許多大人長大了也仍然不喜歡和他人分享）。如果家裡有一個以上的孩子，可能就會開始為了分享而爭吵。這很自然，但並不意味著父母應該忽略。父母的解決方法往往是告訴孩子「你應該和大家分享你的玩具，否則沒有人會喜歡你。」或是：「你怎麼可以這麼自私？」但，最重要的是，將孩子與行為分開來看。確實對孩子傳達愛的訊息。你必須教導孩子何時適合分享、何時不需要分享——以及如何找到雙贏的解決方案。

給父母的建議

①不要指望孩子在三歲前就懂得分享，而且是在完全沒有人幫忙的情況下。有時孩子看起來很慷慨，有時則不想分享任何東西。為了避免發生衝突，你需要多準備幾個他喜歡玩的玩具，或是將他的注意力轉移到其他能引起興趣的東西上。即使在三歲以後，分享也並不是一件容易的事（你難道沒有一些不想分享的東西嗎？）。

②對於三歲以下的孩子，可以給他東西玩，分散他的注意力，或直接帶他去做別的事。對於年紀較大的孩子，可以要求他們將正在爭奪的玩具放到架子上，直到彼此制定出都同意的計畫，並能在不爭吵的情況下彼此分享。

③如果孩子是因為嬰兒或幼兒玩他的玩具而困擾，幫他找到一個小小孩無法碰到玩具的地方，他就能自己玩了。

提前計畫，預防問題發生

①為孩子準備可以分享的玩具，如桌遊、槌球組、美術用品等。

②與孩子分享你的東西，並對他說：「我想和你分享這個。」你還要明確說明使用和歸還的辦法。你會驚喜地發現，孩子可能會時不時主動地與你分享東西。當有這種情形發生時，請務必告訴孩子：「非常謝謝你。你越來越懂得分享了！」

③當孩子不必分享「所有」的東西，只是「一點點」東西，事情就會比較容易。幫孩子找到一個特殊的架子或盒子，用來擺放那些他不想分享的東西。確立這樣的家庭守則：「我們不擅自進入別人的房間，或未經對方許可而使用他們的東西。」

④如果孩子不願意，就不該要求他分享專屬於他的玩具。如果孩子邀請朋友來玩，請提前討論他願意分享哪些玩具。建議孩子把不想分享的東西收起來。與孩子討論分享自己的玩具，以及在其他人家裡、幼兒園、托兒所分享玩具的差別。在這些情況裡，「分享」可以幫忙建立一段友誼，也可能破壞一段友誼。

⑤人不需總是分享一切。你可以樹立一個尊重私有財產的榜樣，對想使用你東西的孩子說：「這是我的，我現在還沒準備好分享。我有其他願意分享的東西，但不是這個。」如果你決定與孩子分享一件對你而言非常特別的東西，務必清楚地告訴孩子使用和歸還的時間。如果孩子在過去有未將東西物歸原主的紀錄，可以向他索取抵押品，例如他喜歡的玩具或電子遊戲。當你拿回東西時，再退還抵押品。

⑥利用家庭會議，讓孩子討論分享的感受。可以安排每月在家庭會議討論一次關於分享的議程，讓每個人談談何時分享了什麼東西，又帶給他們什麼感受。全家人通常能夠一起制定出輪流使用家中最熱門的玩具（如電子遊戲）的計畫。如果孩子仍然無法在不爭吵的情況下分享，你可以將玩具收起來，直到他們（或全家）想出一個雙贏的解決方案。

⑦教導孩子，分享不只是物質性的東西，也包括分享時間、分享感受或分享想法。在夜裡抱

孩子上床睡覺時，邀請他分享一天當中最難過和最快樂的時刻，同時也分享你一天當中最難過和最快樂的時刻。

孩子學到的生活技能

孩子會學到何時應該分享，何時則應該尊重不願分享的心情。他也會學到：分享不只是分享物質性的東西。

教養指南

①孩子需要擁有被尊重的隱私和界線。他不應該把一切和所有人分享。

②不要對孩子說他很自私，或是使用任何不尊重的詞彙貼標籤。相反的，確實對孩子說：「你和妹妹為了遊戲吵架，讓我感到很不高興。」

③當有人罵另一個人自私時，罵人的人，是否也在任性而為呢？

進階思考

當茱兒還小的時候，母親罵她很自私，因為她不想和弟弟妹妹分享玩具。這是媽媽的氣話，卻成功地讓茱兒乖乖地照媽媽的話去做。身為一個規矩的老大，茱兒認為媽媽說的話是真的，她很自私。她也決定，從此之後，擁有任何只是屬於她的東西，或是做任何只為了自己的事，都是自私的表現。

茱兒結婚後，只要丈夫一說她自私，她就會對自己的行為猶豫不決。因為這個原因，她的婚姻裡累積了許多沒有好好處理過的情緒，如失望、怨恨、不滿，這些情緒在她與丈夫的關係中製造出許多問題。

孩子出生後，茱兒決定要為孩子犧牲自我，把自己的需求放在一邊，因為她不想變得自私。

除了因為成為母親自我犧牲而產生的怨恨外，她也在無意中寵壞了孩子。因為她溺愛孩子，從不拒絕，有求必應。

茱兒的故事並不少見。許多大人仍然生活在小時候被貼的標籤下。

你一定要記住，只針對行為本身做回應，不要罵孩子或貼標籤，否則可能會造成預期以外更多的傷害。

手足間的競爭

「我們最近帶兩個兒子和他們的堂弟一起旅行，那個堂弟是獨生子。這三個男孩一路上都在爭誰是老大，試著為自己在這個小團體中找到獨特的定位。這是正常的嗎？」

了解孩子、自己和情況

每個人都需要歸屬感，並感覺到自己的重要。家庭是孩子決定如何產生歸屬感的第一個地方。兒童是很好的觀察者，卻不善於詮釋。當一名新生兒誕生後，較年長的孩子常常會認為「媽媽比較愛寶寶，沒那麼愛我。」隨著孩子長大，他經常會錯誤地認為，一個家中只有一個孩子有資格成為目光焦點。如果孩子認為在兄弟姊妹中已經有人是體育健將，他可能會決定把書讀好、學音樂或當個善於交際的人。

兒童通常會根據出生順序發展出典型的性格特徵。最大的孩子通常會努力成為第一名和老大；老二則對不公平的事敏感，經常成為反叛者，或是努力想追趕上第一名；最年幼的孩子認為自己有權獲得多一點關注，他是那個想擁有特殊待遇的孩子。大人如果試圖控制孩子尋找自我獨特性的過程，只是白白浪費精力而已。

孩子會自己找到歸屬感和獨特的自我性格，他們自有辦法。

給父母的建議

①進入孩子的世界。當一名新生兒到來，最大的孩子經常會有「失去光環」的感受，就好像如果配偶帶個情人回家，你也會有同樣的感受。最年幼的孩子經常在和年長的孩子比較能力時感到不足。了解孩子的感受，能幫助你在親子互動時保持同理心。千萬不要對孩子說

「你不應該有這種感受」，允許孩子擁有他的感受。

②**同理並不代表同情**。過度保護孩子，試圖讓孩子避免體驗許多生活的感受和情緒，對他並不好。同理心可以幫助你保持溫和堅定的態度。

③**避免訓練孩子成為受害者和霸凌者**。如果你總是把過錯怪到年紀最大的孩子身上（霸凌者）並拯救最年幼的孩子（受害者），就會發生這種情況。最年幼的孩子通常會製造你看不到的衝突，只為了讓你拯救他（發展受害者心態）。對孩子一視同仁，將「孩子們」加進你說的話裡。如「孩子們，我相信你們可以解決問題。」或「孩子們，你們需要到外面（或到不同房間、或同一個房間）去，直到找到解決方案為止。」

④**每天確保你和每個孩子都共度了一對一的特殊時光**。如果一個孩子嫉妒另一個孩子，讓他知道，嫉妒是沒問題的，你確實想和每個孩子相處，你也會花時間陪他。

⑤如果孩子彼此競爭的情況失控，將他們重新引導到一些重視比賽活動或是接力賽中，讓他們明白合作更勝於競爭。

提前計畫，預防問題發生

①傳達正面的訊息給每個孩子，讓他們知道自己是特別的。例如，本節開頭所提到的三個男孩，有人可以告訴其中一名男孩：「你真的很善於組織活動。」另一個則被告知：「你真的都能擺脫同儕壓力，勇敢地做你喜歡的事。」最年輕的那名男孩則被告知：「你已經知

道如何讓這些年紀比你大的人以為他們在做主，但同時卻得到你想要的東西。」

②尋找強調群體互動和團隊合作的活動。幫助孩子發現，當群體裡包括具備不同強項的人時，事情會變得更有趣。定期舉行家庭會議（或小組會議），讓孩子們學著以言語稱讚他人的優勢，並共同討論解決問題的方法。

③對孩子強調，你有多欣賞他與其他孩子不同的特性。

④不要比較孩子，誤導他想變成另一個孩子。這會令孩子感到非常挫折。

⑤當孩子認為被愛是有條件時，就會產生問題。如果父母強調比較和評判的競爭，而非獨特性和差異的合作時，手足之間的競爭就會失控。確實對孩子傳達愛的訊息，每個孩子都應該因為自己是獨一無二的個體而被愛。

⑥不要在年長孩子面前興奮地談論新生兒，並對此大驚小怪。這會讓年長的孩子更相信自己會「被替換掉」。

⑦丟掉你的「公平」按鈕。孩子會按它並藉此操控你。

⑧當父母之間不認同彼此的教養風格時，孩子會感覺這是大人之間的競爭，孩子之間的競爭也可能會因此加劇。

孩子學到的生活技能

孩子會學到如何與人相處，但同時意識到每個人都是獨一無二且特別的。他會學到如何尋找資源解決問題。最重要的是，他會明白到自己被愛，而這份愛是無條件的，不會要求他成為特定的樣子。

教養指南

①手足間的競爭很正常，幾乎發生在每個有兩名或兩名以上孩子的家庭裡。相差不到三歲的孩子，競爭的情況會更激烈。當父母相互比較時，手足競爭就會加劇；而當父母相互尊重合作時，手足競爭也會減少。

②如果一個孩子在家庭中尋找歸屬感和重要性的方式發生改變，其他孩子也需要重新評估自己的獨特地位。當全家一起接受諮商治療時，「好」孩子通常會變壞，而「壞」孩子則會開始有好表現。這在每個孩子找到自己在家庭中的特殊地位前，都是正常的。

進階思考

帕妮的兩個孩子在地板上打鬥、擠壓、威脅、戲弄、摔跤。每當她試著叫他們停下來，他們的行為就會變得更激烈。她對手足間的競爭感到不安，並擔心孩子們永遠無法好好相處。

她的朋友麗塔一直在參加家長課程，建議帕妮跟她一起去上課，並將這個問題提出來討論。

帕妮這樣做了，驚訝地發現其他父母也有類似的情況。認識到這一點讓她的心情緩解許多，但帕妮仍然需要如何處理手足競爭的建議。

該小組腦力激盪出一系列的建議。帕妮決定採納其中一個建議，試行一週：她將孩子想像成在扭打的小熊。

令人驚訝的是，當她改變態度後，孩子的行為就變得不那麼讓她困擾。她不再試著讓孩子們住手，而是坐下來欣賞他們的打鬥。

她意識到，孩子們真的只是在一起玩，而且玩得很開心。她是唯一心煩氣躁的人。當她不再那麼注意孩子這些行為後，孩子們似乎也覺得沒有太多摔跤的必要，儘管他們並沒有完全放棄這個有趣的「遊戲」。

韋恩・弗里登（Wayne Frieden）和瑪麗・哈特韋爾・沃克（Marie Hartwell Walker）在他們創作的歌曲「第一名」（Number One）中，精彩地捕捉了失去光環的子女的感受，以下是歌曲前面幾行的歌詞：

哦，我不再是第一名了。最近真是一點都不好玩。

我們三個人的生活有多好，媽媽、爸爸和我一個。

愛嘰嘴、抱怨和其他負面行為

「當事情不順我孩子意時，他就會嘰嘴或抱怨。我一整天為他做了那麼多事，他所做的就是抱怨，碎碎唸著他的生活有多糟，『從來沒辦法做自己想做的事』，這真令人討厭。當我生氣地提醒他在生活中所擁有的各種美好事物時，他會變得更悶悶不樂，嘰嘴、嗚咽，直到我威脅他，如果他不立刻停止這種行為，我就會拿走他最喜歡的東西。」

了解孩子、自己和情況

一個愛嘰嘴、抱怨和思想負面的孩子，通常有一個控制欲強或容易被操控的父母。孩子已經學會以一種不健康的方式來滿足需求，或對自己的生活有一點掌控。當我們得不到想要的東西時，都會感到沮喪。當我們無法掌握情況時，感覺就會更糟。然而，我們都需要學習在事情不如意時，以健康的方法來控制情況和處理情緒。

受寵的孩子經常愛嘰嘴，因為他大多能得到自己想要的事物，不知道如何面對得不到的時候。容易受控制的孩子則不曾學過如何表達自己的需求或感受，因此認為要得到想要的東西或感覺有力量的唯一方式，就是嘛嘴、發牢騷或抱怨。以責罵、威脅、羞辱或懲罰等方式去處理愛嘛嘴的孩子，只能解決表面的問題，同時也沒有尊重孩子。請學習使用非懲罰性的方法，讓孩子體驗自己的感受，並在不損害其自尊的情況下，處理這個問題。

給父母的建議

①不要責罵、威脅、懲罰，更不要藉由人身攻擊或讓他感到愧疚來羞辱孩子。

②檢視你自己的行為。如果你不給孩子發聲機會，就要求他順從，嘗試以下建議，並學習如何尊重地邀請孩子合作：

A「現在你知道問題是什麼了，你想要如何解決？」

B「我注意到你很常抱怨。你只是希望我聽，還是希望我跟你一起腦力激盪，想出解決方案？」

C「如果你抱怨完了會提出解決辦法，我才願意聽你抱怨。」

D「你想不想把這個問題放在家庭會議的議程上，這樣全家人都可以聽到你的感受，然後一起討論解決方案？」

③如果孩子嘛嘴，請照常進行日常慣例，並相信他能自己解決問題。忽略嘛嘴的情況並繼續你正在做的事。例如，你可以直接上車，然後對孩子說：「我會在車裡等。我知道你很失

望，但我相信你能夠解決這個問題。」當你以有尊嚴並尊重的方式處理孩子和情況時，孩子通常不需要多久就會知道嘛嘴沒用。

④有時光是聽孩子抱怨就對他有幫助。你可以同理孩子的感受，說：「我知道你很失望和難過。當事情沒有我預期的結果時，我也會有同樣的感受。」然後安靜地傾聽。

⑤溫和且堅定地說如「我知道你生氣。我不怪你，但我們仍然需要——」然後提供孩子有限的選擇如：「你想自己去拿你的東西，還是想要我幫你拿？」「你需要三分鐘還是五分鐘，才能準備離開？」

提前計畫，預防問題發生

①讓孩子練習以健康的方法掌控生活，包括給予選擇、家庭會議、合作解決問題，以及邀請孩子一起進行事前計畫。

②當你計畫郊遊時，在出發前進行討論。提出希望郊遊結束的時間。請孩子幫忙制定計畫，讓郊遊結束得更順利。

③在舉行家庭會議時，討論一些事情不如預期時會感到失望的情緒等問題。邀請全家人一起腦力激盪，想出如何面對失望以及相互支持的方法。

④在舉行家庭會議時，可以討論的另一個主題是感受問題。提醒大家，有時在決定採取什麼行動前，需要給自己時間體驗感受。

⑤不要溺愛孩子或成為一名縱容的父母。被溺愛的孩子經常會有這樣的信念：「愛意味著讓他人隨我為所欲為」，並發展出逃避而非合作的技能。

⑥不要對孩子過度控制。被過度控制的孩子，經常不是變成討好者就是反叛者。如果你的控制欲過於強烈，而不是和孩子提前計畫、解決問題，那麼，嘶嘴可能是孩子輕度反叛的方式。

⑦向家人提出以下這個座右銘：「我們對指責沒興趣。我們有興趣的是解決方案。」避免責怪自己，並幫助孩子專注於解決方案。

孩子學到的生活技能

孩子會學到事情不會總是如他的意，但他可以面對。他會了解到自己可以有感受，但不能用來操控別人。他會學到，父母將以溫和堅定的態度幫助他適應情況。

教養指南

①重要的是幫助孩子發展和維持健康的自尊，同時堅定地做需要做的事情。

②注意你自己的行為表現。當孩子失控時，不要嘶嘴或抱怨，而是展現自律。不要對挑釁做出反應，思慮周全地行動，並考慮長遠的目標。將你的眼光放遠：無論遇到什麼情況，重要的是幫助孩子發展和維持健康的自尊。

進階思考

麥斯威爾太太對她七歲的女兒珍妮一直不斷嘛嘴感到氣惱。她決定在家庭會議討論這個問題。

當麥斯威爾太太提出「嘛嘴」這件事時，珍妮說：「我不喜歡講這件事，妳真的好嘮叨。」

麥斯威爾太太有那麼短短的一刻想替自己辯護，但她考慮了一下，說：「我認為妳是對的。讓我們把這件事列入討論解決方案的清單——我就不必再嘮叨了。妳還想得到其他的解決方案嗎？」

由於麥斯威爾太太承認自己愛嘮叨，珍妮說：「好吧，妳以後叫我做事時，我不會再對妳生氣。」

麥斯威爾太太說：「哇，我們這不是在進步嗎！我保證會用尊重的態度請妳做事。我們還能想到什麼其他的辦法，讓我不要那麼專橫、妳也不要那麼生氣嗎？」

他們討論了提前計畫、允許擁有失望的情緒，再用幾分鐘的時間適應變化，並以尊重人的方式表達感受。他們決定嘗試上述所有辦法，還決定使用非言語的訊號讓對方知道何時「違規」。當珍妮認為母親變得過於專橫，她會把手放在臀部上並向母親眨眼。當母親認為珍妮做得過分和嘴翹太高時，她會把手放在心臟的位置並對珍妮眨眼。

他們在這個問題上創造出一種趣味感，讓彼此幾乎等不及對方再繼續嘮叨或嘛嘴，就能相互發出訊號並哈哈大笑。

他們所創造出的良好感受，幫助了彼此輕鬆合作並解決問題。

頂嘴和不敬

「我請女兒把她的鞋子撿起來。她回我說：『妳為什麼不撿，妳是媽媽耶！』我簡直不敢相信。她怎麼對我這麼不敬？更重要的是，我該怎麼做？我不能這樣就放過她，但我越懲罰她，情況就變得越糟。」

了解孩子、自己和情況

孩子會頂嘴和不敬有許多原因。從學齡前開始，就會歷經幾個階段的叛逆。有時孩子只是在測試自己的力量──特別是從九歲到十二歲的前青春期，以及之後的青少年時期。也有可能是因為受到不尊重的對待（父母要求或命令他們），因此進行反擊。

孩子可能透過頂嘴來得到你的注意，但也可能只是今天過得很糟。

還有一種可能是，他們沒有學過（透過示範或其他方式）如何以尊重他人的方式與人溝通和互動。

給父母的建議

①以平靜、尊重的聲音告訴孩子：「如果我曾以這種方式對你說話，我很抱歉。我不想傷害你或被你傷害。我們可以重新開始嗎？」

②從一數到十，或採取其他形式的積極暫停，不要不假思索地「回嘴」。避免這樣的回話：「年輕人，你不能這樣跟我說話。」

③將「頂嘴」視為一種訊息（這表示有事情不對勁），在你們都平靜下來後再處理。注意你把哪些問題轉化成了與孩子的拉鋸戰。

④不要將焦點放在孩子不敬的態度，而是放在他的「感受」。你可以說：「你現在顯然很沮喪。當你這樣對我說話時，我會難過。讓我們都花點時間冷靜下來，在彼此感覺好一點後再談。我想聽聽你為什麼生氣。」

⑤**不要利用懲罰來「控制」孩子**。當你和孩子都冷靜下來後，一起尋找相互尊重且對彼此有利的解決方案。

⑥分享你的感受。「當你那樣對我說話時，我感覺非常受傷。待會兒我想和你換個方式談談，你可以告訴我，你的需求和感受。」你也可以說：「噢，我猜我一定做了什麼讓你感到受傷，因為這真的也讓我很受傷。」

⑦**不要回應孩子任性的要求**。決定你的做法，而不是你想要孩子做什麼。你也可以選擇走開。不要試圖控制孩子的行為，而是控制自己的行為。沉默且冷靜地離開現場。如果孩子跟著你，你可以去散個步或洗個澡。在冷靜之後，問孩子：「你準備好跟我說話了嗎？」

如果你讓孩子事先知道你的做法，這方法將會最有效。「如果你跟我說話時表現不敬，我會離開房間，直到我們感覺好一點，能夠以愛和尊重的方式進行溝通。」

⑧**運用幽默感**。對孩子說：「我一定是聽錯了。我很確定你想說的是：『媽媽，妳介意幫我把鞋子撿起來嗎？因為我太懶了，現在不想做。』」

⑨如果你能夠控制怒氣，試著擁抱孩子。有時候孩子不會預料到在這個時刻會被擁抱。擁抱也能在其他時候改變你們之間的氣氛，讓一切變得充滿愛和尊重。

提前計畫，預防問題發生

①你願意反省自己是否以不尊重孩子的態度，示範了你最討厭孩子做的事情。你是否對孩子過於控制或過於寬容，而造成彼此之間的拉鋸戰？

②避免以不尊重的方式要求孩子，而讓他「有樣學樣」。在召開家庭會議時，不要給孩子命令，而是和他們一起建立日常慣例。

③不要對孩子說：「把鞋子撿起來」，而是問：「你的鞋子要怎麼處理？」你會驚訝地發現，詢問比要求的效果更好。

④在你們都平靜下來後，讓孩子知道你愛他，並希望為發生的事情找到尊重彼此的解決方案。負起你該負的責任，和孩子一起尋找解決方案。

⑤如果你不尊重孩子，向他們道歉。「當我要求你把鞋子撿起來時，我知道我的態度很不尊

重。如果我都不尊重你了，怎麼能要求你尊重我？」讓孩子知道，你不能「強迫」他尊重，但會努力讓自己尊重他們。

⑥定期舉行家庭會議，讓家庭成員學會尊重的溝通方式，並專注於解決方案。

孩子學到的生活技能

孩子會學到父母願意為自己的行動負起該負的責任。頂嘴無濟於事，可以試試看以尊重的方式進行溝通。

教養指南

①許多父母希望透過「設定限制」並加強控制，教導孩子不當行為的後果。這反而會讓情況變得更糟，也無法教導孩子尊重的溝通方式。

②現在是積極行動而不是消極反應的時候。當孩子傷害你，你會很想以懲罰來報復。但這反而在你試圖教導尊重時，為孩子示範了不尊重。

③記得：將錯誤視為學習的機會——對你和孩子都是。

進階思考

一位滿懷感激的母親發了一封電子郵件給我們：「我現在幾乎要哽咽了，因為我那名十五歲的女兒剛剛進來說：『媽媽，妳今天打算洗衣服嗎？可以包括我的牛仔褲嗎？還是我應該在上學前先放進洗衣籃裡？』」

「她的態度是如此地尊重。感謝老天，我們舉行了家庭會議，並在冷靜之後才進行對話，讓我們不再像以前那樣對彼此怒吼、互相攻擊和生氣。」

兩歲半的羅斯把帽子扔到人行道上，說：「我不想再戴這頂帽子了。妳把它撿起來，幫我拿著。」

奶奶看著他說：「我相信有很多路過的人都會很喜歡這頂漂亮的帽子。如果你不需要它了，我們就把它留在人行道上，給其他人用吧！」

羅斯很驚訝，手插著腰，想了一會兒，然後把帽子撿起來。

奶奶又說：「如果你現在不想戴帽子，要不要把它放進背包裡？我很樂意為你打開背包。」

羅斯走過來，把帽子放進背包裡，小手重新插著腰，在人行道上微笑地曳足前行。

幾名旁觀者對著奶奶豎起了大拇指。

憤怒或具攻擊性的孩子

「我的孩子總是在生氣，她一旦生氣就會變得很有攻擊性。她會打妹妹、和我大吵、亂踢、亂丟玩具，整個人情緒變得很暴躁。甚至連老師都抱怨她有多容易發脾氣。我們該拿生氣的孩子怎麼辦？」

了解孩子、自己和情況

在感受的經驗和情緒的表達之間存在著差異，鬧脾氣就是其一。憤怒是一種感受，源自於你得不到想要的東西，或是在某種情況下感受到的無力感。它也可能是受傷情緒的偽裝。

看起來憤怒的孩子，可能對父母、其他孩子、自己、生活，或對生他們氣的人感到沮喪。孩子可能認為沒有人注意他，或關心他的需求。

孩子生氣通常都有好理由，即使他不知道理由是什麼。當孩子被指使、控制、沒有選擇時，他會感到憤怒。過度被保護的孩子也經常會感到憤怒。如果大人在肢體上或口頭上虐待孩子，孩子同樣會感到憤怒。如果父母以具攻擊性的方式回應孩子憤怒的情緒，孩子也會有樣學樣。父母經常試著以更多的控制和威脅，來回應孩子的憤怒和攻擊性，只會使情況變得更糟。如果你或孩子感到憤怒，表示你們正在進行拉鋸戰，重要的是停止拉鋸，試著找到彼此可以合作的方法。

給父母的建議

①重視孩子的感受。「你真的很生氣。你可以感到憤怒，但是你能不能試著用言語而非行動，告訴我，是什麼人或什麼事讓你生氣？」等待孩子的回應，傾聽時保持好奇，不要對孩子說「你不應該生氣」。

②有時候，孩子在生氣時無法好好辨識自己的感受。讓孩子知道，他可以等一下，在準備好之後再來跟你說話。

③你可以幫助孩子確認（可能透過猜測）他想要的東西並協助他獲得，藉此消除孩子的怒氣，例如：「你很生氣，是因為姊姊可以晚睡，你希望自己也可以。當你像她一樣大的時候，你就能夠像她一樣晚睡了。」

④孩子吵架時，不要偏袒任何一方，因為這是讓孩子感到憤怒的主要原因之一。對孩子一視同仁。你可以說：「孩子們，我看你們現在很難解決這個問題，不妨先花時間冷靜一下再回來試試。你們也可以到其他地方去吵。留在這裡解決也可以，但是我不會偏袒任何一方。」

⑤如果你有很愛爭辯的孩子，試著讓他們做出最後的決定，或是擁抱他們，而非爭論。詢問孩子的意見，而不是告訴他們該做什麼。當你意識到出現拉鋸戰時，停下來，對孩子說：「我不想控制你，但我會感謝你的幫忙。在我們都冷靜下來之後，看看是否能夠一起解決問題。」

⑥如果孩子以攻擊性的行為傷害他人，告訴孩子，你了解他可能感到受傷和生氣，但他不能傷害別人。如果孩子還很小，把他帶離現場，坐在他身邊，協助他說出心煩的事。如果孩子年紀較大，對他說：「我愛你。當你準備好談談的時候，可以來找我。」然後離開。如果孩子之間需要一起坐下來解決問題，請在他們討論時，陪伴在一旁。

⑦避免以暴制暴，這不僅會引發拉鋸，並正好示範了你不希望孩子學到的行為。更別為了讓孩子屈服於你而有攻擊性的行為。

提前計畫，預防問題發生

①注意容易引發孩子憤怒的問題。你是否經常干涉孩子的事，如家庭作業、交友、穿著等？你經常對孩子嘮叨，而不是建立日常慣例並貫徹執行？你是否懲罰孩子而非專注於解決方案？你要求孩子做事，而不是邀請他們合作？對孩子說「吃飯時間到了」所得到的回應，肯定勝過對他說「現在就過來吃飯」。

②舉行家庭會議，讓孩子知道，每週固定會有一個地方和一段時間，讓他談論令他困擾的事

情，家人會一起傾聽，並為問題找到尊重每個人的解決方案。

③對待年幼的孩子，可以提供他們有限的選擇，勝過直接告訴他們該做什麼。

④與孩子一起建立日常慣例，讓日常慣例發號司令，而不是你。當你問孩子日常慣例圖表上（就寢時間、清晨準備）的下一步是什麼時，他們將更能感受到自己的能力。

⑤當孩子心情好時，向他提提你注意到他經常會生氣的事情；並請他幫忙想個可以表達憤怒情緒卻又不會傷害任何人的方式。建議孩子在生氣時可以打枕頭、聽最喜歡的音樂，或找個特別的地方冷靜。對於年紀較大的孩子，你可以建議他們寫下生氣的事情，或畫出他們的憤怒。

⑥如果你是單親父母，避免在孩子面前貶抑另一名父母。這通常會引發孩子對另一名父母極度憤怒的情緒，也會導致孩子為了捍衛被貶抑的父母而出現攻擊性的行為。別像對另一個成人談話似的對孩子說話。

⑦不要害怕自己的憤怒。學會說「我很生氣」。當你用言語表達這些感受，而不是發脾氣時，你便是在為孩子提供一個好榜樣。

⑧向孩子示範，如何以尊重他人的方式處理自己的憤怒情緒。誠實地表達感受：我對——感到——，我想要——。向孩子示範如何花時間冷靜，並以尊重他人的方式處理自己的憤怒情緒。

⑨限制孩子看電視的時間，因為電視上充斥描寫暴力的節目。檢視孩子所看的電影。與孩子

討論電子遊戲和音樂中表現的暴力。清楚表達你的想法，但也要傾聽孩子的想法。

孩子學到的生活技能

孩子會學到「感受」與「行為」是不同的——他們可以感到憤怒，但不能傷害或不尊重他人。孩子會明白他能夠掌控自己和生活。沒有人喜歡感到無能為力，孩子喜歡知道自己有能力貢獻，並在不爭吵的情況下讓需求得到滿足。

教養指南

①攻擊性和展現自信有所不同，幫助孩子認識兩者間的不同，這很重要。教孩子如何提出需求；傾聽他們的想法。向孩子示範如何在不傷害他人的情況下，滿足自己的需求。

②不要對男女有雙重標準。人們有時不會追究男孩子粗暴或傷害性的行為，或是不鼓勵女孩子勇於表達意見和自己的需求。重要的是，不管是男孩還是女孩，都要知道這一點：他們可以擁有任何的感受，但行為和感受之間是有所區別的。

③孩子不一定會將憤怒的情緒表現出來。你的孩子有可能很憤怒，但卻把怒氣往肚裡吞。留意可能有這種情況的跡象——和家人疏遠、表現被動或是攻擊、藥物濫用等。

進階思考

某天，當我在某間百貨公司裡進行某項研究時，恰好看到收銀櫃檯附近，有一對父子，正在進行一場可以將主題定為「如何不處理孩子和他們的感受」的對話。

一名顯然已經開始進入青春期的十三歲男孩（因為他的腳像麥可·喬丹一樣停不下來，但他身體其他處於不同發展階段的部分，還在努力地尋找平衡）正在發洩某種負面的情緒。當我到達時，他的父親以為可以透過這些話來幫忙這個男孩：「你為什麼生氣？你沒有理由生氣啊！你為什麼要這樣？」

在那一刻，我真希望能夠替這名男孩說話，並誠實地回答這名父親所提出的問題。

「我很生氣，**是因為**我額葉系統的運作擾亂了壓力指數，導致邊緣系統產生微妙變化，而我在午餐時，因為很便宜，所以吃了太多過度加工的澱粉、糖、脂肪和碳水化合物；再來，我必須安靜坐在教室裡幾小時，無法移動或扭動，只有四分鐘時間可以去上廁所、去儲物櫃那裡，或到下一堂課開始上課前的情況下，處理大量的卡路里，並因此感到極度沮喪；在我體內累積了那麼多能量，且終於可以下課後，大人又馬上把我放到公車上，叫我『坐下、閉嘴、把窗戶打開，否則要告訴你的父母』。我帶著仍在我體內翻騰的所有能量下了公車——我在百事可樂裡吸收到咖啡因和糖分，在布朗尼蛋糕裡吸收到可可鹼，並從家族前三代的酗酒者中繼承到不穩定的下丘腦（關於這點我們還沒討論過呢！）。我體內的能量飆升並釋放出大量的睪丸激素，這些睪丸激素在我身體裡咆哮，為我的青春期做好準備，但這一切卻被我一整天都在猜測大人對我有何期望，並因此不斷產生的沮喪感和防備感所打亂。這遠遠超過我所能控制的能力範圍，所以我很**生氣**！」

這一切對一名十三歲的孩子來說實在太難表達（或甚至無法察覺），於是他只能說：「我就是這樣！」

父親喊道：「『你就是這樣』是什麼意思？」

男孩終於說：「我不知道。」然後安靜了下來。

父親的反應告訴男孩，他根本不想和他仔細探索問題的來龍去脈以及如何好好處理的辦法。這名父親真正在做的，是讓男孩覺得自己很笨、很蠢、不應該發生這個問題。

請記住，感受往往很複雜，而且不容易搞清楚。即使我們無法意識到，以上所描述的過程，確實在影響我們感受的方式。

一名十五歲的青少年和母親一起進行諮商治療。她對孩子憤怒的問題感到擔憂。他馬上就能開車上路了*，他母親擔心如果他在這個問題上沒有得到幫助，開車時可能會把怒氣轉移到其他駕駛身上。

諮商師問他為什麼生氣。他說每次他同意為母親做某件事時，她都會拿回去自己做。

他母親解釋說：她這樣做是因為他看起來不會幫忙去做。

兒子的脾氣突然爆發，用拳頭敲著桌子大叫著：「妳從來都沒有相信過我。我告訴過妳，我會做。妳為什麼不相信我？」

他母親對他如此憤怒感到驚訝，她以為這只是個微不足道的小問題。當她意識到兒子有多難過時，她問：「我們該如何解決這個問題，讓彼此的感覺變好？我不希望事情沒人做，而你不希望我嘮叨。」

諮商師建議他們，在彼此間設定一個非言語的訊號，讓母親可以在不確定兒子是否還記得做家事時使用。兒子說：只要母親先問過他是否記得他同意要做的事就好——而不是搶著幫他做完。

*美國最低駕駛年齡由各州及省分自行決定，通常為年滿十六歲。

我們往往沒有意識到自己做了什麼讓孩子生氣，並以不尊重的方式對待他們。當這種情況發生時，孩子自然會生氣。一般來說：只要我們問孩子為什麼生氣，並且願意傾聽，孩子都會告訴我們的。

幼兒園和托兒所

「我一直在考慮送孩子去幼兒園，但我不知道這是否對他有益。我如何確定孩子已經準備好接受學前教育，又該如何找到一間好學校呢？」

了解孩子、自己和情況

有些家長沒辦法在家陪孩子，必須找到全天候的托育服務。但即使你可以待在家裡，幼兒園對孩子和父母雙方也都有幫助——這將取決於孩子的年齡和幼兒園的品質。即便是年僅兩歲的孩子，也可以從離開媽媽和爸爸幾個小時的時間裡受益良多。

在優質的托兒所或幼兒園裡，孩子能夠在以兒童為中心的環境裡與其他孩子互動，並開始以小小的步驟學會獨立。

曾有研究報告指出，孩子在「優質」幼兒園中會表現得很好。相信這些資訊可以幫助你對於幼兒園的事情更有信心。對於爸爸和媽媽而言，能夠離開孩子幾個小時，做自己有興趣的事，並知道他們不在孩子身邊時，孩子也一樣能過得沒問題，也是健康的事。

給父母的建議

①一旦你做好尋找優質幼兒園的功課（參見下面的「提前計畫，預防問題發生」①），對自己的決定保持信心。孩子會感受到你的態度所散發出的能量並做出反應。如果你感到害怕，孩子也會害怕。如果你感到內疚，孩子可能會感覺這是操控你的機會。

②一個輕鬆的清晨慣例，可幫助孩子減少緊張和壓力。當你帶孩子上幼兒園和接他放學時，請提早到達，給孩子五到十分鐘的緩衝時間。

③在早上抵達學校後，請孩子分享一些他最喜歡的事物，或為你介紹他的朋友。離校時，請他講講在白天做了什麼事。

④如果孩子很難與你分開（哭泣或緊抓不放），請盡快離開。孩子在父母離開後通常很快就能調整過來。另一個有用的方法是，給孩子某件你的東西（耳環、上面有你的香水或乳液味道的手帕），讓他在你回來接他前能先放在口袋裡。請記住，你的自信是關鍵。

提前計畫，預防問題發生

①找到一間優質的幼兒園。

A檢查幼兒園管理人員與老師的證書。他們要接受過至少兩年的幼兒教育。

B了解幼教老師的管教政策，確定他們不提倡懲罰或任何羞辱、不尊重兒童的管教方式。

C當你找到一間看起來不錯的幼兒園時，詢問是否能讓你和孩子待在學校裡至少三個小時，這樣你就能觀察學校實際運作的方式及孩子的反應。這也會讓你有機會了解工作人員是否真的言行一致。如果這違反學校政策，尋找另一所歡迎觀察的學校。

②你可以考慮將孩子送到讓家長參與工作的幼兒園。在這樣的學校裡，你可以和孩子共享學校經驗，節省學費支出，並參與教學。但如果你的孩子占有欲非常強、不想和其他孩子分享家長，這樣的幼兒園反倒可能變成很有壓力的經驗。

③對於兩到三歲的孩子，每週讓他上兩到三個早課，就足夠他體驗幼兒園的生活。大部分三到五歲的孩子可以延長至五個早課或一週三天的幼兒園。好好判斷哪種做法最適合你和孩子。如果你需要全日制的托育服務，記住，只要你願意花時間找到一所好的幼兒園，孩子會沒事的。

④讓孩子做好分離的準備。花時間透過角色扮演來進行訓練。假裝你來到幼兒園門口，問孩子是否願意在上學前給你一個大大的擁抱。然後讓孩子假裝緊緊抱住你的大腿哭泣。讓他

知道在上學時有所選擇——給你一個擁抱的再見或是哭泣的再見。只要貫徹執行，行動將勝過雄辯。

孩子學到的生活技能

孩子會培養出安全感並感受到父母的愛，能夠享受與父母分開的時光。父母關心他，但不會被他操控。父母喜歡擁有一些自己的時間，但這不表示父母不愛他。

教養指南

①許多父母以愛之名剝奪了孩子發展勇氣、自信和自立的機會。他們過度保護孩子，而不是讓孩子經歷些許不適，並了解自己有能力處理。

②孩子會感受到你對他和自己是否具有信心。如果你認為孩子無助，並被他的眼淚或其他方式操控，他就會變得更加無助和重度操控。這並不意味你在平靜時不需要傾聽孩子的擔憂。如果孩子在你們分別時開始哭泣，給他一個擁抱，告訴他「我三小時後會回來」，然後離開。

進階思考

一位年輕的母親，選擇了兩所看起來很適合兒子的幼兒園。在觀察過其中一所後，她注意到老師並沒有實踐他們所陳述的理念。老師們要求兩歲的孩子坐在椅子上的時間，比適合這個年齡的時間更長；當孩子不遵守時，對待孩子的方式好像孩子行為不當。

她和兒子在第二所幼兒園待了三個小時，兩人都感到很高興。這間幼兒園有許多日常慣例，能幫助孩子在能力內展開活動。在採買後，園長會將小貨車倒退開進庭院裡，讓每名孩子一次帶一件物品進入廚房。孩子們會輪流幫忙廚師準備熱騰騰的午餐。他們被允許自己準備午餐。吃完飯後，每個孩子自己可以去倒掉剩菜，並把餐具洗乾淨。

園內還有配備小型的廁所，她兒子很喜歡和其他孩子「一起」去上，然後做為如廁慣例的一部分，在小水槽裡洗手。到了該離開的時候，她的兒子甚至不想走，顯然很享受許多參與和感受獨立的機會。

照顧兩歲曼蒂的托育中心，幾乎每天打電話給她的母親蘇珊，說曼蒂老是哭個不停。老師試著安慰曼蒂，把她抱在大腿上，和她說話，卻還是安慰不了這個小女孩。蘇珊很難過，因為她無法離開工作崗位去接女兒，而且她找了很久才找到這間托育中心，並認為這裡是一個很棒的地方。她該怎麼辦？

蘇珊向她的朋友派翠西亞求助。派翠西亞問蘇珊，曼蒂早上離開時有沒有哭。

「有，我往門口走去時，她就開始哭，所以我會坐下來等她不哭後，再偷偷溜出去。有時我會等個半小時。她在注意到我離開的那一刻，就又哭了起來，而且無論如何都停不下來。」蘇珊說。

派翠西亞說：「我有一個建議。請老師到門口見妳，然後馬上把曼蒂帶進去。妳可以快速的給她一個吻，然後走開。我猜她會變好的。我想，是因為妳停留太久，才有這個問題。」

絕望的蘇珊採納了朋友的建議，令人驚訝的是，她這麼做的那一天，也是曼蒂在托兒所哭泣的最後一天。

拖延

「我兒子對我提出的任何要求都會說『等一下』或是『再給我一分鐘』。如果他馬上做，我才會嚇到下巴掉下來呢！他的父親也很愛拖來拖去，讓我快瘋了。這是遺傳嗎？」

了解孩子、自己和情況

拖延的問題與遺傳無關，但確實會讓人很生氣。拖延的人甚至也會對自己拖延的毛病生氣。

「拖延」是一種被大家接受的說法，但其實意思就是「我不想做，你不能逼我」。這是一種被動的表現。我們自己不想做，但別人卻認為我「應該」做，所以產生拖延情況是很正常的。因為你在潛意識裡認為，如果你拖得夠久，也許那些令你討厭的事就會自動消失。

「拖延」也可能是一種為了取得別人的認同、報復或逃避看起來很困難的工作而產生的下意識反應。拖延的人可能沒有意識到自己行為背後的目的。如果不加以控制，有可能會變成終身的習慣。

給父母的建議

①減少拖延最有效的方法之一，是讓孩子一起建立慣例（就寢時間、清晨活動、家庭作業、吃飯時間等），並確定每項活動都有截止日期。讓慣例成為生活正常運作的一部分，沒有拖延的空間（參見第一部〈建立日常慣例〉）。

②如果孩子無論如何都改不了這個毛病，讓他體驗拖延的後果，不要出手拯救他或是提醒他。例如，如果孩子拖著不把衣服拿去洗，就讓孩子穿髒衣服，或是讓兒子的朋友等他修剪完草坪才能一起去公園。你不想懲罰孩子，所以要確認拖延的後果合理。請記住，讓孩子體驗「自然」的後果，與你「強加」上去的後果，兩者是非常不同的。

③如果孩子沒有及時把事情做好，或是為了拖延而對期限或後果感到不安，請同情地傾聽，但不要修補情況。許多孩子只有在嘗過後果（而非被告知結果），才真正能學到教訓。

④除非你願意接受「不」這個答案，否則不要提出可以回答「是」或「不」的問題。例如，「你現在想做作業嗎？」「不想。」相反的，試著提供孩子選擇，做為分享權力的方式，如：「你想在五分鐘還是十分鐘後做這件事？」

⑤你要說到做到——如果你是認真的，請貫徹執行。如果你提出要求，而孩子說「等一下」，對他說：「這不是一個選擇。現在就做。當你完成時告訴我，我會檢查你做得如何。」站在孩子身邊等待，直到他開始做為止。

提前計畫，預防問題發生

①注意你是否經常命令孩子，期望他照你的意思做事，而非給予他提出意見或做出選擇的機會。如果孩子事先被提醒，他會更願意做事——尤其是當你尊重地邀請他一起計畫時。

②提前得到孩子的同意，讓他參與規劃的過程（參閱第一部〈建立日常慣例〉）。

④不要在你上班時給孩子工作清單，並希望他在你回家前完成。最好設定自己可以在場確認的完成期限（參閱第一部〈貫徹執行〉）。

④詢問孩子，拖延對他而言是否造成問題，是否需要幫忙。如果孩子需要幫忙，幫助他思考完成某件事需要的步驟與時間——從截止時間往前推算，擬定一份可以完成所有步驟的時間表。

⑤創造一個孩子可以放心犯錯，並在你的幫助下學習承擔後果的環境。例如，如果孩子說他

會在出門和朋友玩之前完成一項工作，卻沒有如期完成，不要提醒他。到了他要離開的時候，請他打電話給朋友，讓對方知道他會遲到，因為他需要先完成這項工作。

孩子學到的生活技能

孩子會認識到拖延的後果。他可以培養規劃和組織方面的技能，把工作完成並學著設定期限。他會了解到，可以對父母感興趣但自己不感興趣的事情說不，而非以拖延為藉口，逃避去做討厭的事。

教養指南

①如果你認為孩子的拖延是因為任務過於龐大，可以協助他從小小的步驟開始。讓孩子知道，錯誤是學習和成長的絕佳機會，他不必完美。

②尊重孩子的處事風格。有些人在壓力下會表現得更好。對你來說是拖延，對孩子來說：卻可能是在利用緊張感來刺激自己完成工作。

進階思考

瑪西的兒子喬許擁有出色的電腦技能。瑪西問他能不能幫她安裝一個電腦軟體。他說：「當然，等我有時間。」瑪西知道喬許正忙著做作業，但每次她請他幫忙，喬許似乎總有藉口。最後，她問：「喬許，我很高興你有空會幫我安裝這個軟體。如果你能告訴我一個確切的時間，對我會有很大的幫助。我知道確切的時間，就能開始倒數，不會去煩你，因為我知道你會在答應好的時間來幫我。」

喬許笑著說：「好的，媽媽。我二十分鐘後來幫妳。」

他做到了。

分離焦慮

「只要有陌生人在附近，我兒子就會緊緊抓著我。我送他去托兒所，但他不想離開我。我先生試圖安慰他，他甚至哭了。他希望我能一直抱著他。這是正常的嗎？我打算回到職場找一份全職工作，但如果兒子一直如此，我不知道能怎麼辦。」

了解孩子、自己和情況

如果你從一開始就能建立一個讓孩子習慣於他人（例如大家庭）的世界，你的孩子可能永遠不會有這個問題；或者，這件事對你的影響只是微乎其微。但如果你一直是孩子的世界中心，而他很少與其他人接觸，他自然不願意離開你身邊。當孩子抱住你時，你可能會感到內疚，認為應該一直和他在一起。他會感覺到你缺乏自信，吸收這種能量並採取相應的行動。

另一方面，如果你對孩子適應他人的能力充滿信心，他也會感覺得到並調整得更快。如果你或孩子生病，或正在經歷家庭生活的某種轉變，緊緊抓住你可能是孩子尋找安全感的方式。如果你不習慣向孩子介紹新的活動和人物，這個過渡期就會更需要時間、耐心和一些小小的步驟。

為了你和孩子，請遵循以下的建議。

給父母的建議

①如果孩子喜歡緊抓著你，安排機會，讓他適應新的人事物和環境。你可以在場，但只是在一旁陪伴（例如在拜訪朋友時，讓孩子和其他人玩耍，或讓他靠近其他人玩耍）。將孩子留給其他人一小段時間，讓他能漸漸習慣你不在身邊的場景。

②對孩子解釋，你為什麼要離開、你要去哪裡、誰會在那裡、你會在那裡待多久，以及任何可以幫助他了解會發生什麼事的細節（如果你的孩子還不會說話，他仍然會「感覺」你在

為他做準備）。

③告訴孩子，你知道他害怕。害怕沒關係，但錯過機會去認識新的人和地方卻不好。

④迅速離開，並信任托育人員：一旦你離開現場，他們會協助將孩子的注意力轉移到其他的活動，孩子也會停止哭泣。

⑤不要讓孩子覺得羞愧，不要羞辱他，也不要避免讓孩子接觸新的人事物或環境。

提前計畫，預防問題發生

①如果你和孩子一起度過足夠的特殊時光，他不會因為你花時間陪其他人而覺得受傷（即使他在學習接受這些情況前，難免需要流點眼淚）。另一方面，如果你忙於生活和工作，沒時間陪孩子，他確實有充分的理由表現出分離焦慮。

②孩子出生後，如果你不能陪在孩子身旁（或雖然在卻必須忙於其他活動）時，請安排其他人照顧（並且花時間）陪伴你的孩子。請伴侶務必共同分擔育兒的責任。

③讓孩子知道你將前往某處，如果他感到不舒服，沒關係，你仍然會去。經常重複這個過程，直到孩子能輕鬆看待為止。

④當孩子面對新的場景或環境，讓孩子能先坐在一旁觀看，直到他了解新的情況為止。

⑤考慮孩子的個別差異，不要期待所有孩子都能以同樣的速度，適應新的人事物和情況。

⑥當你出外購物時，邀請朋友同行，並且讓朋友與孩子互動，這樣他才能更習慣與其他人接

觸相處。

⑦如果孩子真的給某些新的活動或人事物相處的機會，但還是覺得討厭這些新的活動和人事物，你可能需要尋找不同的活動或照顧者。

孩子學到的生活技能

孩子會學到，這個世界充滿了有趣的人、活動，和各種好玩的地方，會讓他的生活更豐富。他會知道一開始感到緊張並有所保留是很自然的，但在練習一段時間後，就會感覺比較自在和放鬆。他也將學會不放棄的態度。

教養指南

①如果你希望孩子對這個世界感到自在，需要透過向孩子介紹新的人、場景和活動來實現此一目標。如果你對外出社交也會感到緊張，也許你和孩子可以一起學習。

②不要自認為你是孩子在世界上唯一能建立連結的人，否則，你也將會剝奪他經歷美好生活的機會。

進階思考

瑪麗亞是一位在職的單親媽媽，她對自己不得不工作而把三歲的女兒放在托兒所，並因此錯過許多與孩子相處的時間，感到難過。當奧黛麗開始上幼兒園並在她離開時哭泣時，瑪麗亞認為她的女兒患有分離焦慮，而且都是她的錯，因為她陪伴女兒的時間太少。

幸運的是，瑪麗亞的男朋友湯姆勸她不要採取極端行動，並建議讓他每天早上帶奧黛麗去上學。當他離開奧黛麗時，她沒有哭泣。他也鼓勵瑪麗亞，每週給自己兩個晚上去健身房鍛鍊身體，並承諾會給奧黛麗一個有趣的夜晚。他和奧黛麗會一起煮起司通心麵、幫狗洗澡，並為奧黛麗讀她最喜歡的書。當瑪麗亞回到家時，奧黛麗還埋著頭看書，沒注意到她回來，直到她過去給奧黛麗一個大大的擁抱。

性探索和性教育

「我看到鄰居的男孩竟然和我五歲的女兒在一起，兩個都沒穿褲子。我不想懲罰女兒，但我也不希望她玩與性有關的遊戲。我不知道如何教她性方面該注意的事。」

了解孩子、自己和情況

今日世界和我們成長的世界截然不同。現在這個世界，存在著許多極端的情況——有的孩子發誓直到結婚前都要保持貞潔，也有的孩子認為在派對上與某人發生性關係就像看電影一樣平常。媒體讚美和歌頌性，在文化上也是，孩子經常接受「要性感」和「要有性行為」的訊息。你的價值觀可能和孩子非常不同，甚至會認為自己是父母，孩子就應該遵照你的價值觀。如果你這麼想，孩子在對錯之間掙扎時，你可能就無法成為他迫切需要的諮詢對象。

對於幼兒，好的性教育可以幫助孩子了解身體部位如何運作，什麼情況是正常的、什麼情況不是，嬰兒是怎麼來的，性感是什麼意思，並有自信拒絕想侵犯他們的年長孩子或大人。隨著孩子的年齡增長，好的性教育能夠讓你和孩子開啟不帶評判的對話，並持續保持溝通順暢。

給父母的建議

①當你發現孩子與另一名年紀相仿的孩子一起探索性或性器官時，便是在提醒你，孩子準備好接受性教育了。不要責罵孩子，讓他覺得尷尬、可恥或羞愧。讓孩子知道，對性和任何身體部位感到好奇是正常的。告訴孩子，你會回答問題，解釋性事如何運作，但是你不希望他和其他孩子一起玩「醫生」或「看與說」的遊戲，因為性器官是身體的私密部分。

②和孩子談論，如何尊重自己與他人。告訴孩子，如果他與其他朋友出現展示或探索性器官

的行為，是不尊重彼此的舉動。

③避免懲罰，因為這反而會促使孩子在「暗地裡」探索性。對於青少年來說：這一點尤其重要。一旦你開始對孩子禁足和取消特權，他會找到其他方法來違抗你的規定，你也會失去成為孩子諮詢對象的機會，反倒造成傷害，而非幫助。

④問孩子他對性或陰莖、陰道、乳房有什麼疑問（記得使用正確的名詞）。如果可以，誠實地回答問題，不要感到尷尬。除非你認為有必要，否則不要提供超過孩子詢問的資訊。運用常識，判斷孩子的理解程度。

⑤和孩子一起去圖書館，閱讀適齡的性教育書籍。

提前計畫，預防問題發生

①找一些專為幼童設計、優秀的性教育書籍，並在孩子兩三歲時就開始讀給他聽。孩子在這個年齡不會理解你閱讀的內容，但仍然可以享受這些書。等到他年紀大一點的時候，鄰居的孩子試圖提供資訊給他時，他就有辦法說：「哦，這些我已經全部知道了。」

②對於三到十歲的孩子，當你在晚上為孩子蓋好棉被時，可以偶爾問他：「你對自己的身體如何運作有任何疑問嗎？」答案通常是沒有，但你的這些行為同時正是在向孩子表示，討論性和性器官如何運作是完全正常的，就像討論學校或玩具一樣。

③對於六到十八歲的孩子來說：他們如今一個週末在電視和電影能看到的性愛畫面，比他們

祖父母一輩子看到的加起來還多。他們需要與成年人就所看到的內容公開進行對話。溝通需要雙向進行。在不說教或評判的情況下，詢問孩子的想法和感受。告訴孩子，你有什麼想法和感受。你可以透過啟發性的提問來誘導孩子：「你對於在電視上看到的東西有何想法？有什麼感覺？得出什麼結論？」同時也記得分享自己的想法和感受。

④隨著孩子年紀增長，提供為什麼推遲從事性行為對他有益的資訊——孩子長大，他們的情感和智慧會日益成熟，因此能更加尊重自己和他人。我們也希望孩子有足夠的自信和愛做出正確的決定，而非犧牲自己來討好別人。讓孩子知道，如果有人對他們說「如果你愛我，就要和我發生性關係」，或是「如果你不跟我發生性關係，我就找其他人」時，他就應該盡快離開對方。

⑤如果孩子不顧你的感受，決定從事性行為，請他／她確保自己不會意外懷孕或染上性病。

⑥你不應該利用愛滋病或其他性病做為威脅，讓孩子感到恐懼和內疚，這經常會引發孩子的叛逆性格。以就事論事的態度，提供孩子這些疾病的相關資訊，鼓勵孩子傾聽並做出明智的決定。

⑦告訴孩子，你會解釋任何他聽到但不懂的詞彙，如果身體出現他／她不理解的情況，像是分泌物、發熱或月經時，可以來問你。最好讓孩子提前知道這些事情，並明白這些都是正常的，不必擔心自己是怪胎或染上了有性命危險的疾病。無論孩子提出什麼問題，都要冷靜以對，不要批評說出這些詞彙的朋友。如果你在回答問題方面需要協助，讓醫生來回答

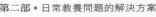

你不知道的事情，或者尋找書籍和其他資源，好讓孩子安心。

孩子學到的生活技能

孩子會學到，性是他自己和生活一個美好的部分，有性器官和性功能是正常的，不需要因此感到害怕或羞愧。孩子會知道能和父母討論任何事情，父母會給予誠實和有用的資訊。有了正確的資訊，不管其他人怎麼想，他都可以為自己做出正確的決定。

教養指南

①如果你對性感到尷尬，或認為性是不好的，這就會是孩子接受到的訊息。他可能會採取和你一樣的態度，或是決定對你隱藏自己的感受、問題和行為。對孩子影響最大的，不是你說的話，而是你怎麼說。

②一份針對俄亥俄州克里夫蘭（Cleveland）一千四百名青少年父母所進行的研究發現，百分之九十二的母親從未和女兒討論過性。如果你對討論性覺得不自在，可以直接告訴孩子並說明為什麼。但無論如何，都必須討論，或是請另一名願意討論的大人與孩子談話，讓孩子獲得另一種觀點。這個人可以是諮商師、家庭成員或是朋友。

進階思考

有一名女孩，就是因為父母覺得太尷尬而無法和她討論性，結果最後受到了傷害。

那年，她六歲，一名鄰居男孩想讓她看看「幹」——一個她不了解的字——是怎麼回事。他把她帶到穀倉，叫她把褲子拉下來並蹲下，然後在她下陰處尿尿。後來這名小男孩告訴所有其他的孩子，他「幹」了這個小女孩。

這些訊息從小學起便一直跟著她，直到高中。她大約每年都會有一次成為眾人嘲笑的對象。孩子們會在庭院裡追著她跑，並嘲笑她說她的肚子裡有了小寶寶。在中學時，孩子們會傳遞與她有關的紙條並傻笑。

隨著她逐漸長大，那些相信她有這些壞名聲的男孩開始對她動歪腦筋。

她的性教育是如此缺乏，以致於完全不知道小時候發生的事根本不是性交；或是即使那名小男孩知道怎麼做，這也不是她的錯，她並不壞。

這名小女孩現在長大，成為了女人，可以對此一笑置之，但性教育或與父母真誠的溝通，原本可以為她免除這些年來的痛苦。

身為父母，你可以問自己，你提供性知識的最終目的是什麼。

只是告知孩子？可能不是。

只是為了幫助孩子在成長過程中，免於遭遇性方面的困擾？不，不只於此。

你的目標應該是幫助孩子健康地看待性事，使他長大後能擁有快樂、成功和負責的性生活。

如果你牢記此一目標，將能幫助你分辨該對孩子說什麼，以及怎麼說。

孩子的恐懼

「我的孩子會做惡夢，並抱怨他房間裡有怪獸。與其他同齡孩子相比，他顯得非常脆弱，十分害怕離開我身邊。這在我看來，似乎不太正常。」

了解孩子、自己和情況

「身體受傷可以復原，但心靈若受傷將影響一生。」*有時孩子會恐懼，是因為我們沒有教他如何一步步循序漸進去面對未知的事物。大多數的孩子都有一些害怕的事物，但如果別人取笑他，叫他小寶寶，告訴他不能害怕或哭泣，或是將他貼上「過度敏感」的標籤時——這些情況都只會令他的恐懼加劇。父母替孩子感到難過並試著過度保護孩子時，孩子的恐懼也會加劇。這會導致孩子無法培養自己能夠處理些許不適的自信心。

恐懼通常與未知有關（這是為什麼怕黑很常見，並經常會隨著時間消失）。然而，在其他時候，孩子有充分的理由（如霸凌或性虐待）感到害怕。何時要保護孩子，何時又要在不過度保護

*引用自魯道夫・德瑞克斯與維琪・舒茲（Vicki Soltz）合著的《孩子的挑戰》。

孩子的情況下幫助他，便是你的工作。

給父母的建議

①不要嘲笑、小看、評判或否定孩子的恐懼。相反的：也不要過度放縱、過度保護，或試著說服孩子不要害怕。

②當孩子告訴你，他害怕什麼時，好好傾聽，重視他的感受，告訴他：「你害怕狗，是因為牠們可能會咬你，你希望狗狗走開，不要煩你。」有時透過重視孩子的感受，就足以減輕他的恐懼。

③幫助孩子找出辦法面對害怕的情況。幫助他探索各種可能的方式，讓他覺得自己有所選擇。你可以問他：「現在對你最有幫助的是什麼——手電筒、泰迪熊、夜燈？」告訴孩子別害怕是沒用的；尋找解決方案才有用。

④不要被孩子的恐懼操控。提供安慰，但不要給予特殊待遇或試圖修復他的感受。很重要的是，要讓孩子明白：他能夠自己面對恐懼，即使這會讓他感到不舒服。幫助他解決問題（如上所述），讓他學會自己面對恐懼。當孩子害怕時，如果讓他和你一起睡，其實是在以一種微妙的方式告訴他：「你無法處理這件事。讓我幫你解決。」

⑤鼓勵孩子循序漸進地處理困難的情況。如果他怕黑，在他的房間裡放一盞夜燈。如果孩子無法一個人在房間裡睡覺，在他的雙手中裝滿你的吻，告訴他，每次想念你的時候，就從

雙手裡拿出一個吻。如果孩子認為衣櫃裡或床底下有怪獸，在睡覺前與他一起檢查那些地方，並允許他帶著手電筒睡覺。

⑥仔細傾聽。孩子是不是試著告訴你，有人在傷害他，還是你正在做一些令他害怕的事？認真看待他們說的話。

⑦有時，孩子的恐懼是不合理且無從解釋的。他需要你的支持和安慰，直到他的恐懼消失。

提前計畫，預防問題發生

①有許多精彩的童書都在探討恐懼，你可以和孩子一起閱讀，讓他知道自己並不孤單。

②如果電視上播放驚悚的節目或恐怖電影，提前和孩子討論是否適合觀賞。如果你們都同意他做好觀賞的準備，討論你可以如何支持他。

③不要把你的恐懼強加在孩子身上。如果孩子認為他已經做好嘗試一些事物的準備，一起和他採取循序漸進的步驟來確保安全，然後放手，不要出於你自身的恐懼而去阻止他們想做的事情。如果你真的過於害怕，安排朋友或親戚和孩子一起從事活動。

④你可以分享自己的恐懼，但不要期待孩子和你有同樣的恐懼。與孩子分享你曾克服過的恐懼經驗，會讓他感到安慰。也讓他知道，恐懼是正常的。

⑤詢問孩子是否願意在拒絕之前，嘗試他所害怕的事情二到三次。

⑥不要強迫孩子做他害怕的事情，例如游泳或騎馬。有些父母不管孩子的恐懼，堅持要他從

事這些活動，因此造成孩子一輩子的恐懼以及強烈的自卑感。

⑦把電視關掉，不要讓孩子沉浸在充滿暴力和自然災害報導的新聞中。過多的電視訊息是引發孩子恐懼的原因，說得一點都沒錯。

孩子學到的生活技能

孩子會知道自己可以感到恐懼，但不必被驚嚇住。有人會認真對待他，幫助他面對恐懼，讓他感到不那麼害怕。他相信父母會保護自己，避免無法應付的危險。

教養指南

①如果孩子害怕離開你身邊，花時間陪伴他，同時製造讓他短暫離開你的情況。許多幼兒園老師都曾有過把緊抱父母大腿不放、尖叫的孩子拉下來的經驗。在父母離開後的幾分鐘內，孩子便會逐漸安頓下來，開心地與其他孩子一起玩耍。

②不要強迫孩子面對讓他感到害怕的情況，只為了培養他的勇氣。有些孩子透過跳進游泳池來學游泳，有些孩子在把臉浸到水裡之前，會在池邊觀察超過一整個夏天。尊重孩子的差異，並對他保持信心。

進階思考

十歲的麗莎決定要看《月光光心慌慌》（*Holloween III*）這部非常恐怖的電影。她的父母認為這部電影太嚇人了，但她堅持要看。家裡沒有人願意和她一起看，於是麗莎決定自己一個人看。

父母說他們會待在隔壁房間，如果她感到害怕，可以過去找他們。

麗莎的母親為她準備了一碗爆米花，她的父親給她絨毛動物和一條特殊的被子。父親按照麗莎的要求，打開所有的燈，並在電影開始時離開房間。

大約十分鐘後，麗莎走進他們房裡，說：「我不認為我今晚有看這部電影的心情。也許我會在其他時候再看。」

有些孩子只是為了贏得與父母的拉鋸戰，而去做其實不真心想做的事情。麗莎的父母則支持她，去學習自己能夠處理的狀況。

干擾及糾纏行為

「在我講電話或與來訪的朋友談話時，三歲的孩子會不斷來干擾。我已經和她說過很多次，不要打擾我，但她還是照樣這麼做。」

了解孩子、自己和情況

孩子經常會誤認為，他的歸屬感和重要性，會因為父母把注意力轉到某件事或其他人身上而受到威脅。這是正常的，你可以透過尊重的方式來處理孩子感受到的威脅，而不是以生氣或懲罰來加重威脅。孩子要求越多，父母和老師就會越關注他——無論是正面還是負面的。事實上，惹人厭的孩子經常受到過多（而非過少）的關注。對於那些覺得自己沒有歸屬感的孩子來說：除非他不斷得到關注，否則再多的注意力也無法填補他的空虛。

這個問題持續的時間越久，就越難重新訓練你自己和孩子。因此，盡早在嬰幼兒時期就開始解決問題，重要的是，設定你給予注意力的限度，並堅持到底。給孩子機會與人合作並做出貢獻，讓他產生歸屬感。如果你尊重自己也尊重孩子，你會懂得給自己時間，並相信孩子能找到自娛的方法。孩子不會因為缺少注意力而有生命危險。

給父母的建議

①當朋友來訪時，對孩子說：「我想先陪你五分鐘，不受到我的朋友打擾。然後，我也希望能不被打擾地陪陪朋友。你是第一，然後才是我的朋友。」（讓朋友事先知道你的做法以及原因——為了幫助你的孩子感受愛，也讓孩子學會尊重你的時間。）

②針對二到五歲的孩子，你可以說：「我打電話的時候，你想不想拿一本書，坐在我旁邊

看，或是拿一個玩具來玩？」對於五到八歲的孩子，你可以說：「我想花一些時間講電話，或是陪陪我的朋友。你有辦法自己玩十到十五分鐘，不來打擾我嗎？」

③告訴孩子：「在講電話或有朋友來訪時被打擾，我覺得是個問題。你願意幫我把問題寫在家庭會議的議程上，還是由我來寫？」

④如果孩子一整天等著和你玩，在你下了班回到家時，不要急著做家事，先花個十五分鐘和孩子玩，或是讓他陪你做事。

⑤當孩子在一旁時，也花些時間陪陪另一半和其他大人——讓孩子知道你會給他時間，但不是全部。如果他來打擾你，你可以離開他，去另一個房間，讓你們之間隔著一扇門；或是請他去別的地方玩。

⑥讓孩子知道你聽到他的聲音了，但因為你正在忙其他的事所以才不回應他。你也可以採用非言語的回應方式，例如將手放在孩子的肩膀上並忽略他的要求。這會讓孩子知道，即使你沒有回應他持續的要求，你還是關心他的。

提前計畫，預防問題發生

①如果孩子經常打擾你，和他一起計畫特殊時光。當孩子打擾你時，對他說：「這不是我們玩的時間。我很期待兩點鐘的特殊時光。」

②安排孩子可以自己玩耍和遊戲的安全區域。當你忙著陪朋友或其他孩子時，讓你的孩子知

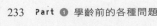

道：你仍然愛他，但現在不是陪他的時候。你可以為自己需要不被打擾的時間設定計時器。如果孩子無法配合，請他回自己的房間玩，等一下再出來試試看。

③讓孩子知道你何時可以參加哪些活動，例如：「我從七點到九點有時間輔導你做作業。」「我很願意在星期一和星期四放學後陪你去圖書館。」「我想先讀完這份報紙，然後聽聽你今天過得如何。」只要說到做到，你就能掌控自己的時間。

④等到幼兒都入睡了，再打電話。針對三到四歲的孩子，讓他把一些喜愛的玩具放在一個盒子裡，再標記為「電話盒」。事先和孩子討論，在你打電話時，他可以玩「電話盒」裡的哪些玩具。

⑤在電話附近設置一個「寶藏抽屜」。你可以把各式各樣有趣的東西都放進「寶藏抽屜」裡，讓孩子在你打電話時探索「寶藏抽屜」。

⑥在家庭會議討論這個問題，蒐集全家人如何解決這個問題的想法。

孩子學到的生活技能

孩子會學到，即使他不是被關注的焦點，他仍然被愛而且是重要的。他可以照顧自己，同時尊重父母關注他人或其他事物的需要。他可以體會何謂給予和接受。他懂得娛樂自己。當孩子的滿足感來自於內在，而非不斷尋求他人關注時，他們的感覺會更好。

教養指南

①這個問題需要你投入許多精神與心力，確實擬好計畫，並貫徹執行，直到孩子了解你有不被打擾的權利。

②如果你遇到的是反覆出現的問題，處理行為背後的信念（幫助孩子找到歸屬感和重要性）並花時間訓練，效果會最好。

③如果你能幫助孩子改變他「只有在被注意時才重要」的這類錯誤想法，你就是幫了他一個大忙。孩子在成長過程中得到幫助，成年後比較不容易感到被拒絕和孤立。

進階思考

在某次正向教養的工作坊上，我們透過角色扮演，教導如何有效處理發生「尋求過度關注」錯誤目標行為的孩子。

在第一個場景中，扮演媽媽的人演出無效的處理方法：責罵扮演她三歲女兒的人。在第二個場景中，則演出有效的方法：媽媽對正在通話的人說「不好意思」，然後把手錶從手腕拿下來遞給女兒說：「親愛的，請拿著我的手錶，並在秒針（告訴她是哪一個）經過十二點兩次時告訴我。」然後她又開始講電話。她的女兒專注地看著手錶。等到媽媽掛斷電話時，小女孩說：「媽媽、媽媽，妳還有時間。」

這個角色扮演活動，可以為我們指出重新引導孩子的好方法，並為孩子示範如何以幫助人的方式獲得關注。

另一位參與者則提供了同樣有效但不同的方法。她把手指放在嘴唇上，關愛地輕拍著孩子，繼續講電話。孩子剛開始試著繼續吵鬧干擾，接著還跺腳、揮拳，最後則是自己找到一個玩具並開始玩。

在教室裡，老師發現，和學生約定好一個非言語的提醒方式很有用。有位老師和學生達成協議，每當有人在沒輪到他說話時說話，她就會舉起一根手指。她從來不需要舉超過三根手指，學生就會停止干擾，且等到輪到自己時才說話。

Part 2

學齡期的各種問題

孩子就學之後並沒有比較輕鬆！不肯做家庭作業，還得擔心同儕相處及霸凌的問題。暑假如何安排？缺乏動力時又該如何引導呢？帶孩子出門時，連在車上也不得安寧，父母們該如何是好？

坐車時的問題

「孩子有可能在坐車時繫好安全帶，不打架、不說話，或是不在你耳邊一直說個沒完嗎？我很難忍受和我的孩子或朋友的孩子同車。我該怎麼做，才能避免成為孩子們的私人司機？」

了解孩子、自己和情況

如果這是你的寫照，你並不孤單。這是父母和孩子之間常見的問題，甚至會演變成危險事件。你可知道，有多少交通事故就是因為孩子在車內打架，或是父母試圖邊開車邊打坐在後座的孩子時發生的？根據法律規定，車輛行駛時，你和孩子都必須繫好安全帶，孩子也要坐在安全座椅上。既然汽車是大多數家庭不可或缺的交通工具，找到讓每個人在開車時都能安全舒適的方法就變得非常重要。

讓孩子參與健康的活動也很重要，而這經常牽涉到開車接送——這不表示你要買一輛豪華轎車並穿上司機制服。相反的，你可以利用這個接送安排的時機，為孩子做番機會教育，告訴他們如何尊重他人並解決問題。

給父母的建議

①孩子在安全座椅坐好或是每個人都扣好安全帶之前，不要發動引擎。每個孩子都要有自己的座位和安全帶，才能確保安全。孩子知道你何時會說到做到，何時可以操控你屈服於他們的要求。

②決定你的做法。讓孩子知道，當你認為車內太吵而無法專心開車時，你會把車子停到路邊，直到一切冷靜下來為止。讓他們明白你只會在開車以外的時間討論問題。如果孩子開始大吵或打架，你只需把車停到路邊等待，不需要說話。你可以視情況重複這個過程幾次，直到孩子知道你是認真的。

③如果孩子在坐車時會製造問題，請預留多一點抵達目的地所需要的時間，讓你有機會訓練孩子。當孩子解開安全帶或出現任何讓駕駛變得不安全的行為時，把車子停到最快可以停靠的地方，讓他們重新繫好安全帶。最好不要說話。當孩子已經事先知道規則時，你的提醒反而是一種對他們的不尊重。行動勝於雄辯。

提前計畫，預防問題發生

①在車上為家裡每個人配備合法的座椅裝置，並確實使用。

②讓孩子從小就習慣開車旅行，並經常進行短途旅遊。如果是長途旅行，經常停車讓孩子有

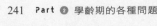

機會出去走動、跑跳和伸展。在車上放個計時器可能會有幫助，這樣孩子就能看得到距離下次停車還有多少時間。

③在上車之前，請孩子提供讓這趟旅行更舒服有趣的建議。請他們討論安全規則。孩子在參與制定規則之後，會更願意合作。

④如果你進行的是長途旅行，讓孩子帶上喜歡的玩具和書籍做為娛樂。如果是嬰兒的話，在孩子有更多坐安全座椅的經驗前，至少要有一名大人陪他坐在後座。有些家庭會準備特別的籃子或背包，裡面裝滿專門在車上使用的玩具。其他家庭則會在車內的ＤＶＤ播放器上播放影片。

⑤如果孩子為了誰能坐在前座而吵架——哪個孩子不會為此爭吵？——讓他們想出輪流的辦法。當孩子準備好輪流時，請他們告訴你。你不需要知道他們如何輪流，他們知道就好。如果孩子又吵起來，就請他們乖乖坐到後座，直到準備好為止。

孩子學到的生活技能

孩子會學到，車內並不是一個可以亂動或製造危險情況的地方，他們可以透過合作，維護家人的安全。父母會說到做到，並以有尊嚴和尊重的方式貫徹執行。他們也會明白，父母能確實考量孩子的需求。

教養指南

①花時間訓練孩子。至少提前十分鐘出發。這樣在孩子試探你是否會說到做到時，你還可以乘機把車停在路邊讀本小說。

②每個人都需要繫好安全帶。你自己就更不用說了。

進階思考*

瓊斯一家非常興奮。他們剛剛計畫好沙灘一日遊的行程。七歲的傑森和五歲的珍妮承諾不會吵架。瓊斯先生則警告他們：「如果你們吵架，我們就會掉頭回家。」

結果，孩子還是吵架了，而爸爸媽媽並沒有說到做到。於是同樣的事情繼續發生。傑森和珍妮一整天吵架，瓊斯先生和太太則繼續威脅他們。

在這一天快結束時，瓊斯先生和太太很生氣，並威脅孩子們，永遠不會再帶他們到任何地方去。傑森和珍妮對自己把父母搞得這麼不開心感到難過。他們開始覺得自己真的是壞孩子。

現在讓我們來看看史密斯家庭。

他們剛剛透過每週一次的家庭會議，一起計畫了全家的動物園之旅。計畫裡有一部分

＊改編自簡・尼爾森、謝瑞爾・艾爾文（Cheryl Erwin）和史蒂芬・格倫合著的《給繼親家庭的正向教養》（*Positive Discipline for Your Stepfamily*，暫譯），英文版的電子書可在www.focusingonsolutions.com上取得。

是關於限制和後果的討論。

在討論過後，孩子們承諾不吵架。

史密斯太太說：「如果你們忘了遵守承諾，我們就會停車，知道了嗎？我們認為你們吵架會讓開車變得不安全，所以會把車停到路邊，直到你們停止吵架為止。在你們準備好讓我們開車時，再告訴我們。你們覺得這個解決辦法如何？」

兩名孩子都以純真的熱情答應了。

不出所料，孩子們很快就忘了自己的承諾，開始吵起來。史密斯太太迅速且安靜地把車停到路邊。

她和史密斯先生拿出雜誌閱讀。

兩名孩子互相指責對方，辯解自己是無辜的。

史密斯先生和太太不理他們，繼續看雜誌。

過不了多久，孩子們就了解到，爸爸和媽媽會說到做到，他們同意停止吵架。

史密斯先生和太太停止使用言語，而是採取溫和且堅定的行動貫徹執行。

孩子就是孩子，他們想再試探一下。當父母再次貫徹自己說過的話時，孩子們才會終於認清父母真的會說到做到。他們得到的是這種感受，而非自己是個壞孩子，而且他們也會認為自己非常聰明，才能找出解決辦法，而合作就是最有效的替代方案。

要讓貫徹執行有效，「溫和且堅定」就是你要記住的關鍵詞。

手機

「十歲的女兒堅持，因為她所有的朋友都有手機，她也想要。我認為她的年紀還太小。我給了十五歲的孩子一支手機，是因為想知道他在哪裡，並隨時能夠和他保持聯繫，但他每個月花在打電話和傳簡訊上的費用很驚人。我不想拿走他的手機，但我實在負擔不起他這樣的花用。我該怎麼辦？」

了解孩子、自己和情況

孩子想要手機，是因為手機可以用來跟朋友聊天、拍照、傳簡訊、耍酷、玩遊戲和上網。你希望孩子有手機，是因為你擔心他的安全，需要保持聯繫。或許你也害怕，如果你不給孩子手機，他會對你生氣。或者，更糟的是，你擔心孩子是否會有被剝奪了什麼似的感受。情況已遠非你能控制。現在不管是大人或小孩，幾乎都是人手一機。有手機已經變得和有牙刷一樣重要。

你生活在一個科技蓬勃發展的網路世界裡，孩子似乎比你更適應這個新世界，但你仍想為他提供一點指導，希望本章節給你一些指引。

給父母的建議

①如果你不希望給孩子手機，請說「不」！你可以告訴孩子，如何與何時可以使用手機。如果孩子需要與你聯繫，為他購買預付的電話卡。

②如果你決定給孩子手機，請他負責部分的花費。如果孩子沒有錢支付多出的電話費，告訴他，你會暫時保管手機，直到他將這些額外的花費還給你。

③如果孩子有超支傾向，幫他購買預付卡，在用量屆滿時，除了可以打緊急電話外，還能自動切斷連線功能。

提前計畫，預防問題發生

①在舉行家庭會議時（或是開會一起解決問題時），事先討論孩子使用手機需要遵守的規定。確實讓孩子知道自己每個月有多少分鐘通話費和上網流量，如何檢查使用的時間和流量，以及違反規定會有何後果。讓孩子知道夜間免費通話的時段，為孩子制定超過使用額度時的支付方法。讓孩子們明白，手機是多麼不小心就會使用過量而產生額外費用。

②如果你決定讓孩子擁有手機，在進一步的研究證明手機發出的輻射不會導致腦瘤前，請他務必使用耳機，並向孩子解釋手機所具有的潛在危險。

③請孩子去了解並告訴你學校關於使用手機的規定，並一起進行討論。

④不要讓孩子一邊開車一邊使用手機。在美國，有些州會對此進行罰款，但即使沒有罰款，剛學會開車的孩子也需要專心駕駛。

⑤與孩子討論使用手機的禮儀，以及在看電影時或在其他公共場所關掉手機的重要性。討論為什麼在與他人互動時，講手機是不禮貌的事。

⑥與孩子討論如何應付電話詐騙和電話行銷。在手機安裝即時來電辨識與封鎖的應用程式，以減少接到電話詐騙和電話行銷的機會。

孩子學到的生活技能

孩子會學到如何為重要事項設定優先順序並做好預算。孩子也將學會如何負責地使用手機以及使用的相關禮儀。

教養指南

①擁有手機並非孩子與生俱來的權利。提供孩子手機並不是你的工作。

②如果你想以全球定位系統追蹤孩子的手機，請不要低估他們的創造力和想像力。你可能會花很多力氣，以為自己掌握了孩子的位置——最後卻發現他們把手機放在別的地方。

進階思考

一位父親告訴他就讀小學的雙胞胎孩子，就讀中學以前都不能有手機。

當孩子上六年級時，他們再次提出想要手機的需求。父母告訴他們：「請說出十個你們需要使用手機的好理由。」

當孩子想出的第一個理由是打電話回家時，這名父親不禁笑了起來。

「對，」他說：「我相信你們會一直打電話給我們。」

第二個理由並沒有好多少。孩子說他們需要手機，是因為這樣父母也可以打電話給他們，父母的回應則是：「我們其實不需要經常打電話給你們。」

在孩子試著提出更多理由的過程中，原因變得越來越清楚：他們想要手機，是因為其他人都有。

這對父母是明智的。他們告訴孩子，手機每月最低花費大約是一週五美元。當孩子說願意從每週十美元的零用錢中扣除時，父母提出了另一個計畫。他們表示，只要孩子願意負責使用過量多出來的費用，他們就會幫忙分攤資費。父母還建議，如果孩子欠錢了，不能預支，手機將由父母保管，直到他們付清所有使用過量的費用為止。

父母還表示，他們會幫忙購買基本款的手機，但如果孩子想要高級一點的手機，就必須自己付錢。孩子問他們是否有所選擇，父母說「沒有」。即使孩子不得不把看電影和吃午餐的錢都拿來彌補使用過量的花費，父母仍然堅持自己的立場。不久之後，這兩個孩子便成為負責任的手機使用者。

家事

「想讓孩子做好他負責的家事，根本就是一場持續的戰鬥。他總是說他會做，但如果沒有經常被提醒、被懲罰，他就不會做。我很想放棄，全部自己做，但我知道他需要學會負責。也許他只是年紀太小了。孩子究竟要到幾歲，才是可以幫忙做家事的年齡呢？」

了解孩子、自己和情況

對於孩子而言，做家事永遠不會有早或晚的問題。孩子需要知道他是重要的、有用的、是可以對家庭有所貢獻的成員。如果孩子沒有以正面的方法得到滿足感，就容易以不太正面的方式去感受到自己的重要。

讓孩子幫忙做家事，可以培養他們的技能，讓孩子感覺自己有用，並教導他對需要完成的工作以及對完成這些工作的人心懷感謝。父母可能會想要自己完成全部的家事，認為自己動手做更容易、能夠把事情「好好」完成。但如果父母採取這種態度，就會剝奪孩子學習合作和負責任的機會。

給父母的建議

①讓孩子一起腦力激盪，列出可以幫忙完成的家事清單。

②花時間訓練並與孩子一起做家事，直到他學會如何把家事做好為止。當孩子認為自己可以獨立做家事時，讓他知道需要幫忙時可以來找你。放手讓孩子自己做，除非他請你幫忙，否則不要介入。如果有問題，請在家庭會議解決，不要在當下進行批評。

③提供孩子兒童尺寸的設備，像是小掃帚、雞毛撣子或小型的園藝工具。

④設定一個全家共同做家事的時間，而不是給孩子做家事的清單。使用「只要——就——」的句型，例如：「只要你把家事做完，就可以出去玩。」

⑤注意孩子付出的努力，而不是工作的品質。如果幼童在把碗盤從洗碗機裡拿出來歸位的過程中，對家事已經失去了興趣，感謝他幫忙做好了一半，而不是堅持要他把全部做完。

⑥發生意外時，請避免懲罰。專注在解決問題上。如果孩子把狗糧灑到地上了，問他：「你要如何解決這個問題？」這時更適合機會教育，告訴孩子錯誤是學習的美好機會。

⑦不要因為孩子有很多功課要做或是要參加運動比賽，就出於擔心而幫忙完成他該做的家事。協助孩子進行時間管理，才能讓孩子有辦法繼續幫忙做家事。

⑧在打掃時唱歌或是播放有活力的音樂。

⑨確認孩子做的是適齡的工作。請參考下列清單（請記得與兩到三歲的孩子一起工作，不要

期待他們獨自做好家事）。

兩到三歲的孩子

- 把玩具撿起來歸位。
- 把書和雜誌放到架子上。
- 掃地。
- 把餐巾紙、餐盤、碗筷放到桌上（剛開始可能位置會放得不太正確）。
- 吃完東西後，清理掉在地上的殘渣。
- 清掉碗盤裡的剩菜剩飯後，把碗盤放到流理台上。
- 清理自己吃飯時不小心掉出來的飯菜及桌面。
- 幫忙把採購物品放在低的架子上。
- 把碗盤從洗碗機裡拿出來。
- 折毛巾和襪子。
- 選擇當天要穿的衣服，自己穿好。

四歲的孩子

- 布置餐桌並端上好吃的菜餚。
- 幫忙放好採購的物品。

- 幫忙擬定購物清單；幫忙購物。
- 按照時間表餵寵物。
- 幫忙整理花園。
- 幫忙整理床鋪和吸塵。
- 幫忙洗碗或把碗盤放進洗碗機裡。
- 為家具除塵。
- 為三明治塗奶油。
- 準備冷的牛奶燕麥粥。
- 幫忙為家人的晚餐擺盤。
- 做簡單的甜點（在杯子蛋糕或冰淇淋、果凍、布丁上加配料）。
- 幫忙攪拌馬鈴薯泥或混合蛋糕配料。
- 拿信件。

五歲的孩子

- 幫忙擬定菜單和購物。
- 自己做三明治或簡單的早餐，然後清理乾淨。
- 為自己倒飲料。

- 撕碎沙拉裡的生菜。
- 幫忙將特定的食材放入碗裡。
- 鋪床並打掃自己的房間。
- 清洗水槽、馬桶和浴缸。
- 清洗鏡子和窗戶。
- 將白色和其他顏色的衣服分開來洗。
- 幫忙折洗好的衣服並把它們放好。
- 接電話並開始幫忙打電話。
- 幫忙整理花園。
- 幫忙整理車子。
- 幫忙丟垃圾。

六到八歲的孩子

- 拍打地毯。
- 為花草植物澆水。
- 幫忙剝菜。
- 煮簡單的食物（熱狗、水煮蛋、烤麵包）。

- 準備自己在學校吃的午餐。
- 把自己的衣服掛在衣櫃裡。
- 採集給壁爐烤火用的木頭。
- 耙集落葉和雜草。
- 帶寵物散步。
- 將垃圾桶洗乾淨。
- 清理車內。
- 將放餐具的抽屜整理乾淨。
- 負責照顧寵物，例如：倉鼠或是蜥蜴。

九到十歲的孩子

- 更換床單，把髒床單放進洗衣籃裡。
- 操作洗衣機和烘衣機，測量要加入的洗滌劑和漂白劑。
- 幫忙購買日用雜物，製作購物清單並比較價錢。
- 如果是騎腳踏車可以到達的地方，讓孩子自己赴約（看牙醫、看醫生、上學）。
- 用蛋糕粉做餅乾和蛋糕。
- 為全家人做飯。

- 接收並回覆自己的信件。
- 照顧客人。
- 計畫自己的生日派對或其他聚會。
- 使用簡單的急救用品。
- 幫忙社區事務。
- 縫紉、針織或編織（甚至使用縫紉機）。
- 清洗家庭用車。
- 打工賺錢（做保姆、整理社區的公園）。
- 打包自己的行李箱。
- 對自己的愛好負責。

十一到十二歲的孩子

- 哄弟妹入睡，讀書給他們聽。
- 清理游泳池和泳池區。
- 處理自己的雜務。
- 修剪草坪。
- 幫忙父母動手做東西。

● 清理烤箱和爐子。
● 負責回收紙張。
● 處理家裡的雜務。

提前計畫，預防問題發生

①利用家庭會議來分配家事。
②當你與孩子陷入拉鋸戰時，可以這樣對他們說：「讓我們把問題放在家庭會議，在彼此感覺好一點時，再來解決。」
③如果孩子忘記做家事，請保持幽默感。一名母親把一鍋湯端到餐桌上，假裝把湯舀到想像的碗裡。當晚負責擺餐具的孩子突然意識到自己忘記該做的工作，於是在湯汁快滴到桌面之前，迅速地把碗拿過來放好了。
④如果孩子忘記做家事，可以使用雙方同意的其他非語言暗號來加以提醒。許多孩子喜歡在桌上把盤子反過來放的暗號。當盤子反過來放時，就是在提醒孩子，在坐下來吃飯前，還有需要完成的工作。
⑤針對三到四歲的孩子，製作一個家事選擇輪。在上面張貼代表不同家事的圖片，例如除塵、擺設餐具、從洗碗機中取出碗盤、清理水槽，或是將衣物放入洗衣機或是烘衣機裡。

將這些圖片貼在紙盤的邊緣。以厚的勞作紙製作一支箭。用鋼釘在箭和紙盤中心打一個孔，使箭頭可以繞著紙盤旋轉。讓孩子轉動家事選擇輪，看看今天要做的家事是什麼。

⑥對於四到六歲的孩子，列出適合孩子年齡做的家事。將各種不同的家事寫在紙上，依照適齡程度，將紙張放進不同的盒子裡，將此做為家庭會議的一部分，讓孩子選出當週每天要做的兩件家事。他們可以在下次的家庭會議挑選新的家事，就能避免有人一直做同樣的家事。

⑦對於六到十四歲的孩子，在廚房的白板列出當天需要完成的家事（每名孩子至少兩件）。每名孩子（以先到先選為原則）都可選擇想做的家事，完成後就能在白板上把它劃掉。

⑧十五到十八歲的孩子可能已經擁有很強的解決問題能力。在家庭會議上定期討論需要做的家事，並擬定適合每個人的計畫。

⑨避免嘮叨和提醒。如果孩子忘了做家事，請孩子檢查家事清單，看看是否完成了全部家事。

孩子學到的生活技能

孩子會意識到自己是家庭的一份子，家人需要他的幫助。他有能力、會做事，能夠幫助自己與他人。

教養指南

①孩子在三、四歲後會逃避做家事是很正常的（還記得孩子在兩歲時說「爸爸，我幫忙！」

「媽媽，讓我做！」嗎？如果你經常說「不，你還太小。去玩。去看電視」這樣的話來阻止他，現在你就明白為什麼很難再鼓勵他幫忙），然而，儘管孩子逃避做家事是正常的，卻不意味著他不應該去做。

②孩子並非天生就具備以快速和有效率的方法完成工作的能力。事實上，請孩子幫忙通常就意味著將為你帶來更多的工作。但是，你在讓孩子參與並訓練他做家事時額外付出的這些心力，將會是值得的，因為他將學會包括遵守承諾、提前計畫、貫徹執行、時間管理，並且同時處理多項工作的技能。

③當孩子沒把家事做好時，不要施加懲罰。在家庭會議時討論問題，並提出解決方案。

進階思考

三歲的克莉絲汀向媽媽詢問能不能幫忙打掃房子，準備迎接即將前來共進晚餐的客人。媽媽問她想不想清理洗手間，她說：「好！」

克莉絲汀帶著一罐清潔劑和一塊布走進浴室。打掃完後，克莉絲汀對媽媽說：「洗手間洗好了！我喜歡幫妳打掃。」

結果，媽媽很忙，忘記檢查克莉絲汀的工作。

很多客人在當晚用了洗手間，都沒說什麼。他們離開後，克莉絲汀的媽媽才有機會走進洗手間。

令她驚訝的是，她發現克莉絲汀用掉了整罐清潔劑，洗手間裡到處都是白色的粉末。

克莉絲汀的媽媽一想到客人在用洗手間時會有的念頭，不禁笑了起來。她也明白一件事，就是：克莉絲汀需要更多時間練習如何使用清潔劑。

零用錢

「孩子幫忙做家事，需要給他零用錢嗎？」

了解孩子、自己和情況

零用錢能讓孩子有機會學習到許多與金錢有關的寶貴經驗。孩子對賺錢、儲蓄和管理金錢了解得越多，未來就越能避免發生向你借錢卻在承諾後從未償還的狀況，甚至避免孩子因此衍生發脾氣、乞求、偷竊、販賣毒品等情形。你應該根據你的預算來決定該給孩子多少零用錢。

如果你將零用錢作為懲罰或獎賞的方式，傳達出的將是負面訊息，因為這可能引發你和孩子之間的拉鋸、報復和操控。當你定期給孩子固定的零用錢，讓他們學習生活技能，你所傳達的訊息便是正面的。做家事是個別問題，不應該與零用錢牽扯在一起。

給父母的建議

①如果孩子把錢用完了，不要拯救他。當孩子用錢不慎，試著哄騙你給更多錢時，以有尊嚴和尊重的態度說「不」。你可以說：「我知道沒錢令人心煩，等待很困難，但星期六才是發零用錢的日子。」

②保持同理心，不要試圖修復任何事。你可以說：「我相信你一定很失望，因為你的錢不夠，沒辦法去看比賽了。」

③你可以像顧問般提供孩子們預算建議，但只有孩子要求時才這麼做。

④幫助孩子探索事情發生的經過、事件的起因，他們從中學到什麼，又該如何在未來避免類似的問題。唯有在孩子同意探索自己選擇所造成的後果，以及你真的好奇於孩子的想法時——這種做法才會有效。若以探索之名行教訓之實，是不會有效果的。

⑤你可以在孩子把錢用完時，提供貸款並討論償還的方法（這與拯救不同）。與孩子一起擬定還款計畫，並在扣除零用錢的金額上達成共識。給孩子的貸款金額不要過高，讓他們還有餘裕過完一週。另一種可能性是，擬定一份讓孩子可以賺外快或幫忙的工作清單，藉此償還貸款。在第一筆貸款還清之前，不要提供新的貸款。

⑥不要以取消或限制孩子的零用錢，做為預防或懲罰孩子不當行為的威脅手段。

提前計畫，預防問題發生

①在舉行家庭會議時，定期討論錢的問題，分享自己在用錢方面曾經犯過的錯誤，以及你從中學到的經驗（切忌說教或勸說）。讓其他家庭成員也有機會這麼做。創造出輕鬆的氣氛，讓每個人在學習時也能開懷大笑。

②對於兩歲到四歲的孩子，你可以給他一塊、五塊、十塊的零錢和存錢筒。每年多增加幾枚硬幣，或甚至是五十塊。孩子喜歡把錢放進存錢筒，你也能幫助孩子在不知不覺中養成儲蓄的好習慣。

③對於四歲到六歲的孩子，你可以帶著他和存錢筒一起去大銀行裡開設儲蓄帳戶。每隔一到三個月，就帶孩子到銀行存錢。看著存簿裡的數字成長，會是很有趣的經驗（如果父母本身還沒開始這麼做，這也能鼓勵父母養成儲蓄的習慣）。

④協助孩子擬定儲蓄願望清單。他可以另外擁有一個存錢筒，專門為了願望清單存錢。如果孩子在購物時說「我可以買這個嗎？」你可以說：「你想把它添加到願望清單上，並為它存錢嗎？」（孩子很少會為了買東西存錢，但如果是你花錢，他就會想買。）你也可以建議，只要他能存到一半的錢，你就會負責出另一半。你只要以溫和堅定的態度提出建議，就能避免許多和孩子一起購物時遇到的麻煩。

⑤對於六歲到十四歲的孩子，安排時間與孩子一起計畫，共同決定零用錢的金額，如何將錢

分配到儲蓄和每週的花費，如午餐和娛樂。你也可以鼓勵孩子，為捐給社區組織和有需要的人而存錢。

⑥為零用錢制定規則，例如，「零用錢只在每週一次的家庭會議期間發放。如果在那之前花完了，你便有機會了解那是什麼樣的感受以及該做些什麼——像是在沒錢的情況下生活，或是找工作賺外快。」

⑦根據孩子需求增加的情況，定期（一年或半年）斟酌是否提高零用錢的金額。有些家庭會固定在孩子生日時增加零用錢。

⑧對於十四歲到十八歲的孩子，可以增加買衣服的零用錢，讓青少年孩子學習如何做預算。從小就學會管理金錢的孩子，能夠很快掌握買衣服的預算。一開始不要真的給錢，而是告訴孩子採購金額的上限；然後從總金額扣掉他們購買的金額。孩子很快就會發現，如果他們在衣服上花太多錢，就不會有足夠的錢買適合的衣櫃。買衣服的零用錢可以每月、每季給一次，或是每年兩次。

孩子學到的生活技能

在開始給孩子零用錢後，他們將有機會學習如何賺錢，在預算內花錢，而非欠債；按時支付帳單，存錢買重要的東西，償還貸款，並擁有掌握財務狀況的控制感。透過進行與金錢有關的決定（無論是好是壞），並在不被懲罰或羞辱的情況下從這些決定的後果中學習，將能幫助孩子培養出判斷能力。孩子將會學到如何做預算，這個技能將令他一輩子受用。

教養指南

①以零用錢做為懲罰或獎賞的方式，只是一種具有短期效果的解決方案。將給零用錢做為傳授孩子金錢觀的機會，則是為孩子培養生活技能並具有長期效果的教養方式。

②如果你缺乏理財技能，請尋找能幫助你學習並教育孩子的資源。由琳・洛特和莉琪・因特納合著的《做家事，不爭吵》是協助你達到這個目標的絕佳資源。

進階思考

有位父親說：「當女兒衝到我面前說『爸爸，我想要買幾件名牌牛仔褲』時，我已經學會告訴她：『聽著，孩子，我買衣服是為了讓妳遮蓋身體，而不是裝飾，我在任何一間購物中心都能以二十五到三十美元的價格替妳購買。妳需要的是樸素，但想要的是風格。如果妳想與眾不同，就要自己做點貢獻，因為我需要處理其他許多與財務有關的壓力和問題。』」

在美國，有一段時間，孩子穿牛仔褲是因為父母窮困；現在父母的窮困，卻是因為孩子愛穿牛仔褲。

一名父親注意到，他的錢包和放在衣櫃夾層裡的錢不見了。他的六歲女兒某天拿來一個裝滿錢的存錢筒，說是她找到的。這名父親非常沮喪，想知道為什麼女兒會偷錢。

在進一步了解後，這對父母發現自己曾告訴過女兒，只要她存夠三十美元，就可以買一輛新的腳踏車。她每週拿到的零用錢是五十美分，她很快就發現自己要花很長的時間才有辦法買到腳踏車。聰明的她就想出一個更快買到腳踏車的方法。

這對父母不想讓六歲的女兒因此開始偷竊，決定將她的零用錢提高到每週兩塊美元。他們告訴她，如果她每週為腳踏車存下一半的零用錢，他們願意負責另一半的費用。然後他們拿著日曆和女兒一起坐下來，討論要存到三十美元需要多久時間。他們說，如果不想等那麼久，她可以做些張貼在廚房裡清單上的工作來賺外快。

一個月內，這個勤勞的孩子就存夠了三十美元，再也沒有發生過偷竊的事。

穿衣服的拉鋸戰

「當孩子拒絕穿上我為他挑選的衣服時，該如何回應？」

了解孩子、自己和情況

你希望孩子學會自己思考，然而你還是經常幫他思考——特別是在孩子可以放心表達意見的時候——比方說決定自己的穿著。你希望孩子培養出健康的自尊心，卻又不給他機會體驗自己的能力（這是形成健全自尊心的主要因素之一）。透過讓孩子在某些領域發揮正向的能力，你也能避免掉許多的拉鋸。穿著是其中的一個領域。

在孩子沒有「適當」穿著時，只要你不再擔心他人的眼光，就有機會讓孩子透過選擇穿著來培養個人風格，表達自我。

給父母的建議

①是的，你可以按照自己喜歡的方式為小寶寶穿衣服。但，很快的，孩子會開始對自己喜歡和不喜歡穿的衣服發表意見。盡早讓孩子開始選擇自己的衣服。問問自己，「孩子在穿著上整齊乾淨、顏色搭配比較重要，還是具有能力和自信比較重要？」當孩子出門時穿得很混搭或是「很糟糕」的衣服時，微笑接受。讓孩子體驗自我選擇的後果並從中學習。孩子的同儕朋友會給他很多回饋——說不定他們還能帶動一股新風潮呢！如果孩子有興趣學習搭配顏色，幫忙他做選擇，讓孩子將你視為顧問，而不是指揮他。

②當孩子對穿著風格有更多的想法後，帶他一起購物，並在預算範圍內讓孩子做些選擇。讓

孩子參與事前的計畫，提前決定需要買什麼——多少件褲子、上衣、內衣，還是多少雙鞋子、襪子等。幫孩子搞清楚每件衣物的價錢，這樣他就知道，如果在一件衣服上花太多錢，就必須捨棄另一件衣服。

③如果孩子穿著合宜對你來說很重要（比方說：總統要和你們共進晚餐），向孩子說明這個場合的重要性，請他合作。可以用交換的方式向孩子提出邀請：「如果你能在重要場合為我做到這一點，我會很感激，而且一星期有六天都不會煩你。」

④如果你真的擔心孩子的穿著方式，可以在到校時間的十分鐘前坐在學校門口觀察。你可能會發現，孩子為自己挑選的衣服完全不會顯得突兀。

⑤如果孩子穿著學校制服去學校，結果在某幾天和同學打架，或是把制服扯破了，由老師來讓孩子體驗自己選擇錯誤的後果。

⑥所有孩子都會有一段時間讓人對他的穿著方式感到擔心：穿得太黑，穿得太露，穿太多低腰褲。只要你願意傾聽孩子，也可以將自己的感受與孩子分享。除非你聽起來像在說教，否則孩子也會有興趣聆聽你的意見。

提前計畫，預防問題發生

①在晚上選個時間（做為就寢慣例的步驟之一），讓孩子挑選隔天要穿的衣服。當孩子有足夠的時間挑選衣服時，通常會選得很快。孩子經常以時間不夠當做叛逆的理由。例如你只

給他很短的時間做選擇時，孩子通常會想穿那件壓在洗衣籃底下的襯衫，而且堅持要在二十分鐘內被洗好、曬乾、燙好，告訴那是他唯一想穿的衣服。

②在冬天時把夏裝收進收納箱裡（反之亦然）。這會減少很多不合理的選擇。

③給孩子購衣津貼。如果孩子知道自己必須等到下一次發購衣津貼才能買新衣，就會好好照顧衣服。

④如果孩子與朋友交換衣服，不要介入。許多孩子以交換衣服來擴充自己的衣櫥。如果孩子與朋友交換的衣服被搞丟了，或是朋友沒有歸還，允許孩子體驗行為後果，並等到下次發放購衣津貼時，再讓他去補買丟失的衣物。

⑤尊重孩子的意願，避免引起反抗。如果你擔心朋友怎麼看你孩子穿的衣服，問問自己——朋友真的會以為這是你為孩子挑選的服裝嗎？

⑥教孩子把髒衣服扔進洗衣籃裡，而不是重新穿上。

孩子學到的生活技能

孩子將會學到的是，別人會尊重自己的選擇，只要這些選擇對他自己或是其他人不會造成傷害。他可以從自己的錯誤中學習並培養判斷能力。有時候，表達尊重比表達自己更為重要。

教養指南

①尊重贏得尊重。當你尊重孩子時，他更有可能尊重你合理的期待。

②孩子需要透過一些「叛逆」行為來測試自己的力量，並找出自己和父母不同的地方。當你允許孩子在安全的領域裡反叛（例如，即使你很難接受孩子的選擇，也讓他挑選自己穿的衣服），當他長大一點後，會比較不需要在不安全的領域進行叛逆行為（如毒品）。在你干涉孩子做的選擇前，問問自己這些問題：這個選擇會對孩子造成生命危險嗎？以後當我不在孩子身邊時，他會需要自己做選擇嗎？如果孩子的選擇不會造成生命危險，而你希望孩子能夠獨立做出好的選擇，請你不要干涉。

③允許孩子在你身邊時，就學著做出選擇並允許犯錯，你可以從旁給予支持與影響，不要讓孩子因為沒機會學習，而在長大獨立後犯下更大的錯誤。

進階思考

這個故事來自一位為女兒頭痛的父親——他的女兒太有穿著品味了。

這名父親給女兒購買上學服裝的津貼，在女兒衝出去買衣服時，她決定不買太多件衣服，而只買一件設計師雷夫．羅倫（Ralph Lauren）的品牌服飾。

這名父親和女兒認真討論這個決定意味著什麼。

他問女兒：「親愛的，妳有沒有考慮過，妳每天要穿什麼樣的衣服？」

「爸爸，有的，我考慮過。這衣服的品質很好，看起來很正式。這就是我想要的。」

父親又問：「妳知道妳下次購買上學服裝的津貼是什麼時候嗎？」

女兒說她知道，是十二月，而現在是九月初。確認好這一點後，她買了她想要的雷夫．勞倫服飾。

結果不到一個星期，她就穿膩了，她的朋友甚至還問她到底有沒有洗過。這引爆她源源不絕的創造力。

在沒有預算的情況下，她接收了一些父親稍微穿舊了的特大號T恤，拿出縫紉機，以束帶、花邊、緞帶、花式鈕釦和貼花來裝飾T恤。

她竟然這樣撐到了十二月。

當她領到新的購衣津貼時，買了好幾件非設計師設計的衣服來換穿，以保持一點穿著彈性。

如果這名父親自行出門為女兒買新的衣服，並指責她判斷有問題時，就會剝奪她許多重要的學習機會。

經歷過自我選擇的後果，他的女兒變得更有自信並更了解自己——反正最壞的情況，頂多是稍微不方便和尷尬。

當她再次去購物時，她已經表現出更好的判斷力，並更清楚知道自己在做什麼。

藐視、不聽話和叛逆

「我的孩子什麼事都拒絕跟我合作。他就是那種固執的孩子——不服從、不聽話、叛逆。我試過書裡的所有懲罰方法都不起作用。有些人認為他可能患有『對立反抗症』，需要服用藥物。但這對我來說又太極端了，只是，到了這個地步，我真的不知道該怎麼辦。」

了解孩子、自己和情況

你和孩子之間正陷入一場很容易演變成報復的拉鋸戰。你越是將你的意志強加在孩子身上，或是越屈服於他的要求，孩子就越有可能反抗你，你們雙方也會因此變得更加備感挫折。

不服從、不聽話和叛逆的孩子，是上天送給父母的禮物，讓父母有機會練習邀請孩子合作，而不是對孩子行使權力或是過於寬容。

給父母的建議

①你首先要做的是檢視自己的行為。孩子不服從、不聽話和叛逆，往往是對過度控制或過度保護的父母的直接反應。

②如果孩子很愛爭辯，可能是因為身邊有人給他機會爭辯。如果這個人是你，練習讓孩子做最後的決定（這會比你想像的困難。試試看）。

③試著進入孩子的世界，去理解不服從背後的原因。例如：「你之所以生氣，是因為覺得我管得太多？」「你是因為寶寶受到那麼多的關注，而感到受傷嗎？」孩子在生活中發生的事，以及可能引發叛逆的原因，通常你都能猜到。當你猜對時，孩子會感到被認可和被理解。如果猜錯了，再試一次就好。

④盡可能透過提供有限的選擇，再讓孩子主導。例如，你可以問孩子：「你準備好自己過馬路了嗎？還是想讓我握住你的手？」「你想讓我在後面抓住腳踏車，幫助你練習，還是可以自己騎了？」「你開完車後，是否能把油箱至少加到半滿？還是希望不加油而失去開車的權利？」

⑤有些孩子會不斷地挑戰界線，直到被打屁股為止，然後又安靜下來。這些孩子像是被制約一般，要被打了屁股才有辦法停下來。請不要打孩子屁股，而是將不聽話的孩子牢牢地抱在膝蓋上。無論孩子有多掙扎，都不要放手，直到他安靜為止。對年紀較大的孩子，你可以告訴他：「我不打算懲罰你。我很抱歉過去曾使用過這些方法，但現在我希望能改善我們的關係。你做的事情讓我不開心，但我愛你，並希望你能幫助我，讓我們停止爭吵，一

起解決問題。」

⑥不要告訴孩子該做什麼，而是試著問他需要做什麼。「在過馬路之前，你需要做什麼？」「對於你何時還車，我們的約定是什麼？」這通常會刺激孩子思考，並使用自己的力量來解決問題，而不是反抗你直接的命令。

⑦讓孩子知道你需要他的幫忙，對他說：「我對任何你能幫的忙，都很感激。」這通常會邀請孩子合作，而不是反抗。

⑧誠實表達感受也會有幫助。記得使用「我感覺＿＿，因為＿＿，我希望＿＿」這個公式。

提前計畫，預防問題發生

①這是一個讓你學習如何邀請孩子合作的機會。注意你說了多少話。你在大聲命令、嘮叨和罵人嗎？孩子可能因為你說得多、做得少而將父母的話當成馬耳東風。如果情況是這樣，請少說話、多行動。除非你說到做到，否則不要說。如果你是認真的，就投入你的全副注意力。溫和堅定地說出你想說的話，然後貫徹執行。

②對於經常不服從、不聽話或叛逆的孩子，為他安排訓練的時間（包括訓練你自己在溫和時仍保持堅定）。帶孩子去諸如公園這樣的地方。一旦孩子開始出現挑釁行為，抓起他的手，帶他回家，對他說：「我們明天再試一次。」如果你和其他人一起前往，不想破壞他們的興致，可以把挑釁的孩子帶到車上。隨身帶上一本書，在等孩子說「我準備好再試試

看」之前，你就有事可做。讓孩子提前知道會發生什麼。不要小看讓孩子在犯錯後有機會一試再試的效果！

③提供有限的選擇，提問而不說教。詢問孩子的意見和想法。認真傾聽孩子想告訴你的事。

④讓孩子在家庭會議中參與解決問題。當你尊重孩子，讓他參與決策的過程，他們很少會再反抗、不聽話或叛逆。

⑤很多時候，孩子會叛逆和不聽話，是因為感覺到自己獲得的愛是有條件的。確實讓孩子知道，你對他的愛是無條件的——而且你有信心可以找到尊重每個人的解決方案。

⑥選擇你的戰場，對不重要的事情放手。捫心自問，在一週、一個月，或是一年後，是否還會記得或在意現在對你來說似乎很重要的事情？真正的改變，需要花費許多精力提前計畫和貫徹執行，別將精力浪費在不重要的問題上。

孩子學到的生活技能

孩子會學到，當每個人都能互相尊重時，合作比爭辯更有效。父母會說到做到，但也會允許並尊重其他適當的選項。

教養指南

①孩子傾向於合作並做對自己有好處的事情，但如果你不予以尊重，即使要承受極大的個人

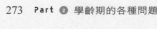

痛苦，他也要向你證明：你不是老大。

②如果你在介入和控制之前稍做等待和觀察，你會發現：孩子通常會做出對的事情。如果孩子犯了錯，你可以幫助他修正，或是問他下次要採取哪些不同的做法。問問孩子：「你想再試一次看看嗎？」通常這樣就足夠了，不要控制或懲罰孩子。

③許多孩子的性格就是非常獨立的。你能夠試著將孩子視為有主見和有自信，而非不聽話嗎？也許孩子需要多一點空間，並正因為你的監督而感到受限。

進階思考

和十三歲的比利相處過的人，都認為他是一個很叛逆的孩子。他確實總是表現出一付什麼都知道的模樣，拒絕聽任何人的話。其他人越是對他大吼大叫，他就越是當成耳邊風，甚至反其道而行。

比利和家人、朋友一起去滑雪。團隊共有十個人，大家都花了很多時間在找比利，因為他喜歡跑在大家前面，並經常上演失蹤記。

每個人都對比利很生氣，輪流對他大聲命令、威脅，或是在他背後說他有多麻煩。沒有人能夠好好享受這趟旅行。

比利的堂哥和他一起搭登山電梯時，對他說：「比利，在我們搭電梯時，我想請你幫我思考一件事。我想聽聽你的意見，但在到達山頂之前，你不用告訴我。因為我們是這麼大的一個團體，我覺得這麼做的效果可能會最好——我想建議大家，在山頂等全部的人到齊後再一起下山。我不知道這是不是一個好主意，所以請你幫忙想一下，等我們出電梯後，再告訴我，你的想法。」這兩個男孩接著繼續談論棒球、學校和朋友。

比利走出電梯時沒說什麼，但在剩下來的時間裡，他都會在滑雪前耐心地等待大家集合，也會更頻繁地停下來回頭觀察並等待落後的人。同時，臉上帶著燦爛的笑容。

比利的堂哥邀請他合作，這讓他感到自己是重要的——因為堂哥想聽他的意見，而不是告訴他要做什麼，或是責罵他。

邀請合作，可以在一個叛逆的孩子身上創造奇蹟。

醫生、牙醫和剪髮

「每當我帶孩子去看醫生、牙醫或剪頭髮時，我都羞愧得想躲起來，希望沒有人知道這個孩子是我的。因為孩子會尖叫、扭動，除非我拖著他，否則他根本就不會進去。這是正常的行為嗎？」

了解孩子、自己和情況

孩子害怕未知是很自然的。一旦看過醫生或牙醫，如果在過程當中有過疼痛的經驗，他自然不會期待未來的看診。你知道孩子必須得到適當的照顧，但你不喜歡看到他受苦。雖然你無法讓孩子避免掉這些必要的事，但你可以採取一些措施，讓所有人在這段過程中，不會感到那麼痛苦和困難。

給父母的建議

①盡可能將這些事情變成一場冒險，例如與逛商店、麵包店或公園的行程結合起來，對孩子說：「我們先去看牙醫，然後去書店。」或是，「你剪完頭髮後，我們可以在麵包店停一下，買一塊你最喜歡的麵包，在午餐時做烤奶酪三明治來吃。」

②對孩子解釋，打針真的會痛，但很快就會好了，而且能幫助他保持健康。

③你可以告訴孩子，你了解他不想剪頭髮或刷牙，但這不是選項。你要以溫和堅定的態度做必須做的事。

④允許孩子哭泣，並安慰他的感受。他可以不喜歡打針或補牙。孩子可能在看完診後會想說說他的感受，但更有可能早就忘了一切。不要因為替孩子難過而延長他的痛苦。

⑤記得拍照。將照片放進孩子專屬的相簿中，這樣你們可以經常談到這種場合，以及他對此

的感受。

⑥如果你的孩子患有慢性病，經常需要醫療護理，盡可能以平常心來看待和處理。在全家的行事曆寫下看診的時間，讓孩子提前做好心理準備。學習如何使用藥物，並在你的監督下，盡量教會孩子自己服用藥物。

⑦如果你很易怒或受到驚嚇，讓爺爺或奶奶帶孩子去看醫生吧。

提前計畫，預防問題發生

①選擇懂得照顧孩子並了解孩子特殊需求的醫生、牙醫和護理人員。他們會配備對孩童特別友善的設備與技術，讓孩子的看診經驗更加舒適。

②調整你的態度。一名孩子患有糖尿病的母親就下了這樣的決定：即便孩子生病，她也同樣會和孩子從事日常活動。

③其中一個最困難的情況是，孩子必須仰賴的藥物攸關生死，例如胰島素的注射。確保不要讓事情演變成雙方的拉鋸。把焦點放在讓孩子參與設想解決方案，讓他產生更多照顧自己的動力。

④如果你難以放手，並正在為了像是打胰島素這類必要的藥物而與孩子產生拉鋸，請尋求他人協助。他們可以是有辦法避免與孩子產生拉鋸的家教老師，或是可以讓孩子在其中分享對彼此有效的解決方案的支持團體。

⑤告訴孩子：保證他們的安全，是你身為父母的責任。
⑥平時就對孩子進行牙齒衛教，以避免蛀牙和牙菌斑。
⑦維持健康的生活和飲食習慣，以減少看醫生的機會。
⑧利用角色扮演與「讓我們來假裝」提前做練習，讓孩子知道會發生什麼以及該如何表現。使用像是「當我們在牙醫診所時，應該這麼做」，或是「當莫莉剪你的頭髮時，你要安靜坐好，安靜到讓她連你在皺鼻子或動眼睛都不會注意到」等詞語。

孩子學到的生活技能

有時為了預防將來出現更嚴重的問題，有必要承受當下的不適。孩子會學到，他可以處理困難的事。

教養指南

①不要因為你自己不喜歡看醫生、看牙醫或剪頭髮，就不做為了孩子健康必須做的事情。
②記住，孩子感受得到你的態度所散發的能量。如果你感到恐懼，他的恐懼就會增加。如果你表現平靜且就事論事，就會讓他感到安心。你的冷靜可能無法完全消除孩子的恐懼，但一定會有所幫助。

進階思考

這是媽媽第一次帶兩歲的布萊恩去剪頭髮。因為布萊恩很害怕，於是媽媽讓他坐在她的腿上，請理髮師將圍布套在他們兩人身上。布萊恩還是不斷扭動，頭一直轉來轉去。理髮師只能剪掉剪得到的頭髮，所以布萊恩最後的髮型並不完美，但布萊恩喜歡理髮師給他的棒棒糖。

下一次剪髮時，布萊恩安靜地坐在媽媽的腿上。剪完頭髮後，他有了一個非常可愛的髮型和另一支棒棒糖。

到了下一次，他告訴媽媽自己可以坐在小朋友高度的座椅上，並且告訴理髮師，他在剪頭髮前就想要兩支棒棒糖。他左右手各握著一支棒棒糖，一邊讓理髮師剪頭髮，一邊輪流舔著棒棒糖，只在有頭髮跑進嘴巴裡時有點不開心。

現在，布萊恩很期待剪頭髮，以及剪完頭髮後再拿到的棒棒糖。

在糖尿病營，孩子學習如何自己在腹部打胰島素。每個人都很害怕，但營隊的工作人員把這件事變成一個遊戲。

他們把所有孩子聚集在一起，包括有糖尿病和沒有糖尿病、但想「湊熱鬧」的孩子。父母們也一起參與。

工作人員問：「有多少人從來不曾在自己的肚子上打過針？」

全部的人都把手舉起來。

他們接著問：「誰是這裡最勇敢的人？」

再一次，所有的孩子都把手舉起來。

接著，護士尋求一位志願者。許多男孩子都舉起了手，護士從其中挑選了一位。

那一天，馬蒂看著九歲的孫子舉手成為志願者，心裡感到無比驕傲。當護士站在隊伍前，往自己的肚子上打了一針生理食鹽水時，她的孫子專心地觀察著。

護士說：「這不會痛，這需要的只是勇氣。」

賈斯汀把針頭插進肚子裡，然後說：「她說的沒錯，真的一點都不痛！」

很快的，所有的孩子、父母和工作人員都敢在自己的肚子上打針，每個人都鬆了一大口氣，歡呼，大笑。

憂鬱

「我的孩子看起來總是很憂鬱。這是生理問題，還是情緒問題？」

了解孩子、自己和情況

每個人偶爾都會感到憂鬱。

「偶爾憂鬱」和「持續憂鬱」之間是有差別的。

當孩子憂鬱時，可能表示他在生活中有令人擔憂的事發生。他可能被酗酒或藥物上癮的父母虐待、騷擾或忽視。重要的是，你要綜觀全局並觀察注意孩子的行為模式。

如果孩子反覆出現憂鬱症狀，請尋求實施非藥物治療的專家協助，並遠離使用抗憂鬱藥物治療孩童的治療師和醫生。孩子的感受是評估嚴重程度的重要指標，但也有一些孩子學會，利用憂鬱的表現來獲得特殊待遇或額外的關注。對他施加藥物治療，將無法碰觸到更深層的問題。

給父母的建議

①保持好奇。針對孩子身上發生的事提出開放性的問題，例如：「有什麼事讓你不舒服嗎？能告訴我嗎？」「你看起來很鬱悶。有什麼我可以幫上忙的地方嗎？」

②針對幼童，你有時可以藉由提出有趣的問題或猜測他的感受來進行了解，例如：「你生氣是因為你的泰迪熊不跟你玩嗎？」「我想我知道你為什麼難過——因為我今天忘了給你呵癢。」「你不開心，是因為我陪妹妹的時間多過於陪你，你希望我能多陪你玩。」

③保持開放。不要以為自己知道孩子為什麼不開心。父母經常以為孩子不開心的原因和自己的一樣。如果父母離婚或有親友死亡，父母通常以為這就是孩子難過的原因，但當他們問孩子有什麼困擾時，可能才會發現：孩子其實是希望有朋友可以一起玩，或是想要零用錢買一件特殊的衣服。

④所謂的「憂鬱症」，有時就像一杯混合多重感受的雞尾酒，其中包含了傷害、憤怒、不

安、怨恨、恐懼和絕望等情緒。不要只是貼上一個流行卻不準確的標籤，而過度簡化孩子的感受。

提前計畫，預防問題發生

①持續與孩子保持溝通。讓孩子知道，你願意傾聽他所有的感受，並且不會取笑他，或告訴他不應該擁有那樣的感受。

②壓抑心頭的憤怒也會造成憂鬱。孩子可能不知道自己可以對應該感到生氣的事情表達憤怒。注意你是否過度控制、過度保護，或對孩子抱有過高的期望。這些情況都可能會造成孩子無意識與潛藏的憤怒情緒。

③孩子會憂鬱的一個常見原因，是認為自己無法達到父母的期望，所以乾脆自暴自棄。感覺自己被愛是有條件的，確實令人感到非常沮喪。讓孩子知道，你無論如何都會愛他。

④不要在孩子吵架時偏袒任何一方，或將任何孩子貼上搗蛋鬼或壞孩子的標籤。如果孩子認為自己不被愛，沒有人站在他那一邊，可能就會感到絕望和無助。

⑤不要對孩子做出虛張聲勢的威脅。如果你說出「你們這些孩子讓我真的很生氣，我要收拾行李離家出走」這樣的話，孩子可能會被嚇到，並以為你說的是真的。孩子需要知道自己是安全的，萬一孩子以為你是認真的，這些在氣頭上做出的威脅，會造成極大傷害。

孩子學到的生活技能

孩子會學到他可以告訴大人困擾自己的事，而且有人可以和他說話。他不必自己解決所有的問題或帶著祕密生活。他可以學習如何適當地表達憤怒，不至於轉變成憂鬱症。

教養指南

①不要試圖叫孩子忽視自己的感受，或認為你比孩子更了解他的感受。

②孩子可以偶爾感到不快樂和沮喪的情緒。如果你讓孩子自由表達感受，他可能很快就能轉換情緒。如果你在孩子不開心時強迫他開心，他反而會繼續生氣，藉此表示你無法控制他的感受。

進階思考

同一個家庭中的兩名孩子，表現憂鬱的方式很不一樣。

八歲的女孩威脅要以吞下各種混藥來自殺。家人和她一起接受諮商治療。在諮商過程中，她坦承喜歡父母的關注，而當她威脅要自殺時，父母給她的注意力是最多的。諮商師建議，也許她的父母可以每天分別花個十五分鐘和她做些有趣的事，來予以關注。

她喜歡這個想法。經過一週的「特殊時光」後，她以「自殺傾向」形式出現的憂鬱症狀便消失了。

另一方面，她十歲的哥哥似乎總是悶悶不樂。

他的憂鬱是壓抑的憤怒。諮商師請他描述一天的生活，其中包括了六個小時或更長的時間，總是自己一個人看電視。

諮商師對父母表示擔憂，看電視會令人上癮並對他有害，他們需要幫助孩子想出其他消磨時間的方式。父母同意限制他看電視的時間，但他說不知道自己還能做些什麼。男孩的家人、男孩和諮商師一起腦力激盪，列出他在看電視外可以從事的活動。

第一週，這名男孩只是盯著空白的電視螢幕發呆。接下來的一週，他會走過去看看清單，然後坐下來抱著頭發呆。到了第三週，在他意識到父母不會放鬆對看電視的限制後，他開始嘗試清單上的一些活動。

最後，他花了六週多的時間來擺脫憂鬱、重新微笑，並享受其他的娛樂方式。

十二歲的米歐爾無法入睡。他在學校的成績開始下滑，並拒絕吃飯。整體來說：他每天都顯得陰鬱和暴躁。

他的母親很擔心，將他帶到家庭醫生那裡，醫生聽了這些症狀後，立刻開了抗憂鬱的藥給米歐爾。沒有人花時間去了解困擾他的是什麼。相反的，他們尋找原因、做出診斷，然後想出一種治療方法。

有一天，米歐爾在他父親家過夜（他的父母正在辦離婚，而且這場離婚仗已經打了兩年多）。米歐爾和他父親一起看電視時，他問：「爸爸，你打算娶別人，然後把我留給媽媽嗎？」

「米歐爾，」爸爸回答：「你在說什麼？你聽起來很擔心。這個問題是從哪裡跑出來的？你知道我愛你，永遠不會離開你。媽媽和我不會再一起生活，但你永遠都會是我生活的一部分，我一定會想辦法和你在一起的。我以為你知道這一點。」

「嗯，爸爸，是媽媽說，你有一個不喜歡孩子的新女友，而且她可能會叫我不要再來找你，並要你搬到很遠的地方。我不認為這是真的，但是那天……我不小心聽到你在電話上和某個人說：要搬到另外一個州。」

爸爸摟著米歇爾，說：「難怪你會一直擔心。如果你下次再有這種感覺，馬上和我把事情搞清楚。你無意中聽到的談話，是我在對朋友抱怨而已。我不是認真的。你知道，當一個人生氣時，有時也會說反話嗎？我就是那樣啊……我會留下來，如果將來有任何重大的變化發生，我們一定會在事情發生之前好好先進行討論。我愛你。」

公平與嫉妒

「我最大的孩子總是抱怨妹妹得到的比他多，獲得的待遇比他好。他說我不公平。我試著讓一切公平，但他還是認為我更愛妹妹，說她被寵壞了，自己卻很可憐。」

了解孩子、自己和情況

許多父母背負著自己在成長過程中關於公平問題的包袱。我們稱之為「正義問題」。如果不多加注意，我們的「正義問題」有可能遺傳到孩子的身上。父母越是努力想做到公平，孩子就越容易認為不公平。

公平是一種非常個人、選擇性的觀念——對某個人來說公平的事情，對另一個人來說可能不公平。孩子將自己與兄弟姊妹進行比較或感到嫉妒是正常的。這並不意味著父母的工作是去解決所有的問題，或試圖控制全家，好讓孩子不去產生這些感受。

給父母的建議

①當孩子說「這不公平」時，傾聽他們的感受，認同他們，這就夠了，不要太過頭。告訴孩子：「你會感到嫉妒和受傷，是因為你覺得有人比你得到更多。你希望得到同樣的待遇。」如果這不是他們難過的原因，孩子會告訴你的。

②透過啟發性的提問來鼓勵更深層次的分享：關於那件事，你能告訴我更多嗎？你能給我更多例子，讓我知道什麼是你認為不公平的事嗎？還有什麼事在困擾你嗎？還有什麼其他的事嗎？你可以重複問最後一個問題，直到孩子說沒有其他事為止。同樣的，如果孩子感到被好好地傾聽，有時就夠了。

③使用幽默感。例如，如果孩子說：「他為什麼可以晚睡，這不公平！」你可以說：「他當然可以晚睡。那是因為他的雀斑比你多。」然後給孩子一個大大的擁抱。另一個回應是，「沒辦法喔！現在上床睡覺。明早見。」

④讓孩子告訴你，為什麼他覺得事情不公平，他會怎麼做來讓事情變得公平。你可以建議孩子假裝自己擁有一把魔杖，能讓一切變得公平。如果他揮動魔杖，事情會發生什麼變化？你可以決定是否根據孩子的想法來行動。

⑤問孩子：「如果你是爸爸或媽媽，你會如何處理這個情況？」仔細聆聽他的想法。

⑥對孩子說明你做出決定的理由，但不必覺得你需要加以辯護。

⑦將問題放到家庭會議，讓孩子決定如何做到公平。可能的做法包括：讓孩子自己動手做；讓一名孩子負責分東西，另一名孩子先選；讓孩子選號碼或是把一隻手放在背後。讓孩子們進行腦力激盪，尋找每個人都能接受的解決方案（相關範例請參考後述「進階思考」）。

提前計畫，預防問題發生

①定期舉行家庭會議，讓孩子可以將對他而言重要的事情放在議程裡。在開會時，詢問孩子是只想抱怨還是希望家人一起解決問題。兩種做法都可以。

②探索自己的公平情結。回想你小時候認為哪些事情不公平，並注意你是否也在教孩子抱持

同樣的看法。問自己，你真的想這麼做嗎？

③如果你心裡有一個「公平按鈕」，想辦法擺脫。孩子會知道如何按這個「按鈕」。

孩子學到的生活技能

孩子會學到平等並不意味著相同，理解差異比接受一個人的公平觀念更為重要。他還會學到解決問題的技巧，以及在彼此意見不同時，各種做選擇和決定的方法。

教養指南

①了解孩子為什麼會這麼想，他們有什麼樣的問題，比試圖糾正情況或防止不公平的事發生來得更重要。

②當父母表示好奇或將問題丟回給孩子，「這不公平」就不會再是操控父母解決事情的表達方式。一位父親只是透過說「我不管公不公平的問題」，就停止了孩子對不公平的抱怨。

進階思考

三個分別是五歲、七歲和八歲的孩子，總是為了誰可以坐在廂型車後座窗戶旁邊的位置而爭吵。無論父親解釋多少次，告訴孩子一定得輪流才會公平，最後必須坐在中間的人總是會感到受傷和抱怨。

有一天，父親惱怒地說：「我相信你們三個人可以想出一個人人都能接受的計畫，讓你們不會為了誰能坐在窗邊而吵架。我不在的時候，請你們想出這個計畫。我也不想知道是什麼計畫。你們準備好在不吵架的情況下分享窗邊座位時，再告訴我。」

幾天後，這三名孩子來到父親面前，說：「我們想好一個關於分享後座的計畫了。」父親說好，看著他們上車，在各自選好的座位上扣好安全帶。

這幾週來，孩子們好像透過魔法一般，根據父親不知道的某種神祕系統在輪流著。

有一天，孩子們又開始為了座位問題爭吵。

父親說：「你們的分享計畫近乎完美，但看來還有一點問題。好好想辦法解決，當你們準備好讓我開車時，告訴我一聲。」

然後父親就坐在車裡讀他的雜誌。

孩子們在兩分鐘內解決了問題，從那天起，座位輪流也很順利。

身為成年人，我們經常以為自己是唯一能使事情公平的人，但是孩子對於正義的理解可能與我們很不一樣。而在我們找到雙方平衡理解的答案之前，抱怨和爭吵會一直存在。

你要相信孩子，他們能夠解決你以為只有父母才能解決的許多問題。

和朋友吵架

「我的孩子似乎經常和朋友吵架。我該如何幫助他？」

了解孩子、自己和情況

身為父母，當孩子與朋友吵架，看到孩子受傷、遭到拒絕和孤立，是一件很痛苦的事。然而，這似乎是成長經歷的一部分。儘管孩子和朋友吵架時看起來很痛苦，但他們通常比成年人更快就能克服。

你認為自己應該保護孩子避免經歷生活中出現的問題，是錯誤的。不要扮演拯救者，多以旁觀者、傾聽者、教練和啦啦隊長的身分來幫助孩子。透過這種方式，孩子會學到如何以建設性的方法面對生活的體驗——或是面對痛苦；而且，只要生活繼續前進，痛苦會消失的。

請注意，我們談的是正常的生活經歷，不是由異常經歷所造成的痛苦，或是與性虐待、幫派、霸凌或種族歧視等有關的安全問題。朋友間的吵架和孩子成為受害者、感到無能為力之間，是有區別的。如果發生的是後述情況，你需要積極介入，尋求外力協助，以及（或是）幫助孩子在安全無虞的情況下，去處理超出他能力範圍的事。

給父母的建議

①保持同理、傾聽，不試圖拯救孩子或解決問題。

②表達對孩子的信任。「親愛的，我知道這讓你很受傷，但我相信你找得到辦法處理。」

③提供支持。「如果你需要與人對話，或是需要任何建議，請告訴我。我會建議進行腦力激盪，一起想出一些辦法。你可以決定哪些辦法對你有用。」

④不要把孩子當成受害者，否則他也會學著將自己當成受害者。

⑤當孩子不想看到某個朋友或和他一起玩的時候，支持孩子的決定，不要強迫孩子與朋友和好。如果孩子決定與某個朋友斷交，相信他的決定。他可能有很好的理由，不願意繼續和那個朋友來往。

⑥如果你有超過一個以上的孩子，不要期待他們的同儕朋友會喜歡和你所有的孩子一起玩。重要的是，如果這是孩子比較希望的，允許每個孩子建立和保持各自的友誼，並能在不受其他兄弟姊妹打擾的情況下和朋友玩。

提前計畫，預防問題發生

①與孩子分享負責的觀念，不加以責備。「當我們察覺到自己可能做了什麼而製造出這個情

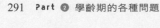

況，如果我們願意，我們就有能力改變。在知道你和你朋友都對發生的事情負有責任後，你能想到自己可能做了什麼，導致問題發生嗎？」

②分享你自己小時候與朋友吵架的故事——發生了什麼，以及你的感受。

③夜裡在床上抱著孩子，問他這一天最難過和最快樂的時刻。讓他知道可以與你分享自己快樂和悲傷的經歷。

孩子學到的生活技能

孩子會學到擁有勇氣和自信，面對生活中的痛苦經歷。他可以負起製造痛苦的責任，並選擇做出改變。你可以不拯救也不責備，只是加以傾聽——對孩子來說：有一個傾訴的對象也很好。若發生的是與安全有關的問題，孩子知道你會支持他，並在他需要時伸出援手。

教養指南

①朋友之間吵架是正常的，將其視為孩子生活中必須經歷的一部分。衝突會過去，並通常比你想像的來得快。如果大人不插手，孩子通常很快就會和好。

②請記住，如同大人一般，孩子通常更需要的是有人傾聽，而不是強迫他接受解決辦法。

③請記住，正常的吵架和足以影響安全的問題或人身攻擊是完全不同的，你要視情況調整自己的角色。

進階思考

梅麗莎和珍妮從小學以來就是最好的朋友。當她們上中學後，考琳加入她們，並帶來一群非常受歡迎的女孩。

考琳認為在小團體中一次挑選一個女孩來欺負很有趣，她會排斥這個女孩，並確保每個人都「討厭」她。

這種行為在這個年紀並不少見，但仍是不可接受的。

珍妮告訴媽媽事情的經過，並說她不喜歡這樣，但如果她不跟著做，就不會有任何朋友。珍妮的媽媽則告訴她，珍妮可能在不久後就會成為下一個目標，因為每個人到了某個時候都有機會輪到。

媽媽鼓勵珍妮參加校外活動，而她在那裡交到了另一群朋友。

果不其然，珍妮接著成為了代罪羔羊，並被排斥在朋友圈外的那一天來了。甚至連梅麗莎都拒絕與她有任何關係。

珍妮很傷心，但由於母親的鼓勵，她還有另一群可以一起玩的朋友，這也讓她鬆了一口氣。

和兄弟姊妹吵架

「如果孩子吵架，我該怎麼做？」

了解孩子、自己和情況

大多數的兄弟姊妹都會吵架。大部分的父母則經常在不經意間透過不同的干涉方式，加強孩子彼此競爭和爭吵的情況。父母的干涉可能會暫時停止孩子爭吵，但孩子在兩分鐘後又吵起來時，父母很容易感到沮喪。要有效幫助手足間處理真正的問題，同時處理行為背後的信念以及行為本身才會有用。

孩子是否在象徵性的爭取他在家庭中的地位，認為自己必須贏才是重要的？他是否感到受傷，所以想要回擊？他是否覺得受到不公平的對待，而吵架是獲得正義唯一的途徑？吵架是你們家裡解決問題的唯一方法嗎？孩子是不是透過吵架在告訴你，你無法阻止他們？當你幫助孩子改變他的錯誤信念，找到歸屬感，並教導他吵架不是解決事情的唯一方法，將可大大減少兄弟姊妹間吵架的機會。

給父母的建議

①不要偏袒任何一方。偏袒會加強孩子競爭的信念。對孩子一視同仁。

②對孩子說：「你們回去各自的房間，直到不吵架為止。」這可以做為吵架失控時的冷靜期。告訴孩子，當他們準備好時再出房門。

③給兩方選擇。「你們可以停止吵架或是到外面去吵。如果你們選擇吵架，我不想聽到。」

④如果爭吵的情況包括嬰兒，先抱起嬰兒，在年紀較大的孩子面前對他說：「在你準備好停止吵架之前，先回自己的房間。」然後牽起他的手，重複同樣的訊息。為了吵架的情況，將一名無辜的嬰兒送回房間似乎很荒謬。但重要的是對孩子一視同仁，這樣你才能避免將其中一人教養成受害者，另一人成為霸凌者。

⑤如果孩子吵架，就讓他們吵，你可以安靜地坐在一旁，相信他們能在你不介入的情況下解決問題——這也能讓孩子感覺被信任（這通常很困難，因為父母很難不介入）。有些父母甚至還有辦法摟著吵架的孩子說：「你們知道你們愛彼此。要不要和對方說『我愛你』，然後不要吵了呢？」

⑥如果孩子為了玩具吵架，把玩具拿走，告訴孩子，當他們準備好要玩這些玩具，而不是為玩具吵架時，就可以還給他們。

⑦有時，孩子吵架也是一種玩耍的方式。把他們想像成可愛的幼熊，只要沒有危險，就讓他

們打鬥。

⑧將所有吵架的孩子帶到沙發，告訴他們，必須坐著，直到彼此同意離開沙發為止。這會將孩子的注意力轉向合作，而非爭吵。

⑨將吵架的孩子帶到同一個房間，告訴他們，想出解決辦法，才可以出來。

⑩離開房間。信不信由你，孩子吵架的一個主要原因是希望你能加入。孩子期待你透過責備和懲罰另一名孩子來支持他。這會讓他覺得自己很重要。

⑪打斷孩子的爭吵，詢問是否願意將問題放進家庭會議，讓全家一起設想解決方案。

⑫如果危險的事情即將發生（例如有孩子想對另一個孩子扔石頭），不多說：馬上採取行動，迅速阻止扔石頭的動作，然後試試這裡提到的其他建議。

⑬運用幽默感，玩「豬堆」遊戲。如果你看到孩子吵架，和他們摔角，把他們按到地面上說：「豬堆！」這是一個可以讓每個人開心地一起做人堆，看看誰最後能留在最上面的遊戲。這個遊戲可以成為留存在人們記憶中的家庭傳統。

提前計畫，預防問題發生

①在家庭會議上討論吵架的問題。請孩子分享吵架的原因以及吵架以外的解決方案。家庭會議能提供孩子專注於解決方案的最佳模式。

②夜裡陪孩子上床睡覺，並有機會聆聽他那一天最難過和最快樂的時刻後，問他：「你覺得

現在可以討論為什麼和弟弟吵架，並一起想辦法解決嗎？」先了解孩子的觀點，再一起設想可能的解決方案。

③不要比較孩子。你可能以為說「我知道你可以做得和姊姊一樣好」這樣的話可以鼓勵孩子進步，但事實正好相反，你只會製造出沮喪和競爭。

④舉行家庭會議時討論所有方法，問孩子哪些是他們在吵架時希望你使用的方法。

⑤以「蠟燭的故事」對孩子說明，對一名孩子的愛，並不會因為愛另一名孩子而減少（參閱「進階思考」單元）。

孩子學到的生活技能

孩子會學到，在吵架之外，還有其他解決問題的方法。他是這個家庭重要的一份子，不需要為了自己的地位而爭。

教養指南

①對年長和年幼的孩子一視同仁，否則年幼的孩子很容易相信「想要讓父母覺得我很特別的方法，就是讓哥哥有麻煩」。很快的，年紀小的孩子有可能以你想像不到的方式挑釁兄長，和他爭吵。如果你總是責怪年紀大的孩子說：「你應該更懂事！你年紀比較大！」他很容易認為「我不像妹妹那麼特別，但我可以討回公道。」這種方法反而會教養出受害者

和霸凌者。

②透過重視差異，鼓勵個體性，讓孩子參與設想解決方案，並以有尊嚴和尊重的態度對待他們，營造合作的氛圍。合作的氣氛可大大減少手足間爭吵的可能。

進階思考

有位父親在孩子吵架時，會在他們面前把拇指伸出來說：「你們好！我是CBN記者。誰願意第一個對著我的麥克風說話，告訴我，這裡發生了什麼事？」

有時他的孩子只是笑，有時則會輪流講述他們的故事。

當他們說完自己認為的吵架原因後，這名父親會轉向想像中的觀眾說：「好的，各位觀眾，這是我們第一手的報導，明天請記得繼續收看，看看這些聰明的孩子如何解決這個問題。」

弟弟的出生之後，四歲的蓓琪覺得自己不再備受父母疼愛，並困惑於自己對弟弟所感受到的情緒。有時她愛他，有時候她卻希望他從未出生，爸爸媽媽就不用花那麼多時間陪他。除了表現得像個嬰兒外，她不知道如何引起別人對她的注意。

一天晚上，弟弟睡著後，蓓琪的媽媽跟她一起坐在廚房裡的餐桌旁，對她說：「親愛的，我想告訴妳一個關於我們家的故事。」

媽媽拿出四根長度不一的蠟燭。

「這些蠟燭代表我們這家人。」她拿起一根長蠟燭說：「這是媽媽的蠟燭，是給我的。」她一邊點蠟燭，一邊說：「這火焰代表了我的愛。」

她拿起另一根長蠟燭說：「這根是爸爸的蠟燭。」她以媽媽蠟燭的火焰點燃了爸爸的蠟燭，說：「當我嫁給妳爸爸的時候，我把我所有的愛都給了他，但我自己還有著全部的愛。」

媽媽把爸爸蠟燭放在燭台上，然後拿起一根小一點的蠟燭說：「這根蠟燭是妳的。」她用自己的蠟燭點燃了這根小蠟燭，說：「當妳出生的時候，我給了妳所有的愛，但是妳爸爸仍然擁有我給他所有的愛，我自己也仍然有著全部的愛。」

媽媽把小蠟燭放在爸爸蠟燭旁邊的燭台上。然後她拿起一根最小的蠟燭，在以媽媽蠟燭點燃時說：「這是弟弟的蠟燭。當他出生時，我給了他所有的愛。妳看，妳仍然擁有我所有的愛，爸爸擁有我所有的愛，而我仍然擁有自己所有的愛，這就是愛的方式。妳可以把愛分給每個人，但仍然擁有妳所有的愛。現在，看看我們家裡充滿多少愛的光芒。」

媽媽給蓓琪一個擁抱，說：「這能幫助妳了解，我愛妳就像愛妳弟弟一樣多嗎？」

蓓琪說：「我明白了！而且我同樣可以給很多人愛。」

發生在我們身上的事情，永遠不如我們對事情所產生的信念重要。我們的行為會根據信念而產生，而行為和信念也與人類的主要目標直接相關——擁有歸屬感，並感覺自己是重要的。

媽媽學會處理蓓琪不當行為背後的信念，從那以後，一切也不再是問題了。

髒話和咒罵

「我的兒子們總是對彼此說髒話。我幾乎沒辦法待在他們身邊。先生和我都不會這麼說話，我叫他們停止，他們會暫停一下，接著又馬上開始。天啊！我需要幫助！」

了解孩子、自己和情況

咒罵和髒話，在現今的生活領域裡——像是媒體和大人之間——變得司空見慣，因此，教孩子區分尊重的行為和不尊重的行為兩者間的差異，就顯得更為重要。

你可能都沒發現自己在無意間說了髒話——而孩子有可能只是因為「感受」到這些話語的衝擊力而去模仿你，事實上根本不理解這些話的意義。如果你對孩子說髒話的行為產生過度反應，孩子反倒有可能利用這些來製造震撼效果。如果你待在遊戲場上一段時間，就會注意到，你的孩子並非唯一會說髒話的人。

無論如何，如果孩子說髒話讓你感到不舒服，你確實需要解決這個問題。

給父母的建議

①讓孩子知道你不喜歡聽到粗話，請他幫忙。建議他找到其他替代的話，或是等你聽不到的時候再說。

②如果孩子繼續說髒話，請他去別的地方，或是你離開，直到他停止為止。

③讓孩子知道，這種話雖然說的時候覺得好玩，但會給人不尊重的感覺，所以並不適合某些情況。孩子需要知道，有些人一聽到髒話就會感覺被嚴重冒犯。

④針對學齡前兒童，你可以說：「讓我們改說——。」如果你能提供一些聽起來很有趣的選擇，比如「討厭鬼」、「搞怪超人」、「小笨笨」、「胡說蟲」或「米老鼠」，很有機會讓他配合你的要求。有一家人會說「哦，口臭！」而讓全家人樂開懷。

⑤有時候只是單純忽視孩子的髒話，孩子也就不想再說了。

⑥如果孩子會咒罵是因為沮喪、憤怒或其他明顯的情緒，對他說：「你現在看起來很沮喪。想談談嗎？」

⑦讓孩子知道你尊重他擁有感受的權利，並希望他也能尊重你在聆聽他的感受時不想聽到髒話的權利。

提前計畫，預防問題發生

①不管你處理的是模仿玩伴詛咒藉此驚嚇大人的孩子，或是用說髒話來測試自我力量的孩

子，平靜以對，不要流露出驚嚇的反應，通常就能將這個階段變成一段短暫的插曲。

②在家庭會議上以開放、不帶批判的方式討論咒罵問題。引導孩子找尋其他更令人有印象的方式來表達自己，展現聰明才智。

③問孩子是否知道這些詞語的含意。如果他不知道，解釋給他聽，並詢問這是否是他想表達的意思。讓孩子知道，某些詞語具有性騷擾或種族歧視的嫌疑。

④如果你想減少家人說髒話的次數，可以設立「十元罐」。只要有人說了髒話，就必須在罐子裡放入十元硬幣。當罐子裡的錢足夠買披薩時，就訂個披薩，和孩子們享受一頓晚餐。

孩子學到的生活技能

孩子會意識到自己的行為對他人所造成的影響，並學著以可接受和尊重人的方式表達自己。

教養指南

①注意電視、電影和電腦的影響。監督孩子在媒體上接觸到什麼樣的資訊（特別是在他年幼時），和孩子討論媒體所呈現的行為在尊重和不尊重間的差異（特別是在他長大後）。

②不要期待任何事試過一次之後就會成功。你要一試再試。

③你要記住並提醒孩子，他能夠擁有任何感受，但如何表達感受則有很多種方式。說「我真的很生氣」比說髒話更容易讓人接受。

進階思考

史東太太進入青春期的孩子開始會在家裡咒罵，這讓她很擔心。她決定計算孩子在她身邊時說髒話的次數。

史東太太告訴孩子，他使用某些特定詞語的次數，並說她會繼續數下去。她分享說：「我發現我的孩子對自己說了什麼髒話更有意識，在過去這一週，他說髒話的次數明顯減少了。我想，這在我們家的情況比較像是孩子沒有意識到、而非不尊重的問題。」

習慣的問題

「我女兒會不停地清喉嚨，這真的快把我搞瘋了。我告訴她，只要她一發出那種噪音就會提醒她，讓她能有所意識並停止。但這一點都沒有用。」

了解孩子、自己和情況

如果你試著不去想到某件事，會如何呢？你會一直想到那些事。

這同樣適用於孩子令人不愉快的習慣。我們越是提醒、提到、嘮叨和建議，那個習慣就變得越糟糕。

清喉嚨、挖鼻孔和其他惹大人生氣的習慣，孩子在開始時通常都是無意為之，但在被提醒了無數次後，反倒變本加厲。有些父母擔心孩子是出於壓力才會這麼做，所以經常給予更多關注。孩子的這些習慣越是受到關注，就會更加根深蒂固。

孩子不會故意養成壞習慣來讓大人忙得團團轉，但當他發現大人為此疲於奔命，他就會願意玩這個遊戲。

給父母的建議

①忽視這個習慣，讓孩子自己決定是否或何時停止。如果離開房間有助於你忽略這些事，你就離開房間吧。

②告訴孩子，你了解他可能沒辦法停止製造特殊噪音或有特定習慣。同時告訴孩子，當他這樣做時，你很難待在他身邊；如果這讓你感到困擾，你會離開到其他地方待一會兒。

③如果孩子在意自己的習慣，並希望你協助他改變，確實讓他知道你愛他所有的樣子。你可

以與他分享你的建議。有些會咬指甲的孩子在把指甲銼平磨光後，就自然停止了。有些需要隨身攜帶小毯子的孩子，會讓父母在一天內的某個時段把毯子收起來，直到他想再次使用為止。喜歡挖鼻孔的孩子在有了自己的小面紙包後，會願意以面紙替代手指。

④鼓勵孩子表達感受，同時做個傾聽者，這也許是個間接處理的方式，藉以舒緩可能導致這種習慣的壓力。

提前計畫，預防問題發生

①清喉嚨和其他會發出噪音的習慣，可能與身體狀況有關。你可以幫孩子安排體檢，而不需要將注意力集中到孩子的喉嚨。

②如果孩子會咬指甲或是養成了其他令你心煩的習慣，不要將這些事情視為問題或是嘮叨孩子。如果你將這些行為看成是討人喜歡和可愛的舉止，這些習慣可能就會慢慢消失。

③讓孩子知道有些行為是私密的，最好私底下做，因為別人可能會因此感到不舒服。

④如果你對孩子在課業、音樂或體育上的表現提出過多無理的要求，進而給孩子帶來壓力，請停止。

⑤孩子可能在經驗與你無關的壓力，不要認為他的行為在針對你。試著透過討論、遊戲、角色扮演和提問，找出困擾他的事情。最好的問題是那些看似「愚蠢」的問題。當你問了一

個非常「愚蠢」的問題時，孩子會因為想幫助你而告訴你到底發生什麼事。例如，如果孩子有壓力就會咬指甲，你可以問他：「你咬指甲是為了把牙齒磨尖嗎？」大多數孩子的反應是會瞪著你，覺得你很奇怪，然後告訴你咬指甲真正的原因。

孩子學到的生活技能

孩子會知道他不是壞孩子或是神經質。他有一些特殊的習慣，只要不給他壓力，他可以選擇不同的方式去表現。他知道儘管其他人不喜歡他的行為，但只有自己能決定是否改變。

教養指南

①孩子需要有歸屬感，並知道自己是特別的。你可以選擇以愛孩子的本質、陪伴他，來傳達這個訊息，或是透過嘮叨、責備或控制他的某個習慣，讓孩子因為獲得過多的關注而感到特別。孩子願意以任何形式得到關注，但如果他得到的是負面關注，有可能會因此認為自己不被愛、沒有歸屬感，而經常陷入以越來越負面的方式尋求關注的惡性循環中。

②為了讓孩子不吸拇指而騙孩子說他需要戴牙套，或是這樣會傷害嘴巴，對他在精神上所造成的傷害，將多過於對他嘴巴的傷害。給予孩子無條件的愛，相信他能管理自己的生活，將會減少孩子的壓力，增加他做不同選擇的可能性。

進階思考

四歲的貝琪喜歡吐口水。每次只要有人說「貝琪，妳好。」，她就會把嘴噘起來，準備朝對方身上吐口水。

她的父母很尷尬，無法理解她如何養成這種「壞」習慣。他們對人都很尊重，不明白貝琪是從哪裡學到這種「調皮噁心」的行為，而且無論怎麼阻止都沒用。

有一天，他們拜訪一位家族的朋友，當貝琪又準備噘起嘴來吐口水時，這位朋友笑得很開心，對她說：「貝琪，妳好像很喜歡吐口水，讓我們一起去浴室，朝著馬桶裡吐口水。我猜這樣也很好玩。」

貝琪的父母感到既羞愧又驚奇，看著貝琪用手抓住這位朋友，一起走進浴室裡。他們在幾分鐘後回來，貝琪停止了吐口水的行為。

貝琪的父母意識到，他們在試圖控制貝琪行為的過程中，產生了親子拉鋸戰。現在他們有一個新的做法，那就是告訴貝琪：「只要妳去廁所裡，就可以吐口水。」

沒多久，貝琪就不再有這個「習慣」了。

打人和體罰

「我試過所有想得到的方法，希望讓女兒不要再動手打弟弟。有時她還會打我。這真的讓我很生氣。懲罰似乎不起作用。我打她屁股，叫她說抱歉，但第二天她還是照樣打人。」

了解孩子、自己和情況

如果我們不停止傷害孩子，如何能教他不傷害別人？這讓我們想起一部卡通片，片中的母親一邊打孩子一邊說：「我要教會你，不能打比你幼小的人。」孩子會打人可能是因為心裡感到受傷（孩子會為了當下無法立刻得到想要的東西而感到受傷或沮喪！），你可能也會感到受傷和沮喪，因為你希望孩子能尊重他人，甚至擔心孩子的行為會反映出你是什麼樣的父母。你有可能為了向周圍其他的大人證明你不會讓孩子逃過所做行為的後果，基於羞愧和尷尬而對孩子的行為過度反應，並以不尊重的態度對待他。

孩子可能根本還不具備表達需求的單字或技能，因為不知道還能怎麼做，所以會發作（打人）。幼兒缺乏語言表達能力和社交技能，所以在一起玩時，很容易變得沮喪。當孩子沒辦法以言語確切表達自己的問題，有時便容易出現打人和其他類型的攻擊。從發育的角度來看，幼兒會打人是很正常的。在他準備好學習更有效的溝通方式之前，父母要做的，就是以溫和堅定的態度監督和處理這類情況。只要孩子能夠得到幫助（技能訓練）而不是體驗暴力（體罰），就能從中學習成長。

給父母的建議

①牽起孩子的手說：「打人是不行的。你感到傷心和生氣，我也很難過。你可以和我聊一聊，或是打這個枕頭出氣，但是你不能打人。」

②幫助孩子處理憤怒。

③對於四歲以下的孩子，試著在將他帶離現場前，給他一個擁抱。這能為孩子示範一種關愛的做法，同時告訴他打人是不對的。擁抱並不會加強不當行為。

④我們無法確切知道孩子從哪個年紀開始理解語言。因為這樣，即使你認為孩子無法理解，仍可以使用像是「打人會讓人痛痛」、「讓我們找其他你可以做的事情」之類的詞語。

⑤讓孩子知道他能做什麼，而不是告訴他不能做什麼。如果你的孩子有打人的習慣，給予密切的注意。每次他要開始打人時，輕柔地抓住他的手說「輕輕地摸」，同時示範如何輕輕撫摸。

⑥如果你家學齡前的孩子打你，決定你的做法，不要試圖控制孩子。讓他知道，每次他打

你，你會把他放下並離開房間，直到他準備好尊重地對待你。只說一次，不再多說。馬上離開。

⑦你在事後可以告訴孩子：「那真的很痛。」或「這傷害了我的感情。如果我做了傷害你感情的事，我想知道，所以我可以向你道歉。當你準備好的時候，你也可以向我道歉，也會讓我感覺好些。」不要要求或強迫孩子道歉。

提前計畫，預防問題發生

①當孩子處於學說話的階段時，花時間加以訓練，但在他長大之前，不要期待他記得住（密切監督是教養語言學習階段孩子的主要方式——加上分散注意力和重新引導）。幫助他練習如何輕柔地觸摸家庭成員或寵物。告訴孩子如何溫柔地說「拍、拍」或「人是用來擁抱的，不是用來打的」。在孩子的年齡大到可以了解事情之前，監督仍是必要的。

②針對已經會說話的孩子，教導他感受與行為是兩回事。任何感受都是好的——那只是感受。告訴孩子他可以擁有任何感受，但即使生氣，也不能打人。他可以告訴別人：「我很生氣，因為——，我希望——。」跟孩子一起腦力激盪，如何以尊重自己和他人的方式處理感受。有一種可能的處理方式是，告訴別人他不喜歡什麼。另一種可能則是，如果別人對他不尊重，他可以離開現場。

③讓孩子一起參與創造積極暫停區。告訴孩子，有時我們需要時間冷靜下來，讓感覺恢復

後，再去做其他事情。不要送孩子去暫停區，但讓他知道，只要他認為有幫助，任何時候都可以去這個特殊的暫停區。有時當孩子不想使用暫停區時，問他是否可以讓你使用來讓感覺變好，或是創造你自己的積極暫停區，向孩子示範如何使用以改善情緒。

④給予孩子無條件的愛，想辦法鼓勵並傳授技能，幫助他感受自己的能力並培養自信。

⑤以不體罰孩子的方式，告訴孩子打人是不可接受的行為。如果你犯了錯、打了孩子，請使用「修復錯誤的3R原則」來道歉，讓孩子知道，打人對你來說也是不可接受的（「修復錯誤的3R的修復原則」請參見第一部〈歡迎錯誤〉）。

⑥仔細想想，自己是否在無意識的情況下傷害了孩子。你經常叫孩子回自己的房間、罵他、批評他，並在發生問題時，針對某個孩子嗎？如果是這樣，孩子可能十分痛苦和不安，打人是他還擊的一種方式。抱持鼓勵和正面的態度，停止傷害性的行為，孩子打人的行為將會有所改善。

孩子學到的生活技能

孩子會學到不能傷害他人。他產生的感受沒有問題，他不是壞孩子；他可以尋求幫助，找到尊重自己和他人的行為模式。他做的事並不等於他是誰。他不會因為打人就是壞孩子，但這種行為是不被接受的。

教養指南

①注意孩子不當行為背後所反映的挫折信念。一個經常打人的孩子，通常擁有報復的錯誤信念，他認為「我感受不到歸屬感和自我的重要性，這讓我很受傷，所以我要反擊」。當你尊重孩子的感受，幫助他表現適當的行為，他會因此得到鼓勵。

②許多人引用聖經箴言「省了棍子，寵了孩子」（spare the rod and spoil the child）做為打孩子屁股的藉口。聖經學者告訴我們，棍子從不是用來打羊的。棍子是權威或領導的象徵；棍棒或手杖被用來輕觸和引導。孩子肯定需要溫和的指導和激勵，但他不需要被打、被揍或被羞辱。

③不要為了向旁觀者展示「你是一名好父母，不會讓孩子僥倖逃脫某個不當行為」而打孩子。你與孩子的關係，比這個更重要。

進階思考

薩吉的父母去度假，奶奶有機會幫忙照顧十八個月大的孫女一週。

慢慢的，薩吉養成了一種覺得難過（或有時只是為了好玩）就會打人的習慣。她會打奶奶和小狗——有時根本看不出為了什麼。於是奶奶開始注意薩吉何時會打人，然後輕輕抓住她的手說「好好地摸」，同時帶著她的手輕輕撫摸奶奶的臉頰或是小狗。薩吉很快地又想打人，但現在她會先看看奶奶，奶奶會說：「好好地摸」。薩吉會笑得很開心，然後好好地摸。

幾天之後，薩吉不再打人，而會好好地摸（告訴孩子能做什麼，而非不能做什麼，效果更好）。

他：我們有時有必要透過打孩子來教他重要的事情。例如，我會打兩歲孩子的屁股，教她不要在街上亂跑。

她：在打了兩歲孩子的屁股，叫她不要在街上亂跑後，你會在無人監視的情況下，讓她自己一個人跑去一條車水馬龍的街上玩嗎？

他：嗯，不會。

她：為什麼不會呢？如果你打她屁股是為了教她不要在街上亂跑，為什麼她不能在無人看管的情況下，一個人在街上玩呢？你覺得在她學會之前，需要打多少次才能教會？

他：嗯，在她六、七歲之前，我都不會讓她在無人看管的情況下，跑去一條車水馬龍的街上玩。

她：這就是我的意思。父母有責任在孩子成長到有能力自己處理危險的情況前，監督他們。但在孩子發育好之前，打他多少次屁股都無法教會他道理。在此之前，你應該溫柔地進行教導。當你帶孩子去公園時，請他在過馬路時左右看看，是否有來車，讓他告訴你什麼時候可以安全地過馬路。不過，在孩子六、七歲之前，你不會讓他獨自一人去公園。

研究顯示，十二歲以下孩子的父母，大約有百分之八十五在感到沮喪時會打孩子屁股，但只有百分之八至百分之十的人認為，這個做法尊重孩子或是有效。有百分之六十五的人表示，他們很願意透過正面的方法來改善孩子的行為，卻不知道該怎麼做。

這本書會告訴你的。

家庭作業

「我家每天晚上都為了家庭作業開戰。我兒子在學校學習進度落後，老師說如果他不趕快追上進度，可能得留級。我們該如何鼓勵他做作業呢？」

了解孩子、自己和情況

你越是把孩子的家庭作業當成自己的工作，孩子就越不會把這些事當成是自己的。對孩子來說：父母認為家庭作業更重要，所以他們不需要為此負責。儘管有壓倒性的證據證明那些方法無效，大人還是會因為恐懼和挫折感，繼續嘗試無效的方法。如果強迫孩子做作業有效，就不會有那麼多受挫的高中輟學生，或是那麼多感到自己的價值完全取決於是否能在學校成功的孩子（這些孩子在往後的生活中可能會變成「討好狂」，總是要找到人討好）。如果這些方法有效，也不會有這麼多的孩子，為了維護剩下的一點自尊，而拒絕被指使。如果這些方法有效，也不會有這麼多的父母，因為無法完成老師也無法完成的任務，而感到沮喪、內疚和失敗。

給父母的建議

①要讓你做的事有效，大部分都需要提前規劃。請先閱讀下頁「提前計畫，預防問題發生」。

②如果老師針對這個問題發了通知或打電話給你，你可以問孩子，家庭作業是否太困難了；如果是，他打算怎麼做。不要認為你必須處理問題，讓孩子自己與老師通話；你也可以請老師召開親師生會議。

③如果孩子等到最後一刻才做作業，以同理心傾聽，不要拯救。讓他體驗自己行為的後果——有可能是做不完。

④不要說「你看，你應該在我提醒你的時候就開始的」，或是「你沒有好好利用我可以輔導你做功課的時間，真的很可惜」。像這類的說教很不尊重孩子，因為這背後的假設是孩子很笨，不懂你安排的情況。如果你能夠溫和堅定地貫徹執行，而不是說教，孩子將會學到更多。

⑤當孩子抱怨自己太晚才開始做作業時，以同理心傾聽。你可以說：「你一定很煩惱。」同樣的，避免說教或拯救。你可以補充一句「我很好奇，究竟發生了什麼事。」孩子可能會、也可能不會告訴你理由。不管他說什麼，繼續以同理心聆聽。

⑥你也可以和孩子一起設想辦法。傾聽並了解孩子的問題，同時提出你的問題，一起進行腦力激盪，直到想出適合雙方的解決方案。除非你和孩子事先同意這是一種解決問題的方法，否則不要向老師要求孩子的學習進度報告。只有在孩子認為這會有幫助的情況下，你

才能透過要求孩子的學習進度報告，做為支持他的方式。

⑦誠實地表達感受，告訴孩子你的想法、感受和希望，但不去要求他和你擁有一樣的想法、感受和希望。你可以說：「教育對我來說很重要，我害怕你並不這麼認為。我很希望你能了解養成良好學習習慣的價值。如果你需要我的幫忙，請告訴我。」

提前計畫，預防問題發生

①在每天的家庭生活中安排出日常慣例，讓每個人能在不開電視或不聽廣播的情況下，安靜地進行某種形式的學習（孩子有可能會、也有可能不會選擇在這個時間做作業，但創造出一個能讓人沉思的空間仍然很重要）。讓孩子一起安排這個時段，例如決定他想坐在哪裡做家庭作業。

②在採用任何解決方案之前，至少花一週的時間，好好觀察孩子做家庭作業的情況。然後和孩子坐下來，告訴他，你注意到了什麼、你的期盼，以及會做什麼來幫助他。例如，「我注意到，上星期的每個晚上，你都到睡前才開始做作業。我希望你每天都能早一點開始。我很願意幫你一起確認時間表，看看什麼時候做作業更好。如果你喜歡有人陪伴，在你做作業時，我可以在一旁讀書或使用電腦。我在晚上六點半到八點半之間可以輔導你做作業，但在那之後就太晚了，我很難專心。」讓孩子一起安排最適合做作業的時間，以及他想做作業的地方，例如在他房間的書桌，或是餐廳餐桌。

③跟孩子說你不會再嘮叨或提醒他做作業，並把嘴巴閉上，好好貫徹執行。讓孩子自己在學校裡體驗功課沒做完的後果。打電話給老師，讓他們知道你的做法，因為你認為上學是孩子該做好的事。

④告訴孩子，如果有需要，你願意幫忙，但前提是，他不能把作業完全丟給你，也不能和你爭吵——並且只能在事先約定的時間裡完成。例如，你可以說：「我星期二和星期四的晚上七點到八點之間，可以幫你輔導功課。」

⑤提前規劃作業的特殊要求，例如前往圖書館或購買材料。告訴孩子，他有責任提前告訴你這些需求。

⑥不要拿孩子做比較。這不會激勵動作慢的孩子，反而會讓他感到挫折。

⑦有些孩子永遠不會喜歡上學，他們更適合量身訂做的課程。不要存有要成功就一定要有大學學位的迷思。有些孩子屬於大器晚成型。他們可能會輟學，然後在某天決定想要一個大學學位。讓孩子知道，在學校裡表現不佳並不表示失敗，有一天他會有動力再試試看。

⑧允許孩子以不同的方式學習。有些孩子喜歡在學習時開著廣播和電視；其他孩子則需要完全的安靜。有些孩子根本不需要學習，就能找到理解內容的訣竅。注意孩子是否需要額外的幫助。大多數的孩子不可能每個科目都表現得好——不要這樣期待孩子。如果孩子的作業對你來說太難，你幫不了的話，可以考慮找家教或朋友幫忙。

⑨盡量找到可以支持孩子的學習和受教過程，但又不干涉他的家庭作業的方法——如果你有

時間，在學校做志工、上課、參加家長教師聯誼會、讀書給孩子聽。

孩子學到的生活技能

孩子會學到他能自己思考，並為選擇的後果負責，如果他在負責時需要幫忙，父母會加以支持。他會發現錯誤是美好的學習機會，知道如何解決問題，擁有良好的自我感受，並有勇氣和信心處理生活裡的問題。

教養指南

①請注意——你很容易承擔孩子的功課，然後讓自己生活在將功課做完就表示孩子也負了該負的責任的錯覺裡。

②相信孩子能從失敗中學習到寶貴的經驗，而不是讓他感到慚愧、懲罰或羞辱他。

③提醒自己，孩子並不是笨，只是不感興趣、感到挫折和絕望。同樣一個孩子，如果能讓他做喜歡和感興趣的事，根本不需要有人提醒。

進階思考

有一年，十六歲的法蘭克因為畢業學分不夠，必須上暑期班。

他的父母沒有羞辱他，也沒有在親友面前為他掩飾。相反的，他們一如以往繼續計畫一個美好的暑假，即便他不在也照常進行。

在暑假中，他們和法蘭克進行討論，詢問他認為在未來做好準備和準時完成作業的價值何在。他說：「今年夏天我不得不錯過大部分的假期，我不喜歡這樣。我不希望再發生這種情況，所以打算明年好好跟上進度。」

從那年夏天以後，法蘭克堅持他的計畫。他的父母除了詢問他是否需要幫忙、表示對他的關心以外，從不對他提及家庭作業的事。

這可能聽起來很奇怪，但有幾位前青春期孩子的父母，幫孩子解決家庭作業的辦法就是：幫他們完成功課。

有位父親告訴我們，他的做法。

「我告訴女兒，我注意到她從未做任何作業，我很擔心，所以自願幫她做。她看著我，好像我瘋了似的，然後咧著嘴笑說：『當然呀！沒問題。』我告訴她，她需要每天下午五點半和我一起坐下來，向我解釋所有的作業內容，並告訴我應該做什麼，然後坐在一旁陪我，回答我可能有的問題。第一天晚上，我們這麼做了，我完成了大部分的作業，幾乎沒有問題。第二天晚上，我必須經常問她在哪裡可以找到哪些資訊，或是她的老師是否解釋過如何進行某道數學題的計算，好讓我能正確做好。在她意識到之前，她自己就做好了大部分的作業，而我也可以在那些她概念不清楚的地方幫忙。我們兩個人都做得很開心。」

學校問題

「我的孩子在學校考試作弊。現在我必須參加家長教師會議。我感到害怕又尷尬，因為我沒有善盡母親的責任。我該怎麼做，才能讓孩子在學校行為表現良好？他在家裡很乖。」

了解孩子、自己和情況

孩子在學校有問題，代表你除了注意孩子的行為以外，還需要深入處理孩子行為背後的信念。孩子在學校行為不當的原因很多，通常與爭奪權力或報復有關——即便他們表現出來的行為不佳，認為自己被看成麻煩製造者也沒關係；或因為嘗試很可能會帶來失敗就乾脆什麼都不做。

我們常常認為這是孩子的錯，但卻沒想到可能是學校環境鼓勵競爭，沒有提供學生學習尊重和培養解決問題能力的機會，或是不重視多元的學習方式所導致。

孩子可能受到採用懲罰和羞辱的老師不尊重的對待。有些孩子無法在不尊重的環境中學習，父母需要為他發聲，幫忙創造安全的學習環境。

孩子也可能因為學校有霸凌者或幫派而害怕上學。

給父母的建議

①花一點時間進入孩子的世界，**發現行為背後的信念**。有時，你需要做的就是陪陪他，問些問題，傾聽他的故事。

②**正面看待情況**。「如果你願意為了達到目標而作弊，表示在學校取得好成績對你來說一定很重要。從長遠來看，你覺得這對你有益還是有害？你還能怎麼做來達到目標？」

③與孩子一起解決問題，確認問題是什麼，以及可能的解決方案。

④告訴老師，你更傾向於家長及師生共同出席的家長會。既然會議涉及孩子，如果他能在場幫忙釐清問題並共同解決問題，將會更有效。建議將會議的基調定為「我們不是在究責，而是在尋找解決方案」。讓孩子在老師和你面前，說明他對問題的理解並提出可能的解決方案。孩子通常知道發生了什麼事，當他處於講述而非被告知的情況時，會感覺到自己更需要負責任。記得也要討論孩子其他做得好的部分，同樣的，讓孩子先開始說。

⑤有時**討論本身可能就足夠了**。我們常常太關注後果或解決方案，而低估了從友善的討論中可能獲得的理解。當孩子感到被傾聽、被認真對待和被愛時，他會改變那些激發不當行為的信念。

⑥對於某些孩子來說：換老師或找新的學校可能是改善他在校表現的方法。如果你和孩子都覺得這些方法有用，不要猶豫，幫助孩子做出這些改變。

提前計畫，預防問題發生

①花時間拜訪學校。坐在教室裡感受一下，老師們扮演的是鼓勵人心的角色還是讓人氣餒的角色？他們是否使用獎懲制度？而獎懲制度事實上對一些孩子來說是羞辱，對其他孩子來說則是引發叛逆的導火線？老師是否使用班級會議讓孩子一起設想問題的解決方案？如果沒有，他們是否願意採用這種做法？

②為孩子提供為何擁有良好教育很重要的資訊，不要對他說教。真誠地分享你的價值觀。「我覺得——，因為——，而我希望——。」

③**建立親密感和信任感**。說教和懲罰只會製造距離和敵意。進入孩子的世界，認真聆聽，這能為你們創造出親密感和信任感。親密和信任的基礎，對正向教養的方式是否能發揮效用，至關重要。

④負起你在這個問題上該負的責任。負責並不表示要感到內疚，而是努力認清並意識到你所製造的問題。孩子是否感受到有條件的愛：「只有在學校裡表現好，我才會被愛？」他在滿足你的期望時，壓力是否過大？如果孩子看到我們對自己的部分負起責任，他也會願意負起自己的責任。

⑤**決定你的做法**，**並事先告訴孩子**。「我相信你有辦法解決學校裡的問題。當老師打電話來時，我會把電話交給你。你蹺課時，我不會替你說謊。我會傾聽，你問我的時候，我才會

提供建議。」

⑥有些孩子在學校表現不佳，是因為父母的操控欲太過強烈，甚至試圖干涉他的課業和學習經驗。你可以試著退一步觀察，看看孩子在沒有你嘮叨的情況下能做到什麼。觀察孩子一週，和他討論你注意到的事。

孩子學到的生活技能

孩子會學到對自己的選擇負責。父母會幫助他釐清發生的事、發生的原因，以及如果想要不同的結果該怎麼做。最重要的是，他會明白自己是無條件被愛著，並從錯誤中學習，不必感到內疚和羞恥。孩子也會知道，父母對他和老師的說法同樣重視。

教養指南

①老師可能會將孩子的行為歸咎於父母，大部分的父母都很難面對這種情況。告訴自己，孩子比你的自尊來得重要。

②老師也經常會有防衛心並感到害怕。試著召開一個正向的師生家長會，對老師表現出同理心，而非防備心。有人需要打破防備的枷鎖，為牽涉其中的每個人創造相互關心的連結。

進階思考

十六歲的黛安每天早上都會賴床，媽媽會和黛安每天都展開一場叫她起床準時上學的拉鋸戰。在全面展開的拉鋸大戰裡，媽媽會大吼大叫、說教，甚至試圖將黛安拉下床。黛安則會同樣大聲地回嗆。

有一天早上，黛安終於喊道：「別管我了！我恨妳！」

媽媽嚇呆了，但幸運的是，這句話讓她想起自己去年在家長課學到的一些概念。她記得，有時最重要的是去建立親密和信任的關係，而不是製造距離和敵意。

她決定不再試圖控制黛安，並以無條件的愛，支持女兒做的決定。

第二天早上，媽媽沒有再試圖叫醒黛安，而是讓她繼續睡。

當她終於醒來時，媽媽坐在床邊，嚴肅地說：「親愛的，既然妳不想上學，何不輟學找一份工作？」

黛安對於母親態度的轉變和支持感到驚訝。拉鋸戰消散了，黛安開始和媽媽分享自己的想法。

黛安說：「我不想輟學。只是我的學習進度已經落後了，我覺得自己永遠趕不上，那為什麼還要去學校呢？我做什麼似乎都沒用；老師只會一直懲罰我。我真的很絕望。我希望我能去上推廣進修班，在那裡，我可以按照自己的步調學習。」

「好啊，何不就這樣做？」媽媽問道。

黛安說：「如果我去讀推廣進修班，每個人都會認為我是魯蛇。」

「那妳自己怎麼看呢？」

「嗯，我現在也很魯蛇啊！」黛安說。「如果我去讀推廣進修班，我相信我可以趕上的。問題是，在去推廣進修班前，必須在正規學校先辦理休學。」

媽媽說：「妳為什麼不去和輔導老師談談，看看能怎麼做？如果妳需要我的支持，我很樂意陪妳去。」

她們一起去找輔導老師，輔導老師建議黛安先不要去推廣進修班，而是試試看自學一學期。黛安對這個計畫感到很興奮，並且非常努力追趕，好讓自己能回到正規學校繼續就學。她的輔導老師說，從未見過任何學生的自學表現這麼好，並稱讚她自律的能力。

黛安感激母親給她無條件的愛和尊重，以及輔導老師的鼓勵。當他們與她合作而非對抗時，黛安才有動力終結她墮落的惡性循環，進而擬定有效的計畫。

練習（鋼琴、舞蹈、體育和其他活動）

「我的孩子想上鋼琴課，但現在她只在我威脅取消她的一些特權時，才會練習。我多希望我的母親以前也能這樣逼我練習，那麼我今天就會彈鋼琴了。我不希望孩子在長大後也對我這麼說。我也討厭吵架，但練習對她而言真的很重要。」

了解孩子、自己和情況

孩子想做某件事，然後卻改變心意的情況很正常——可能因為事情比他想像中困難，或是沒有自己想像得那麼喜歡。父母經常希望孩子完成自己的未竟之業。有些父母認為虎頭蛇尾是一種人格的缺陷；其他父母可能因為花很多錢幫孩子培養興趣，如果孩子改變心意便認為浪費錢而感到生氣。

在這個部分，重要的是，察覺誰有需要處理的問題。

給父母的建議

①如果你的童年有遺憾，自己去上音樂課並且練習到你自己滿意的程度。你可以不用再責怪你的母親。

②與孩子一起上課、一起練習。

③願意在孩子練習時，坐在一旁關心他，或至少和他待在同一個房間裡。

④進入孩子的世界，透過啟發式提問，幫助孩子探索對他而言重要的事，例如，「你對彈鋼琴有何感受？你需要做什麼來達到想要的目標？你在練習上遭遇什麼樣的問題？你對如何解決其中的一些問題有何想法？你認為需要多久才能克服困難，讓一切變得愉快？如果你現在不花時間練習，你長大後可能會怎麼想？你需要我怎麼幫你？」

⑤分享你小時候對練習的感受。誠實地表達你的意圖——你試圖鼓勵孩子免於自己犯過的錯誤。不要讓這聽起來像在發牢騷或說教，而是真誠分享。如果孩子看起來仍不在意，請接受並尊重孩子的態度。

⑥講述一些學習新事物需要花時間的故事，幫助孩子抱持切實的期望。你可以和孩子擬定協議，例如每個月嘗試至少四堂課後才能放棄學習。在孩子改變心意時，請支持他並給予無條件的愛。

提前計畫，預防問題發生

①安排孩子與專業的音樂家、舞蹈家或運動員見面，請他們和孩子分享自己練習的經驗。

②帶孩子參加音樂會（包括搖滾樂團的演唱會）或孩子會感興趣的各種活動，讓他隨著自己的喜好發展。

③和孩子一起擬定練習的時間表。簽訂一份彼此都滿意的協議。當孩子沒有遵守協議時，不要生氣，因為這是正常的。你只須貫徹執行即可。

④在孩子的同意下，請他承諾，長大後不會回頭責怪你不逼他練習。

⑤願意讓孩子嘗試各種不同的活動，幫助他找到感興趣的領域。

⑥不要比較孩子或把他拿來和其他人比較。留些空間給孩子，讓他們依隨己心。

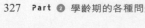

孩子學到的生活技能

孩子會學到父母關心對他而言真正重要的事。父母會幫助他想清楚：自己想要什麼，以及需要做什麼來完成。孩子可以找到方法克服困難，完成想做的事情。他可以改變心意，但仍會體驗到無條件的愛。

教養指南

①練習時間可以是你與孩子共度特殊時光的機會。你的陪伴可以讓孩子感受到你的愛和熱忱，促使他更期待練習的時間。

②許多孩子因為忙著滿足他人的期望，或是反抗這些期望，而不知道如何聽從內心真實的聲音。盡可能為孩子提供多一些機會，讓他探索真正想要的東西及如何實現的辦法。

進階思考

在家長課程上，一群父母正在討論練習事宜，以及孩子需要多久才能穩定地投入新的愛好或運動。

其中有一位父母在練習長笛一事上，正在與孩子進行拉鋸戰。她認為孩子的年紀還不夠大，不知道事情的重要順序，所以堅持孩子繼續學長笛並且天天練習。

她詢問其他小組成員的想法。

其中一位父母說：「有時候，我們身為父母，看得到音樂課的價值，但孩子卻看不到。與孩子們做協議，通常能夠激勵他們踏出第一步。因為某些身體技能和手眼協調能力，在童年時學習起來更有效，所以我們希望孩子參加音樂或舞蹈課程。我們和孩子一起達成這樣的協議，他們同意上課達到一定的技術水準（例如能夠彈奏某種程度的樂曲），我們都對這樣的安排感到滿意。」

另一位家長說：「我們的情況是，有時候我們同意讓孩子去一個班級或某個老師的課至少三到十次。如果到了結束時，孩子仍然不感興趣，那就真的不必再上課了。我們知道，有些具備天賦的孩子因為被迫去實現別人的夢想，反而討厭音樂或跳舞，我們不希望我們的孩子也出於同樣的情況感到生氣和怨恨。」

其中一位父親說：「我負責帶兒子去上游泳課。我們最近買了一艘釣魚船，希望他在船上時有安全感，所以很希望他學會游泳。兒子一開始非常熱衷於學習，直到教練告訴他必須把臉放到水裡吹泡泡。他看了我一眼，然後開始尖叫和哭泣，說想離開游泳池。我站在池邊，痛苦地看著他，並想著怎麼做才好。那位教練是一名高中生，他對我說：『你不妨去吃點東西或喝杯咖啡，十五分鐘後再回來。我知道你兒子可以自己解決這個問題，他會沒事的。』我想十五分鐘不會要了誰的命。在走去點心吧的一路上，我一直聽到我的孩子在尖叫，但當我回來時，他已經像一條魚般在水裡吹泡泡。接下來的幾堂課裡，他有時會有所掙扎，但我記得那些泡泡，並告訴他，我知道他會沒事的，於是我們堅持讓他上完這個課程。在全部的課程結束後，他帶著笑容，來到我面前，說：「我可以報名參加更多課程嗎？」

說謊或編故事

「我不知道如何讓孩子停止說謊。我們非常努力教導他崇高的道德觀。但我越是懲罰他，他就越是說謊。我真的很擔心。」

了解孩子、自己和情況

無論怎麼尋找，我們都很難找到一個小時候沒說過謊的大人。事實上，我們也找不到從來沒說過謊的大人。想到這些以自己也很難達到的道德標準去要求孩子，然後為孩子感到沮喪的父母，真是不禁令人莞爾。我們不是藉此將說謊一事合理化，而是想說明，說謊的孩子並非有缺陷或是沒道德。我們應該要先找出孩子說謊的原因，再去談如何幫助孩子不再說謊。

孩子會說謊的原因通常和大人一樣——感到受困，害怕被懲罰或被拒絕，感到被威脅，或是認為說點謊會把事情簡單化。常常說謊是一種自卑的表現，因為不知道自己是否夠好，才需要說謊維持表象。

編故事是孩童早年階段一個正常的現象，因為孩子容易將幻想和現實混在一起。盡情享受孩子的這個階段，讓自己參與其中——你最終可能會培養出一個有創造力的孩子。

給父母的建議

①不問引誘孩子說謊的陷阱問題。陷阱問題是指，你已經知道答案的問題，如「你打掃好房間了嗎？」相反的，你可以說：「我注意到你沒有打掃房間。你想擬定一個打掃計畫嗎？」專注於解決方案，而非責備。「我們應該做什麼來完成家事？」，而不是「你把家事做好了嗎？」

②當孩子說的話聽起來更像捏造而非說謊時，你可以輕微調整回應方式，與其說你注意到什麼，不如直接表達想法。「這聽起來是個好故事。你的想像力真豐富。再和我多說一點。」

③**自己先說實話**。「這聽起來不像真的。人在感覺困窘、害怕或被威脅時，大部分都不會說實話。我想知道我做了什麼，讓你不能安心說實話？我們不妨先休息一下？如果你等一下想跟我說發生什麼事，我很願意聽。」

④**處理問題**。假設孩子在你知道他吃完東西後還說沒吃。他為什麼說還沒吃？他還餓嗎？如果他還餓，他吃還是沒吃真的有關係嗎？與孩子一起想辦法解決餓的問題。他只是想要一些關注嗎？找時間與孩子共度特殊時光，處理他對關注的需求。他只是想講故事嗎？讓他講故事。而且可以直接說：「這聽起來是個好故事。再和我多說一點。」

⑤你也可以不管謊話，以「**啟發性提問**」幫助孩子探索因果關係。當他說整天沒吃東西時，

問他：「發生什麼事了？還有其他事嗎？你有什麼感覺？你想怎麼解決這個問題？」只有當你真正對孩子的觀點感到好奇時，這些問題才有效。不要用這些問題測試他是否說謊。

如果你認為孩子在揑造故事，回到建議②。

⑥如果孩子不想說：**尊重他的隱私**。這樣他就不必為了保護隱私而說謊。

⑦記住，有時孩子揑造出來的事，都是些無傷大雅的故事。盡可能多去探索孩子編造出來的故事，甚至幫孩子再去發展出相關的故事，也滿有意思的。

提前計畫，預防問題發生

①幫助孩子相信，**錯誤是學習的機會**，讓他不要因為覺得自己很糟而去掩飾錯誤。

②讓孩子知道他擁有無條件的愛。許多孩子說謊是因為擔心真相會讓父母失望。

③**表示感謝**。「謝謝你說實話。我知道這很困難。我很佩服你願意面對後果的態度，我知道你可以處理並從中學習。」

④**不要控制孩子**。許多孩子說謊是為了明白自己是誰，去做自己想做的事。同時，孩子其實也是在試著讓父母高興，讓父母以為自己在做該做的事，但其實是在做他想做的事。

⑤大多數的故事，即使是揑造的，都有幾分真實。如果你認為有問題，繼續深究，與孩子交談，找出背後真正的原因。

孩子學到的生活技能

孩子會學到的是，可以在家安心說實話。即使他一時忘記了，家人也會溫和關愛地給予提醒。孩子會知道，父母確實關心他的恐懼和錯誤信念，也會幫助他去克服一切。

教養指南

①大多數人以說謊來保護自己，避免被懲罰或拒絕。父母懲罰、評判或說教都會增加孩子以說謊做為防禦機制的可能性。上述的所有建議，都是為了創造一個非威脅性的環境，讓孩子可以安全放心地說實話。

②許多孩子說謊只是為了不想被大人們審判和批評，因為當大人在指責孩子時，他們都會相信大人的評語。孩子當然想避免這種痛苦。

③孩子現在這樣，並不代表永遠會這樣。如果孩子說謊，不要反應過度，罵他是騙子。他不是騙子，只是說了謊的人。這兩者有很大的差別。

④致力在親子關係中建立親密感與信任，不要只注意行為問題。這通常是減少你對孩子反感行為注意力最快的方法。

進階思考

哈羅德四歲，他怕黑。他三歲的妹妹經常以此取笑他。

一天晚上，他們住在一個穿過門廊才能上廁所的地方。

外頭刮著風，哈羅德害怕極了。最後，他怕尿濕的恐懼戰勝了對這段上廁所「旅程」的恐懼，於是他邁步朝門廊的另一端走去。

走到一半時，他踏入路燈的光線中，被自己巨大、「有力」的影子嚇了一跳。

哈羅德幼小的心靈突然靈光一現，如果他像自己的影子一樣強而有力，他就什麼也不怕了。

從這一刻起，哈羅德為了安全感、被人接受，發展出誇大其詞的習慣。當別人對他捏造事實感到生氣時，他會感到更不安，而開始捏造另一個故事。

最後，還好終於有人看出捏造故事對哈羅德的意義，幫助他明白，自己比任何影子都更強大——無論影子有多大。

請記住，章魚在受到威脅時，會釋放出比自己還大的墨汁狀煙霧，以便躲藏和逃跑。臭鼬相信牠釋放出越多的臭味，就越安全。

在動物界，也有不少愛捏造的夥伴呢！

傾聽

「我的孩子不聽我的話。我叫他做事，他會忽視我，直到我生氣、大聲罵他或威脅他才會聽。說教似乎也沒用。我自己做會比較簡單，但我知道，這樣無法教會他負責。」

了解孩子、自己和情況

許多父母在無意間把孩子訓練成「父母聾」。許多孩子在小時候都會出現這個症狀——特別是當他在探索世界並發展自主意識，但父母卻在一旁大吼大叫或是說教的時候。

別擔心，這不是不治之症。

如果你學會多行動、少說話，希望就在眼前。

如果孩子聽不進你說的任何話，或是你發現自己不斷在重複說一樣的話，他可能已經把你的話當耳邊風了。不要去找問題的原因，或認為這只是一個階段，最好先檢視你自己的行為，看看自己是否在無意中製造出這個問題。

給父母的建議

①如果你希望孩子多聽話，重要的是用最少的字，盡可能簡潔地說出你的意思，然後以行動來貫徹執行。

②用**單一詞彙**向孩子表達需要做的事：「草坪」「碗盤」「洗澡」「洗衣服」，確實和孩子的眼神接觸，臉上維持堅定和關愛的表情。如果一個詞彙不起作用，你可以使用少於二十個字的短句。「你該學著洗自己的衣服了。」「你如果打算在朋友家待晚一點，記得打電話。」你也可以使用非言語的信號：用手指著需要被做好的東西／地方／事情。微笑，但不說話。

③**運用幽默感**：「搔癢怪獸要來抓那些不聽話的孩子了！」

④**誠實表達感受**。「我感到很生氣，因為你把時間都花在家庭作業以外的事情上，我希望你能更重視我的話。」（不要說得像是抱怨，讓這句話只是事實的陳述。）

⑤**行動**。牽孩子的手，溫和堅定地帶他到需要完成的工作前面。

⑥寫一張比說話更能引起孩子注意的紙條。

⑦當你輕聲說話時，孩子會為了能聽到你的聲音而集中注意力。試試看。

⑧請孩子總結或重述你說的話，藉此傳授傾聽技巧。

⑨給孩子**需要他協助和思考的選擇**。「我們現在應該做的第一件事是什麼？」「你想在五分

鐘還是十分鐘後離開？」

提前計畫，預防問題發生

①請停止對孩子大叫、怒罵或說教。這些方式都不尊重孩子，同時將導致孩子變成「父母聾」。為了自我保護，孩子通常會有叛逆行為——不尊重你，或把你的話當耳邊風。

②孩子知道你什麼時候說真的、什麼時候說假的。除非你能說到做到，並尊重地表達，否則不要說。以有尊嚴和尊重的態度貫徹執行你們的協議——通常不需再使用語言。

③示範尊重的傾聽。當孩子感到被傾聽，他就會傾聽你。我們常常不懂孩子為什麼不聽話，卻沒意識到我們並沒有示範過真正的「傾聽」。向孩子解釋，談話是一種給與受、一來一往的藝術，並非為了指使別人。

④以啟發性的提問，非說教，來邀請孩子傾聽。

⑤在提供孩子資訊之前，先問他是否願意聽。「我有一些關於某件事的重要資訊。你想聽聽看嗎？」他會因為有選擇權而感到被尊重。如果他同意聽聽看，通常真的會聽。如果他不想聽，但你還是說教，就是對牛彈琴。

⑥定期舉行家庭會議，讓所有成員（包括父母）在互相尊重的氛圍中傾聽彼此——不責備，只是解決問題和傾聽。

⑦對孩子提出要求時，態度要尊重。當你打斷孩子正在做的事情時，不要指望他「馬上」做

你要他做的事。你可以問孩子：「在播廣告或節目結束後，你能做這個嗎？」

孩子學到的生活技能

孩子會認識到自己是家庭的一份子，在這裡，大家會互相尊重。他可以學習合作，不用反抗父母的控制。他還可以學習到尊重的傾聽技巧，因為父母會加以示範。

教養指南

①大吼大叫、怒罵和說教通常是直覺反應，而不是思慮周全的行動。你可以透過學習新的技能來改變直覺反應的習慣。遵循這裡所提供的建議，將可幫助你學習需要的技能。

②不要期待孩子一次就能記住該做的事（孩子會記住對他來說重要的事，但唯有持續地訓練，才能幫助孩子發展社會情懷和合作力，進而主動做他認為重要性不高的事）。

進階思考

在珍妮特家裡，只要媽媽一開口說話，大家不是走開、翻白眼，就是開始讀報紙。因為媽媽總是不停地說她想要什麼、她的想法和感受，於是每個人都被訓練到對她充耳不聞的地步。

媽媽在參加過一個傳授溝通技巧的工作坊後意識到，如果她想要家人聽她說話，就必須盡量少說話。

媽媽說：「當我說話時，我真是說個沒完。」（十二個字，比以前改善多了）

沒有人說話，因為他們已經習慣媽媽繼續說上幾句。但媽媽只是靜靜地等著。

珍妮特說：「妳在跟我們說話嗎？」

「是的。」（兩個字）

「妳想做什麼？」珍妮特問道，感到非常困惑和不自在。

「讓你們知道，我在練習少說話。」（十二個字）

「媽媽，為了什麼呀？」

「為了全家，我需要你們的幫忙。」（十二個字）

現在，珍妮特終於明白了。原來媽媽打算給她「沒人幫我」的長篇大論，而她早就背熟了，不需多加注意。在恍神了一會兒後，珍妮特意識到沒人在說話。珍妮特很震驚地說：「媽媽，妳說了什麼？妳需要什麼幫忙？」

「如果我說個不停，叫我停止。」（十一個字）

「當然，媽媽，只要我能幫上忙。」

很顯然的，如果媽媽說到做到，她就能學會想清楚再開口。她也會得到家人更多的注意力。

更重要的是，她有機會體驗談話真正的樂趣，亦即當人們真正投入討論時，那種你來我往的互動。

操控

「我的孩子很愛操控人，也不怕以說謊或耍心機來達到目的。她不關心別人怎麼想或有什麼需要。真正讓我擔心的是，她開始操控她的朋友和老師。」

了解孩子、自己和情況

「操控」是一種學習來的行為。很多父母沒有意識到自己正以「愛的名義」教導操控。父母以為在幫孩子，但當他們順從孩子再講一個故事，或為了滿足孩子的要求或只是怕他鬧脾氣就買玩具給他——教給孩子的就是「操控」。

如果操控無法得逞，孩子不會這麼做的。當父母不斷被孩子操控而達到目的時，孩子很快就會認為「只有得到我想要的，我才有歸屬感」或「愛就是我想做什麼，別人都會幫我做到」。

有些孩子會想操控一切，是因為對現狀感到無能為力，不知道如何以其他方式滿足自己的需求——他也有可能是因為感到受傷而試著以操控做為報復手段。也有孩子發展出操控行為是因為沮喪，或是不知道自己有能力面對失望，或是沒學會如何與他人一起找到雙贏的解決方案。

想鼓勵受挫的孩子，就該教導他有別於操控、尊重人的其他方式。

給父母的建議

①有時孩子會有操控行為，是因為知道只要煩父母夠久或是鬧脾氣，「不行」就會變成「好吧」。別讓孩子達到目的，孩子就不會一再操控你。如果你不是認真的，別拒絕孩子；如果說了，就溫和堅定地貫徹執行。給孩子一個「不行」的擁抱會很有用。

②當你覺得自己被操控，給孩子一個擁抱，說：「讓我們冷靜一下。」也許這就足以避免事情發生。你也可以把手放在孩子肩膀上，表示自己關心一切，但不會讓他得逞。教孩子可以直接提出要求，就事論事地回應他，「我會等你尊重地提出要求。」

③陳述事實。「聽起來你想透過（懇求、發脾氣、尋求關注、說謊）來達到目的。過去，我容許過。現在，我相信我們可以找到雙贏的解決方案。你有什麼想法嗎？」

④當孩子懇求再說一個睡前故事時，不要說話。給孩子一個吻，然後離開房間。如果他跑到你身後懇求，溫和堅定地（嘴巴閉緊）拉起孩子的手，將他帶回床上，直到他躺好。或是，如果孩子在店裡求你買玩具，問他：「你存了足夠的零用錢嗎？」如果孩子說「沒有」，對他說：「我們回家看看，要買這個玩具還需要存多久的錢。」

⑤如果孩子說：媽媽（或爸爸）同意只要你答應，他就可以做某件事時，你可以說：「媽媽（或爸爸）和我會私下討論這件事，然後給你答案。」花時間和另一半討論，不讓孩子學會操控你們之間的對立。你也可以讓孩子知道，在決定之前，他需要兩張贊成票（父母一

人一張票）。

提前計畫，預防問題發生

①在家庭會議上，提及你注意到有操控行為，想和大家一起腦力激盪，找到其他滿足每個人需求且互相尊重的解決方案。

②為自己影響了孩子的行為道歉。你可以說：「我做錯了。當我讓你得到想要的東西時，我以為我在表現對你的愛。我沒有告訴你，我相信你可以面對失望，制定計畫來滿足需要，並找到尊重每個人的解決方案。改變可能不容易，卻會讓我們更能感受到對方的愛。」

③如果你認為孩子是因為感到受傷而以操縱的行為來傷害他人，問他為什麼不開心。如果他不知道或沒辦法說：你可以猜猜看。例如：「你是不是覺得寶寶得到的注意力比你更多？」「你是不是覺得能夠到處使喚別人，讓你感到很有影響力呢？」「你是不是因為媽媽（或爸爸）和我離婚而感到受傷，需要更多我們愛你的證明？」

④如果你發現孩子在操控他的兄弟姊妹或朋友，不要在衝突發生時干預。你可以之後再去問其他的孩子或朋友，是否需要幫忙想辦法，一起面對他的行為。

⑤讓孩子和你一起建立就寢和早晨的慣例圖表，然後讓圖表發號司令。當孩子試圖想要影響你時，問他：「慣例圖表的下一步是什麼？」

⑥你是否太快就說了「不」或「我們等會兒再說」？，有時孩子愛操控，是因為當他試圖與

父母坦誠相對時卻碰了壁。

孩子學到的生活技能

孩子會了解自己的需求和感受很重要，父母也能幫助孩子以不操控人的方式滿足需求。孩子知道自己有時無法得到想要的東西，並有辦法面對失望。孩子還會學到，操控的行為無法讓他避免重要的生活慣例，例如在該睡覺時睡覺。

教養指南

①有時面對操控最好的方法，是管好自己，不去介入孩子的人際關係。他會自己弄清楚情況並加以處理，或出於個人理由而順從其他孩子。

②你是否曾經為孩子示範了以操控達到目的的方法？如果是，更直接表達出自己的需求。提出你的需求，並表達出願意被拒絕的態度。孩子會模仿你的行為，操控就不會再是他解決問題的方法。

進階思考

十歲的布雷特一早就對父親山姆說：「媽媽說我可以在史基普家過夜，明天早上我不需要參加棒球比賽。」

山姆憤怒地說：「你要參加比賽，我才不管你媽說什麼。」

到了下午，媽媽海倫對山姆說：「你為什麼告訴布雷特，他不能在史基普家過夜？」

山姆問：「妳為什麼允許布雷特錯過比賽？」

海倫感到傻眼。「山姆，我怎麼會這麼說？我們對彼此強調過，一旦孩子決定打球，他就一定要參加所有的比賽。」

「對啊，我也這麼想。」山姆回答。

「我想，有人在玩弄我們，該制止布雷特耍小伎倆了。我們要告訴他，在他做想做的事之前，必須得到兩個『同意』。如果你認為他在編造故事，帶他來我這裡，徵求第二個『同意』。」海倫說。

山姆微笑了。「我喜歡這個主意。我認為這些遊戲應該停止。」

那天稍晚，布雷特走向他父親說：「媽媽說我可以自己去逛商店。爸爸，待會兒見。」

「等一下，兒子。我們去確認一下。我同意你自己去逛商店，但是，讓我們一起去聽聽媽媽怎麼說。」

「但是，爸爸，媽媽都會讓我自己去逛商店。」

「好啊。既然這樣，那就更不會有什麼問題了。」

布雷特看起來很尷尬，不情願地跟著父親。

「海倫，布雷特說妳也同意他去逛商店。我是同意的。」

「對不起，」海倫驚呼道：「我剛告訴布雷特，他必須先打掃好他的房間才能離開。

當他打掃完房間後，如果你同意，我也同意他去。」

布雷特笑著說：「這是我的意思，爸爸。」

他跑上樓開始打掃房間，而海倫和山姆則輕聲地笑了。

早晨的問題

「每天早晨送孩子離家上學後，我都會筋疲力盡，與他們的爭吵幾乎足以把我弄哭。然後，當他們終於出門後，我還要清理一大堆亂七八糟的東西，一邊還急著去上班。我如何讓孩子在早上合作，自己做好準備？」

了解孩子、自己和情況

家庭氣氛由父母建立，而早晨將為當天定調。許多孩子和父母的早晨都從掙扎開始，因為，正如我們常說的，孩子只會做對他有利的事。對孩子有利的事是忽略父母的嘮叨和說教，讓父母為他做好一切。以下的建議將幫助你邀請孩子合作，這有助於讓每個人感覺更好，讓日子過得更順利。

給父母的建議

①現在你可能已經發現了，我們最喜歡的教養工具之一，就是邀請孩子一起建立慣例（參見後續「提前計畫，預防問題發生」①）。不要嘮叨或說教，讓慣例發號司令。簡單地問孩子：「你的慣例圖表下一步是什麼？」

②設定做完早晨工作的時限。許多家庭以早餐做為時限。你可以設定一個非言語提示，讓孩子知道還有工作沒做完。在早餐桌上將孩子的空盤翻過來（提前討論過的非言語提示），效果很好。

③花時間做好自己的家事，將自己準備好。不要嘮叨或提醒孩子需要做什麼。讓他體驗遺忘的後果。如果孩子的事情還沒做完就來到餐桌，將他的盤子翻過來，提醒他先完成工作再和家裡其他人一起吃早餐。如果孩子錯過了公車，讓他走路（一位母親讓孩子錯過公車後，自己走路去上學。但為了確保孩子安全，她其實一路開車跟著孩子）。如果孩子忘了家庭作業或午餐，讓他體驗老師給予的後果，或讓他挨餓（這不太可能，因為其他孩子會和他分享午餐）。

④如果你很難不嘮叨，在孩子做上學準備時，不妨洗久一點的澡吧。

⑤和孩子達成協議，規定在早上完成準備前不能打開電視。如果孩子沒有完成準備工作而在看電視，你就關掉電視。

提前計畫，預防問題發生

①建立早晨慣例圖表。在你感到平靜時，與孩子一起坐下來腦力激盪，想一份每天上學前要做哪些準備的清單。協助他製作一份圖表，幫助他記住清單內容。圖表應該做為提醒，而不是用來獎賞孩子做該做的事。

②一旦孩子開始上學，為孩子準備鬧鐘，並教他如何使用。

③如果這份清單包括簡單的工作，孩子就能學會負責和貢獻：擺好餐具、烤吐司、倒果汁、炒蛋或將碗盤放進洗碗機裡。

④讓孩子決定自己需要多少時間來完成清單上的所有事項，然後用鬧鐘設定所需時間。允許孩子從錯誤中學習。

⑤花時間訓練孩子，以角色扮演練習起床後的早晨慣例，並樂在其中。

⑥避免拯救需要花點時間才能了解自己可以負責的孩子。聯絡孩子的老師說明你的計畫，幫助孩子學會在早上自行起床並做好上學準備。問老師是否願意讓孩子體驗上學遲到的後果。想要改變一個早上有著拖拖拉拉惡習的人，通常需要讓他遲到一、兩次。孩子可能需要利用休息時間，或是在放學後趕上進度。

⑦將早晨的準備做為孩子就寢慣例的一部分，例如決定他想穿什麼（將孩子的衣服放在床邊的地板上，排成人的形狀），並把家庭作業放在前門附近。晚間的準備可以減少許多早晨的麻煩。

⑧記得在家庭會議討論早晨的問題，請每個人集思廣益，提出點子，讓早晨時光變成更正面的體驗。

孩子學到的生活技能

孩子會學到計畫自己的時間並對家庭做出貢獻。他會學到自己可以控制時間，匆忙或平靜都由他自己選擇。他有能力把事情做好，而不是被當成小寶寶看待。

教養指南

①不要為孩子做他自己能做的事。授權給孩子，教會孩子技能，而不是成為他們的奴隸。

②有些父母在孩子做準備時仍在睡覺。這並不是父母的疏忽，我們發現這樣的孩子往往更具責任感。如果這種方法適合你，記得在當天找個時間，與孩子一起度過特殊時光。

進階思考

六歲的吉布森將慣例圖表做成一個大時鐘，他在一張海報紙上，以紙盤當時鐘，寫出早上一小時（6:30到7:30）的慣例。然後他列出所有上學前的準備事項，並弄清楚完成每個事項所需花費的時間。他的父親拍攝了他完成每一事項的照片，吉布森把照片依序貼在發生的時間旁邊。

在時鐘的頂部，他寫了6:30，並黏貼自己醒過來的照片。

他順時針寫了6:34，因為他認為自己可以在四分鐘內穿好衣服，並在旁邊貼了一張自己穿衣服的照片。

在6:36旁邊，他貼了一張整理好床鋪的照片（二分鐘）。

6:36到6:46旁，貼的是他吃早餐的照片（十分鐘）。

6:48旁邊貼的是刷牙的照片。

6:48到6:53之間是準備自己的午餐的照片。

吉布森很高興地發現，他可以在6:53到7:25（三十二分鐘）之間玩玩具（在製作這份慣例圖表前，整個早晨都是在他試著在每項準備工作之間玩玩具並聽著爸爸不斷嘮叨的時光裡過去）。

他請父親拍幾張他玩不同玩具的照片，並在這一小時的時鐘上貼滿一半以上的範圍，象徵他有超過半小時的玩樂時間。

7:25旁邊的照片顯示他穿上外套、背上背包去上學。

吉布森喜歡遵循早晨的慣例圖表——爸爸則認為自己上升到不須嘮叨的天堂。

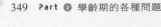

自尊

「我的孩子認為自己很醜、很糟糕。我該如何幫孩子提高自尊心？」

了解孩子、自己和情況

自尊心——就像是孩子隨身攜帶的圖片簿，展現了他是誰，如何適應環境——是在生命早期形成的。即使孩子是在心裡做出這些決定，父母仍然對孩子無意識做的決定產生著巨大的影響。父母說話和行動溝通的方式，在在影響孩子做出對自己健康或不健康的決定。

當父母以給孩子機會體驗自己的能力來表示對他的信任時，孩子通常會做出有益於培養健康自尊的決定。當父母創造一個允許孩子做貢獻的環境，並讓孩子參與影響自己的決定時，他便會茁壯成長。當孩子認為自己接受的是有條件的愛，或者當父母為他做太多而無法體驗自己的能力時，他通常會做出不利於培養自尊的決定。

給父母的建議

父母們通常認為孩子怎麼做都很棒，但更重要的是，去了解孩子究竟都做了什麼決定。

①當孩子說「我很笨」，表達了低落的自尊心時，只要傾聽並了解他的感受即可。相信他能夠在不被拯救的情況下度過這段時期——這最終會增加他的自尊心。

②不要試圖說服孩子擁有不同的感受。有時一個安慰的擁抱就足夠了。

提前計畫，預防問題發生

①永遠不要罵孩子。不要罵他笨蛋、懶惰、不負責任或使用任何不尊重的貶義詞。遇到問題時，專注於尋找解決方案，而非責備。將行為與孩子分開來看，處理有問題的行為。你可以明確向孩子傳達你的愛，但告訴他，你不喜歡他拿蠟筆畫牆壁。請記住，孩子犯錯正是他學習和成長的機會，而非性格上有缺陷。

②你也要避免使用讚美。當一切進展順利且孩子取得成功時，讚美看似在起作用，但孩子卻有可能因此變成「討好狂」。這表示孩子相信只有在別人說自己好時，他才是好的。如果你過度使用讚美，當孩子失敗時，你該怎麼辦？那時他需要最多的是鼓勵——透過一些話語或手勢，讓他知道：「你很好！」

③孩子每天都在形塑他們對世界的想法和觀點。他今天想的可能和明天的不一樣，但同樣需要父母的傾聽和支持。他需要知道人們會認真傾聽和對待他的意見。

④不要比較孩子。每個孩子都是獨特與不同的個體，應該以本來的樣子當自己，並受重視。

⑤注意不要對孩子抱持過高的期望，或者視行為表現而有條件的愛他。

⑥定期舉行家庭會議，讓孩子有機會發表意見，感受到歸屬感，相信自己是重要的。為解決問題進行腦力激盪，讓他了解錯誤是學習的機會。也可以計畫一些機會，讓孩子能貢獻和體驗自己的能力。

⑦與每個孩子單獨度過特殊時光，提醒他們各自具有的獨特性，以及你有多尊重這些獨特的性格。

⑧不要對孩子玩偏愛的遊戲。

⑨注意孩子是否有被兄弟姊妹、老師、同學、朋友和其他家庭成員輕視的情況。與孩子談談他的感覺，並分享你的感受。讓孩子知道，人會說壞話和做壞事，與他們自身的不安全感有關，與他無關。

⑩如果老師使用的方法不利於孩子健康自尊的發展，你可以選擇讓孩子離開這個班級。然而，你要察覺在過度保護和對負面環境保持警覺間，那條微妙的界線。

⑪別忘了和孩子一起玩。

孩子學到的生活技能

孩子會學到他不必證明自己值得被愛，他本來的樣子已經夠好。他也會學到自己有能力解決問題，處理生活的起伏，並做出貢獻。

教養指南

①重視每個孩子的獨特性。避免比較孩子，努力發現每個孩子的本質，不要試圖讓他成為你心目中為他描繪的樣子。

②努力提高你自己的自尊心。你越喜歡和越接受自己的錯誤和缺點，就越能為孩子示範更好的自我接納模式。

進階思考

有時候，要以正面的態度對待青少年，真的是一項挑戰。在十六歲傑西的家裡，每個家人都因為各式各樣的原因對他不滿。他媽媽很生氣，因為他的成績下滑。他的奶奶擔心他，因為他穿了耳洞。他爸爸因為他不守承諾而不高興，他的繼母則因為他總是把衣服亂丟在洗衣機、烘乾機、走廊和汽車裡，已經想掐他的脖子了。

感謝爺爺！他在傑西最需要的時候來訪。爺爺看著每個人對傑西嘮叨、說教，甚至迴避，身為爺爺，他沒有說任何一句話。但不知從什麼時候開始，傑西會在最奇怪的地方找到紙條，上面都寫著同樣的話：「傑西，你很好！」

有時候，當家人一起坐在桌邊時，爺爺會看著傑西說：「傑西，你猜怎樣？」傑西咧嘴笑著說：「我很好？」

「對，別忘了。」

生病

「有時，我的孩子病得很重，嚇壞我了，但有時我又認為，他們說自己生病只是為了引起我的注意或不想去上學而已。我要如何分辨？」

了解孩子、自己和情況

孩子生病是件令人擔驚受怕的事，而當孩子面臨的是有生命危險的疾病時，更是讓人無法承受。不過，孩子在大多數時候都會康復。

在一些家庭裡，孩子已經知道生病有時是逃避不想做的事或有機會得到特殊待遇的一種方式。但，假裝生病也可能是孩子求助或是尋求多一點關注的訊號。

不管是哪一種情況，處理行為背後的信念和行為本身，同樣重要。

給父母的建議

①如果你懷疑孩子利用生病做為逃避上學的藉口，以不帶威脅的方式確認這種可能性。「我不是很確定，但我想知道，你是否在學校裡遇到什麼問題，讓你覺得生病就能不去上學。如果這是真的，我很樂意聽聽看，並和你一起想辦法解決問題。可以等你準備好的時候，再告訴我。」

②如果孩子說他感覺不舒服，請認真對待。傾聽他的聲音，重視他的感受。如果你鼓勵孩子說出感受——他其實想說的是「我很害怕」（或「擔心」、「不舒服」）而非「我生病了」來求助時——就不該預設孩子是試著欺騙你。

③將體溫計放在隨手可及的地方，這樣就可以透過量體溫來確定他是否生病。現在也有供幼兒使用的腋下體溫計。當然，你也要考慮其他症狀——孩子也有可能生病了，只是體溫沒有升高。

④很多父母和孩子之間的聯繫很深，所以幾乎是孩子一生病就有所察覺。相信你的感受，並向外尋求支持來減輕恐懼。當你認為孩子需要協助去面對一些壓力極大的情況，或者是在逃避因恐懼而不想承擔的責任時，也要相信你的感受，並自信地採取相應的行動。

⑤當孩子生病時，確實讓他知道發生了什麼事，以及如何服藥。不要強迫孩子吃藥，但對他

解釋為什麼需要吃，並請他幫忙與合作。

⑥如果家裡有人生病，不要忽視其他人或自己。花時間陪陪其他家庭成員，也讓自己休息一下。誠實地與所有家庭成員分享正在發生的事情，以及你的感受。

⑦允許孩子偶爾有個「心理健康日」，讓他不必「生病」也能不上學。

提前計畫，預防問題發生

①教孩子如何傾聽自己身體發出的訊息，同時明白如何透過休息和良好的飲食來照顧自己。

②檢視自己對疾病的看法。你認為對待病人最好的方式，是把注意力全放在他們身上，還是讓他們獨處？你認為病痛是一種麻煩，還是在發生時坦然接受？你認為人即使生病了，還是應該「照常生活」嗎？你對病痛的看法，可能會影響你對待孩子的方式，以及孩子對生病的感受。

③盡可能在治療時避免使用藥物，這樣孩子便不會以為什麼都可以靠吃藥來解決。溫暖的愛護與關懷，是孩子生病時最好的良方。

④如果孩子在天氣寒冷時不穿外套，或是睡眠不足時，請不要對他說這樣會生病，因為你可能正在告訴他生病的辦法，而不是在預防他生病。

⑤將緊急聯絡電話張貼在明顯的地方，讓每個人在需要時都能夠迅速求助。

孩子學到的生活技能

孩子會學到如何傾聽自己身體的訊息、關心自己，不需要以「我生病了」做為藉口，就能提出自己的需求。

教養指南

①如果你生病了，請務必請家人和朋友幫忙照顧孩子並照顧你。

②無論你採取多少預防性措施，孩子還是會生病，請接受這一點，不要責備自己或過度保護孩子。

進階思考

有幾名八歲到十二歲的孩子，被獨自留在一座陌生的城市和房子裡，他們的父母在晚上外出了。沒有人問這些孩子是否為此做好準備——父母只是預設他們做好了準備。

不到幾分鐘，八歲的孩子開始肚子疼。最大的孩子向鄰居求助，並說：「我不認為她真的生病了。我覺得她只是害怕，我也是。」

外出的父母並沒有告訴鄰居，他們離開時曾將緊急聯絡電話留給孩子。鄰居於是帶著湯、碳酸飲料和冰棒，試圖給孩子們一些安慰。

在鄰居離開大約一個小時後，這名十二歲的孩子再次打了電話來。這次是另一個孩子頭痛，但他們在家裡找不到任何兒童能夠服用的阿斯匹靈。

鄰居跑去藥局買了一些阿斯匹靈，決定和孩子們待在一起，直到他們的父母回到家。這名鄰居意識到，這些孩子要負擔的責任，遠超過他們準備好的程度。

孩子們極具創意。如果他們認為自己沒有被尊重地對待，「生病」便會成為一種讓大人認真對待他們的好方法。

偷竊

「我的錢包和幾個孩子存錢筒裡的錢都不見了。十二歲的女兒堅持說她沒有拿，但我注意到她買了口紅、指甲油，還請朋友吃東西——這些可不是她的零用錢負擔得起的。」

了解孩子、自己和情況

大多數孩子至少都偷過一次東西（多數的大人在孩童時期也都做過）。當孩子這樣做時，大多數的父母都會反應過度。恐慌的父母可能會指責孩子是小偷或騙子。父母經常犯下打孩子屁股、對他下禁足令，或羞辱他的錯誤，以為這樣做，孩子長大後就不會變成小偷。但評判和懲罰通常只會使情況變得更糟。處理偷竊問題，其實可以讓你有機會教導孩子練習思考技能、培養社會責任，並專注於尋找互相尊重的解決方案。

給父母的建議

①當你知道孩子偷了東西時，不要試圖套話，如「你偷了這個嗎？」，而是告訴他：「親愛的，我知道你偷了這個東西。我小時候也這麼做過，讓我感到很害怕和內疚。當你這麼做時，你的感覺是什麼？」繼續以不帶威脅的語氣提出更多「什麼」和「如何」的問題。「你有沒有想過，商店老闆被偷了東西，會有什麼感受？你認為商店老闆要出售多少件物品，才能賺夠錢來支付員工薪水和租金，還有滿足自己的需求？你能做些什麼來幫助他？」許多孩子沒有考慮過這些問題，你可以幫助他學會關心別人。

②如果有東西被偷，請專注於擬定賠償物品或金錢的計畫，而不是指責或做人身攻擊。告訴孩子，他必須賠償被偷的物品，你需要他幫忙設想賠償計畫。如果有必要，讓他預支零用錢來賠償。制定一個可行的清償計畫，每週從他的零用錢中扣除。保留一份付款紀錄，這樣孩子也能看到自己表現如何。

③支持孩子將贓物退回商店。對孩子表示同情，而非懲罰。告訴孩子：「我知道這可能會讓人感到害怕和尷尬，但，有時我們需要經歷這些感受，才能糾正錯誤。」當孩子承認自己犯了錯並嘗試彌補時，店家通常會非常感激。

④如果你知道某個突然出現的玩具，原本是屬於孩子的朋友時，你可以簡單地說：「我想比利一定會想念這個玩具。我們打電話給他，讓他知道玩具沒有問題，我們有空時會盡快拿去給他。」

⑤為了給孩子機會歸還被偷的物品，同時給他留些面子，你可以這樣說：「只要能物歸原主，我不會在意是誰拿走這件物品。我相信在接下來的一小時內，東西就會被放回原位，我不會問任何問題。」

⑥如果來訪的孩子偷了你家的東西，告訴孩子，只要他不帶走，他就可以在你們家裡玩。如果他繼續從你或孩子那裡偷東西，讓他知道，你歡迎他到外面玩，除非丟失的物品被歸回原位，否則不能在你家裡玩。

⑦如果你懷疑孩子偷竊是為了吸毒，請尋求專業幫助。這是一個很難單獨處理的問題。

提前計畫，預防問題發生

①許多孩子會有偷竊行為，是因為覺得不被愛，沒有歸屬感。他認為既然沒有人關心他，他很受傷，所以也有權傷害他人。這被稱為「報復循環」。因此，找到讓孩子感覺被愛的方

法很重要。在制定解決問題的計畫時，將行為與個人分開，並對孩子表達你的愛。

②有時，孩子經常偷東西，是因為這是他得到想要的東西的唯一方式。你可以在符合全家預算的前提下，確實給孩子合理且足夠的零用錢，讓他得以支付各項花費。

③有時，孩子偷竊是因為錢就放在顯眼的地方，太誘惑人了。不要讓你的錢和貴重物品出現在孩子的視線範圍內。如果你懷疑有孩子在偷另一個手足的錢或東西，給被偷的孩子一個可以上鎖的盒子，來放置他希望保護的物品。

④孩子可能會因為嫉妒而去偷竊兄弟姊妹的錢或東西。問問孩子，是否認為你偏愛誰。傾聽他的回答、尋找線索，看看是否真如你所想。告訴他，感到嫉妒是正常的，你非常愛他。討論每個孩子的獨特性，確認討論的內容正面且不帶評判性。

⑤在下一次家庭會議時，幫助孩子在發生偷竊前「探索」偷竊的後果（如果已經發生偷竊行為，請確認對話是友善和適用於每個人的，不要把矛頭指向特定的個人）。透過詢問「什麼」、「為什麼」以及「如何」的問題來進行：「為什麼你認為有人會偷東西？偷竊有什麼後果？我們在家裡需要做什麼，使我們都能感到安全並且能互相信任？」

⑥向孩子傳達「無條件的愛」這樣的訊息，其中不包括拯救。換句話說：讓孩子知道你的做法，而不是試圖控制他的行為。對一個以偷竊汽車輪胎和零件來買大麻的青少年，你可以說：「如果你去坐牢，我還是愛你，並會帶餅乾給你，但我不會保你出來。」對弄壞從朋友那裡「借來」玩具的十歲孩子，你可以說：「我可以和你一起想辦法，解決這個問題，

但我不會幫你解決。」

孩子學到的生活技能

孩子會學到他能保留面子並處理錯誤，並且不會失去父母的愛和尊重。他的經濟需求非常重要，父母會幫他找到方法，在不偷竊的前提下獲得想要的東西。他會意識到自己並不壞；他犯的錯誤是可以被糾正的。

教養指南

①青少年可能會以偷竊來尋求刺激和同儕間的認同感。讓孩子被逮到並進行後續的彌補行為，對他而言是有益的。發生這種情況時，不要拯救他或為他保釋，否則他會認為自己是無敵的，沒有人可以阻止他。

②處理孩子受傷的感受與找不到歸屬感的痛苦，會比任何懲罰更能有效停止他的偷竊行為。

進階思考

麗貝卡心急如焚地前來參加輔導會議。她懷疑女兒朱莉正在偷她的化妝品和她弟弟的錢。當學校打電話來說：他們募來的食物不見時，這是使麗貝卡最終崩潰的一擊。麗貝卡準備將女兒送去坐牢。

過去，麗貝卡一向以和女兒對峙來處理偷竊事件。即使錢或物品都是在女兒的房間裡被發現的，朱莉仍然堅持自己是無辜的。然後麗貝卡會很生氣，罵她是騙子，並將她禁足一週。

這次，麗貝卡決定要以不同的方式處理事情。

她告訴朱莉，學校打電話來，說她這回提供給募款餐會的餐點和金額不一致，餐點短缺了。麗貝卡說：她很樂意彌補餐點的差額，可以每週從朱莉的零用錢裡扣除，直到還清。麗貝卡問朱莉，每週的零用錢是否可以減少十塊或五十塊。

朱莉完全措手不及，並開始找藉口。

麗貝卡說：「親愛的，讓我們專注在如何賠償吧。」

朱莉則回答：「好吧，每週五十塊好嗎？」

麗貝卡說：「有人說，看到妳和朋友在分享這些少掉的食物。」

朱莉開始為自己辯護。

過去，麗貝卡會直接指控女兒在說謊，場面也會變得很難看。這次，麗貝卡則說：「朱莉，我相信妳的朋友是因為妳本身而喜歡妳，而不是妳給他們什麼。如果妳想請朋友吃東西，為什麼不邀請他們到家裡來做餅乾，一起玩遊戲呢？」

朱莉說：「嗯，也許吧！」

朱莉離開房間時，麗貝卡給了她一個大大的擁抱。

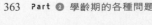

當朱莉知道她會被追究責任，並且必須賠償偷走的東西時，她就不再偷竊了。一旦麗貝卡表現出無條件的愛，停止對朱莉貼標籤和羞辱的行為，她也切斷了狡辯和拉鋸的惡性循環，同時直接處理問題。

麗貝卡也同時處理了更潛在的問題，像是改善她們的關係、提高朱莉的自尊心，以及專注於解決方案的重要性，而非責備。

暑假

「暑假似乎永遠不會結束。孩子們快把我逼瘋了。他們很無聊、要求又很多，我希望明天就能開學，但他們才剛放假一週而已。救命啊！」

了解孩子、自己和情況

在許多現今父母的成長過程中，暑假意味著一段可以睡晚一點、和朋友一起玩，以及在屋子裡閒晃的時間。而今天有百分之六十二的家庭是雙薪家庭或單親家庭。暑假期間，父母必須把孩子留給親戚照顧、讓他一個人在家、請保姆照顧，或是送他去參加夏令營。即使你想讓孩子擁有與你過往相同的暑假時光，也幾乎不可能——除非你有一個可以全程照顧孩子的親戚，或有足夠的錢來僱用家庭保姆。

即使你可以待在家裡，暑假也沒那麼容易安排。你可能以為娛樂孩子並確保他開心是你的工作。你也可能在「滿足孩子所有的需求」和「想把他送走免得自己還得娛樂他」之間擺盪。無論你的情況是哪一種，孩子都需要你的幫助，度過暑假。

給父母的建議

①即使在暑假期間的日常慣例與其他時間不同，也要繼續建立並維持。確實讓孩子參與慣例的制定。

②每天花點時間，單獨與每個孩子一起做些你們都喜歡做的事，或者就是單純地彼此陪伴。如果你在離家不遠的地方工作，試著找時間和孩子吃午餐。你也可以讓孩子幫忙做晚餐，這樣你在晚餐後，還會有時間和精力進行一些有趣的活動。

③安排大家一起做家事的時間，在一天剩餘的時間裡，都不要再想清理的事（希望孩子在你不在場監督的情況下把事情做好，是不現實的期待），做家事的好時機是早餐前或晚餐前，因為那時通常大家都在。

④查詢在地社區是否提供課程活動、特殊節目或夏季活動。在為孩子報名之前，確實讓孩子參與決策的過程。

⑤不要低估讓孩子在暑假靜坐、冥想或者單純好好休息的重要性。大多數的孩子在學年中都

有一份緊湊的時間表。別忘了，能有一整天（或更多時間）不做任何事的感覺有多好。當孩子以這種方式度過一整天時，不要驚慌。

⑥讓孩子一起制定看電視的時間規則，電視時間結束就要關掉電視。不要讓電視變成孩子的保姆。

提前計畫，預防問題發生

①和孩子一起腦力激盪，擬出他在無聊時可以從事的活動清單。然後當孩子抱怨無聊時，你可以說：「你何不看看清單上有哪些可以做的活動。」

②孩子們在暑假時，需要花時間和朋友們待在一起。如果你不放心孩子在你不在家時邀請朋友來，你便需要安排其他人待在家裡，讓孩子可以和朋友一起玩。你也可以與另一個家庭商量合作，這樣孩子就能待在有大人陪伴的地方。

③如果你必須為孩子聘請保姆，告知保姆，孩子需要遵守的慣例，不要期待保姆與孩子一起制定。不要期待年紀大的孩子在沒有報酬或沒有選擇的情況下照顧孩子——而是建議孩子們互相照顧。

④儘管這可能很困難，但重要的是：在你下班回家還沒投入家事前，先花點時間陪陪孩子，讓他知道你很高興看到他，並想知道他這一天過得如何。明確地告訴孩子，這不是抱怨時間，而是分享時間。

⑤計畫一些只有在夏天才會從事的特殊郊遊和活動。

⑥與孩子交談，了解他考慮如何度過暑假。有些孩子等了一整年就是為了這個假期，他能在這時大玩某個遊戲、閱讀一系列的書籍、看老電影，或者就是「放鬆」。不要太快對他度過暑假的方法下評斷，或認為你的點子一定比他好。與孩子合作，和他們聊聊能夠如何運用時間，去做些對自己重要的事。

⑦如果你不喜歡孩子可以放假幾個月的想法，試著尋找有沒有一整年上課的學校。如果你居住的地方沒有這樣的學校，向地方政府和社區提倡設立。

孩子學到的生活技能

孩子會了解，他可以選擇自娛，或是選擇無聊。他也會學到，放假並不表示他就可以忘記在家裡該負的責任。家人會幫他安全地度過一個愉快的夏天。

教養指南

①由於現代社會的父母多半都是在職工作，暑假已不再像往日的模式。許多孩子需要在學校生活外找到時間好好休息，但卻沒機會有效地利用這段時間。提前與孩子計畫如何有建設性地過暑假（包括休息時間），相當重要。

②有些孩子在暑假期間，由於缺乏生活焦點而變得沮喪。還有些孩子則透過順手牽羊或參加

幫派活動，來打發無聊時光。孩子需要有生活焦點，才能避免掉進這些陷阱。

進階思考

美國是唯一一個在每年夏天將學習過程暫停三個月的已發展國家，因此教師和學生都能在休息後重新啟動學習，而不是一直保持學習的高效運轉。

放暑假的起源，原本是家裡要讓孩子幫助種植夏季的農作物，但這已經過時了。現在我們保留了暑假的形式，但已失去原有的作用。

結果，美國的孩子比起其他已發展國家的孩子，每年平均將近少了四十到六十天的教育時間。

美國在未來可能會考慮改為全年（四學期制）教育，並在每個學期之間進行幾個較短的假期。在此之前，請與孩子討論是否在暑假期間打工、從事志工服務、參加特別的夏季課程，或進行任何其他較具生產性的活動。

告狀

「對於愛告狀的孩子該怎麼辦？我整天似乎有一半的時間，都在解決孩子告狀的問題。」

了解孩子、自己和情況

孩子會告狀是因為缺乏解決問題的技能，或是因為感到挫折而試圖以證明自己有多「好」來尋求更多關注。有些大人會因為孩子告狀而羞辱他。其他人則因為認為孩子沒有能力解決，所以介入干涉。與其對孩子愛告狀感到氣惱，不如將其視為教導重要生活技能的機會。

給父母的建議

①閉上嘴，認真傾聽，不要解決問題。不去解決問題不表示你棄孩子於不顧。當大人只是傾聽時，有些孩子會自己想到辦法。

②以反映式傾聽的方式，讓告狀的孩子知道你了解他的感受。「我猜你真的對——很生氣。」同樣的，你不需要做任何其他事來解決問題。

③當孩子向你告狀時，你可以問他：「為什麼要告訴我？」或「這對你造成什麼困擾？」，然後靜靜等孩子的回答。這些問題會讓孩子思考原因，並意識到他並沒有一個好理由，或者這對他根本不造成困擾。

④你也可以利用這個機會，教導孩子解決問題的技能。你可以問他：「你能想出什麼方法，來解決這個問題？」或「你願意將這個問題放在家庭會議，讓全家人一起想出解決方案嗎？」

⑤有時，對孩子表示信心就足夠了。對他說：「我相信，你可以解決的。」然後離開現場，展現你的信任。

⑥將牽涉其中的孩子們集合起來，也包括告狀的孩子。告訴他們：「我可以看得出來，確實有問題，我相信你們可以解決。你們可以在這裡討論。」你可以坐下來，安靜傾聽孩子討論解決方案，也可以先離開，請他們有結論時，再來告訴你解決方案。

⑦如果孩子在吵架，讓他們知道，直到找到解決問題的辦法之前，他們都無法繼續進行引起爭論的事。如果他們無法同意要收看的節目，就必須關掉電視，直到達成協議為止。

✿提前計畫，預防問題發生

①改變你對「告狀」的觀感。當孩子長大後，你反倒會希望他能夠多與你分享一些他生活中的事。現在就讓他知道，你對他關心的事感興趣，並會幫助他學習技能，你不會小看他的

問題或拒絕他。

②不要讓年長的孩子負責照顧比他們年幼的孩子。這責任太大，他們可能會以告狀的方式來處理。

③在冰箱上張貼一份備忘清單，讓孩子有地方寫下自己的擔憂。然後定期舉行家庭會議，讓孩子練習尋找解決方案，而不是怪罪別人。

孩子學到的生活技能

孩子會學到他可以與父母討論任何事情，而不會受到懲罰或侮辱。他也會學到，如果不喜歡別人的行為，他可以和對方一起解決問題或是選擇離開現場。他可以感到生氣，而家庭會議就是讓他談論令他氣惱之事的好地方。

教養指南

①如果你想鼓勵一個受挫且沮喪的孩子，卻又不想讓孩子繼續犯錯，你可以這樣說：「我愛你，並對你解決問題的能力有信心。」這是一個很好的訊息。

②大多數的孩子都會解決問題——當好心的大人不參與時，他們可以更迅速、更有創意地解決問題。往後退一步，讓孩子有機會在你介入前，看看自己能做到什麼。

進階思考

一位年輕的母親正在上一個家長課程，她決定每當孩子們彼此告狀時，只說一句話：「我相信你們能解決這個問題。」

幾週後，她邀請姪女和姪子過來和她的孩子一起玩。結果，姪女平均每小時就來告了六次狀。這名母親決定嘗試她的新技能，於是對姪女說：「我相信你們可以一起解決這個問題。」她的姪女看著她，好像她是世界上最可惡、最噁心的人，然後跺著腳走出房間，自己一個人玩了大約十分鐘。

一個小時後，她聽到另一個小孩告訴那名姪女：「我要去跟姑姑告狀。」

姪女說：「沒有用的啦！她只會說『我相信你們能解決這個問題』。所以，我們不如好好解決問題吧！」

「好吧，」另一個孩子說。「那讓我們輪流挑選一個玩具。」

「這聽起來很有趣。」姪女說。

發牢騷

「我的孩子很愛發牢騷，快把我搞瘋了。懲罰和賄賂都沒用。這聽起來反倒像是我在發牢騷吧？如果我再得不到任何的幫助，可能會做出比發牢騷更糟糕的事！」

了解孩子、自己和情況

孩子只會做能得到效果的事。如果孩子在發牢騷，這表示他期待得到你的反應。奇怪的是，孩子寧可你懲罰他或是對他生氣，都勝過根本沒反應。

發牢騷背後的動機，通常是為了尋求過度關注。孩子相信「只有當你不斷注意我時，我才有歸屬感——不管是正面或負面的關注」。對於某些孩子來說：這是他們想要滿足自己需求而且唯一知道的方法。有些孩子也可能只是短暫的發一陣牢騷，事情甚至還沒發生就結束了。

這裡提供的某些建議看起來有點矛盾，主要取決的標準在於，你需要針對的是信念，還是行為。請選擇最適合的方法。

給父母的建議

①每次孩子發牢騷時，將他抱在膝蓋上，對他說「我猜你需要一個大大的擁抱」。不要對發牢騷的行為或孩子在抱怨的事發表任何看法，只要好好抱抱他，直到你們雙方都感覺好些為止。

②讓孩子知道你愛他，但發牢騷會傷害你的耳朵，你很願意等他感覺好些時再來討論這件事，這樣他就可以用正常的聲音說話。如果他繼續發牢騷，告訴他，你愛他，但如果他繼續發牢騷，你將會離開房間。如果他還是繼續，請離開。

③你可以對孩子說：「讓我們把這個問題放在家庭會議，到了下次開會，我們都感覺好一點之後，再來尋求解決方案。」以這類的話語來處理孩子抱怨的問題。

④運用幽默感。蹲下來，把雙臂打開，手指做出搔癢的動作，對他說：「搔癢怪獸要來了喔！」因為你將孩子的精力引導去別的地方，他可能很快就會笑起來。

⑤別讓「發牢騷」這件事困擾你。這個建議本身就很有用，也是其他所有建議的重要組成原因。孩子可以分辨他的行為何時按到你的「按鈕」，如果他得到回應，就會繼續這樣做。

提前計畫，預防問題發生

①在孩子發牢騷的話裡，尋找隱藏的訊息。也許你的孩子正試圖（以發牢騷做為訊息密碼）告訴你，他缺少了被愛的感覺。也許你太忙，沒有注意到他感覺自己被嚴重忽視。在這種情況下，請與孩子一起計畫定期共度特殊時光，以幫助他感受自己的獨特性、重要性與歸屬感。另一方面，也許孩子是在告訴你，他對如何滿足自己的需求有著錯誤的觀念，並且需要你提供更好的溝通技巧「訓練」。

②在孩子不發牢騷的快樂時光裡，和他一起擬定一個非言語的暗號，代表你聽見他的牢騷了。你可以把耳朵拉起來，提醒孩子，你只能聽到他正常的聲音。你也可以把手指放進耳朵裡，然後微笑。或是用手輕拍胸口的心臟部位，提醒他「我愛你」。讓孩子決定他最喜歡哪一種暗號。由孩子自己選擇的暗號會更加有效。

③事先告訴孩子，你會怎麼做。「當你發牢騷時，我會離開房間。當你願意以尊重的聲音說話時，再告訴我。當你不發牢騷時，我很願意傾聽。」還有一種做法，是分享你的處理方式。「我不是沒有聽到你的聲音。但是在你用正常的聲音說話之前，我不想和你討論事情。我不想對抱怨的聲音做回應。我期待聽到你好好說話的聲音。」

④發牢騷可能是孩子感到挫折的訊號，當孩子感受到足夠的歸屬感和重要性時，就會停止。你可以忽略抱怨，並尋找更多鼓勵孩子的方法。

孩子學到的生活技能

孩子會學到，父母愛他，但不會掉進被他操控的陷阱。當孩子學會以有效的技能來滿足自己的需求和願望時，他的自我感覺也會變好。

教養指南

①有學者專家針對聾人父母的孩子，進行了一些有趣的研究。研究人員發現，這些孩子會做出看起來像在哭的表情，但沒有發出任何聲音。因為孩子能從相處的經驗裡學到，聾啞父母對聲音沒有反應，但是對他們的面部表情是有反應的。什麼有效、什麼無效，孩子學得很快。

②行為不當的孩子，通常也是一個時常受挫的孩子。懂得合作的孩子，則是受到鼓勵並且明

自尊重自我與他人的社交技能的孩子。

進階思考

瓊斯太太有一個小女兒史黛西，她很愛發牢騷，需要人不停給她注意力。瓊斯太太總是責罵史黛西，把她推開，叫她自己去玩。

有一天，瓊斯太太的一位朋友說服她，在縣裡市集的算命攤上算個命。算命先生暗示瓊斯太太，她可能看不到明年春天開的花。儘管瓊斯太太不相信算命先生，但她仍然為自己可能無法看著小女孩長大而感到困擾。

她突然覺得自己和史黛西在一起的時間不夠了。她想陪她、抱她、唸故事給她聽、和她一起玩。

現在，史黛西喜歡媽媽給她所有的關注——不過，只有一小段時間。

接著，她開始感到窒息。

她不再要求持續的關注，開始將母親推開，並想要擁有更多的獨立性。

當史黛西得到足夠的關注，停止尋求過度的注意力後，她發牢騷的習慣就停止了。

思想負面的孩子

「我很擔心兒子，對他感到氣惱，不知道該怎麼辦。在他眼裡，沒有一件事能讓他滿意。我們剛剛舉辦過由他安排的生日派對，他邀請了朋友過來玩。在派對結束時，我問他玩得是否開心，他說『還好吧，一點點。』如果他突然很正面，我可能會驚訝得從椅子上掉下來。他滿腦子想的都是他沒有的東西或沒做過的事情。」

了解自己，孩子和情況

對自己擁有的東西從不滿足——這樣的孩子很難相處、也不討喜。如果他們總是感覺自己被欺騙並且與朋友比較，堅持朋友擁有他沒有的東西，他們其實也在要求不符合你經濟能力或價值的標準。你可能認為孩子不開心是對你的反應，你一定做錯了什麼。你希望孩子快樂和積極，因為這對他來說是好事，也讓你和周圍和他一起生活的人比較輕鬆；只是，就算你付出最大的努力，事情永遠不對。消極的孩子經常為了在家中找到一個特殊的位置，而發展出這種態度和行為來對控制型的父母表達抗議，或是以此回應總是試圖讓他快樂的父母。

給父母的建議

①接受孩子原本的模樣。你可以承認孩子在看半滿的玻璃杯時，會看到水少了一半。不要對孩子談論這件事；接受這件事。也請其他人（兄弟姊妹、親戚和其他父母）不要幫孩子貼標籤。不要比較孩子。

②除非你想讓自己失望，否則，不要問有負面傾向的孩子這類問題：「你玩得開心嗎？」或「你快樂嗎？」相反的，請試著發揮幽默感，問他：「從一到十，你今天過得有多糟糕？」或「你可以用手指比給我看，你有多討厭你的新衣服。」

③告訴孩子，你願意聽他說失望的事，但也想聽積極的事。

④傾聽孩子的抱怨，不要說話或試圖修復。如果沒有任何好處，孩子也會認為負面表現沒什麼用。

⑤避免出現同樣的反應。不要以消極回應消極，示範你希望孩子有一天會學到的積極態度。在接受現狀的同時，對孩子的進步抱有希望。

⑥不要模仿或諷刺孩子。對孩子說「看看你，又抱怨了。」這樣的話語，沒有任何幫助或鼓勵效果。

⑦當孩子將自己的問題怪罪到其他人身上，尊重地傾聽，然後說：「對方該負部分的責任。但，在這個問題上，你自己可能要負哪些責任呢？你需要幫忙解決這個問題，還是只想告

訴我，你的感受？」

提前計畫，預防問題發生

①幫助孩子學習為自己創造成功的經驗。帶他開設儲蓄帳戶，為想要的東西存錢，擬一份無聊時可以從事的活動清單，寫一份感謝清單。

②教孩子使用「我感覺——，因為——，我希望——」公式來表達感受。

③每天與孩子共度一段特殊時光，讓他透過與你相處來獲得關注，而非抱怨。

④傾聽孩子。也許他有值得注意的問題，但你並沒有認真對待。

⑤如果你有一個孩子是很正面的，要注意，你處理的問題，很多會是來自於手足間的競爭。

⑥有時你也可以對孩子表示同意，並開玩笑地說：「你認為我們該怎麼處理那個罪魁禍首？」這通常就足夠讓孩子感受到你的支持，同時也滿有效的。

孩子學到的生活技能

孩子會學到生活有起有落，他有能力和責任創造想要的世界。他也會學到宇宙並非以他為中心在運轉。

教養指南

①不要修復問題和責罵孩子，讓他感受自己的能力，每個人都會因此更快樂。

②安排自己的時間，享受生活，向孩子說清楚，願意幫他什麼、和他一起做什麼。確實讓孩子明白，你和其他人也有重要的事要做。如果孩子因此感到困擾，沒關係，讓他擁有自己的感受，不要試圖修復或改變。

進階思考

伊恩相信媽媽更喜歡弟弟，而且弟弟總是為所欲為。沒有任何解釋和哄騙可以改變他的想法。

他畫了一張全家福，弟弟的頭上有光環，伊恩的頭上則長了角。媽媽擔心伊恩這種態度，但同時也厭倦他不斷的抱怨。

有一天，媽媽帶伊恩出去吃午飯，說有一件重要的事，需要伊恩幫忙。令伊恩驚訝的是，媽媽說：「我不知道該拿你弟弟怎麼辦。他總是表現得那麼好，真讓我受不了。他總是一直主動幫忙。你有什麼辦法嗎？」

他震驚到下巴掉下來。最後，他說：「我不知道能怎麼辦，因為我也受不了他。我以為他是你的最愛。」

「嗯，伊恩，我想這件事還要再想一想。謝謝你的傾聽。現在，我們應該吃什麼甜點呢？」

當他們回家時，伊恩顯得輕鬆多了。這並沒有完全改變他的負面性格，但他有更多正面的時刻。媽媽發現，每當弟弟主動要再做一件好事時，伊恩就會對她眨眨眼睛。

沒有運動精神

「我的孩子今年六歲，不能忍受失敗。我看到他那麼沮喪也很心疼。只要發現自己落後，他通常就會退出有競賽性質的運動。他有時甚至會為了贏而作弊。我們玩遊戲時，我可以讓他贏，但在與他人的競賽中，我卻不知道如何保護他。我也不希望他以後活在充滿欺騙的世界裡。」

了解孩子、自己和情況

我們猜這孩子可能已經有了這樣的信念：「只有當我得到第一名或表現最好時，才感覺有歸屬感並且是重要的。」

許多孩子很小就開始參加團隊運動，喜歡學習運動技能和玩遊戲。他們在團隊中成長茁壯。一旦父母或教練過於在乎輸贏而非比賽，或是孩子被拿來互相比較時，很多遊戲的樂趣就會消失，導致孩子想要放棄。

對於某些孩子來說：這也可能是發育過程而已。

在八、九歲之前，有些孩子對於規則的意義和目的不感興趣或無法完全理解。五、六歲的孩子則會為了好玩而玩遊戲，並在過程中順其自然地制定規則；若有人不守規則，他們也會因此感到沮喪。

給父母的建議

①避免過度保護孩子，當他輸的時候，讓他去感受失望的情緒。不要說教或試圖叫他擺脫這些感受。你可以對孩子說：「我看得出來，輸了這場比賽，你真的很失望。沒關係。你可以有這樣的感受。」重視他的感覺，這有助於孩子了解失望是生活的一部分，他能夠處理好的。

②在孩子還小的時候，試著單純只為了玩而遊戲——不需要任何既定規則。只要玩得開心，怎麼玩都可以。也可以玩沒有輸贏的遊戲——每個人都是贏家。

③隨著孩子年紀增長，如果你一直故意讓孩子贏，會給他一種「他總會贏」的錯覺。在他進

入真實生活後，這會讓他的失望感更加強烈。讓孩子輸幾次，他才有能力面對失望，也能在安全的環境中體驗失敗。

④如果孩子難以接受失敗，建議他休息冷靜一下。當他平靜下來，你可以問「什麼」及「如何」的問題。「你享受這場比賽的什麼部分？你參與的感受如何？如果其他人跟你玩總是輸，你覺得他們會有什麼感受？無論輸贏，你可以如何享受比賽？如何評價你們團隊的表現？」以溫和的方式詢問孩子「什麼」和「如何」的問題，能消除說教引發的防衛心。

⑤決定你的做法。「我真的很喜歡陪你玩遊戲，但如果每次玩遊戲，你都期待我輸，那就不好玩了。當你準備好無論輸贏都能享受遊戲時，再告訴我，我很願意跟你一起玩。」

提前計畫，預防問題發生

①你可以提出問題，以引導孩子往內心尋找答案的方式，來和他討論運動精神，說教只會引發他的抗拒。「你覺得『好的運動精神』是什麼意思？你覺得沒有運動精神是什麼意思？你認為要培養出好的運動精神，最重要的事情是什麼？身為團隊的一員，你的責任是什麼？」

②檢視自己的好勝心。你要求孩子獲勝嗎？你是否對孩子傳達「除了最好，其他概不接受」的訊息？你對教練大吼大叫，還是在一旁當教練？你在比賽後訓斥孩子，指責他犯的錯誤

嗎？記得是誰在比賽——是你，還是孩子。

③相信孩子能逐漸學會優雅地面對失望。與孩子分享你有效處理失望情緒的故事，告訴他，你從這個經驗中學到什麼，以及這對你的生活有何幫助。

④與孩子玩一些合作型的遊戲，無關輸贏。書店裡有很多書都能提供你如何進行非競賽性活動的點子。

⑤帶領孩子思考如何自我改善，而不是與他人競爭。為孩子講述獲勝奧運選手的故事，他們無論輸贏都努力追求個人的最佳表現。

孩子學到的生活技能

孩子會學到他可以在失敗的時候感到失望，並加以面對。他懂得體會別人輸的感受，以及如何輸得優雅。他可以體驗團隊合作的樂趣。

教養指南

①珍惜並享受純粹為了樂趣而進行的比賽。

②有些過分強調獲勝的教練和隊伍，對孩子反而弊大於利。如果孩子想退出，不要猶豫，讓他退出。

進階思考

馬克是家裡最大的孩子，到了八歲，還是無法接受自己會輸掉比賽的事實。馬克之所以如此，爸爸也是略有貢獻，他總是在玩象棋的時候讓馬克贏，因為不喜歡看到馬克難過和哭泣。

在了解出生排行的影響後，爸爸意識到，讓馬克有一些失敗的體驗很重要，所以開始贏得至少一半的比賽。

馬克一開始很沮喪，但爸爸讓他感受這些情緒。很快的，馬克就知道輸棋並不是世界末日，開始以更優雅的態度面對輸贏。

有一天，當爸爸和馬克一起玩接球，並投了一個很糟糕的球時，爸爸才真正感覺到馬克的改變。

馬克沒有因為沒接好球而生氣，也沒有責怪爸爸投得很糟，他幽默地評論說：「爸爸，投得好！馬克，接得糟！」

缺乏動力和不感興趣

「我的孩子在學校表現馬馬虎虎，沒什麼學習的動力。在家也不做家事。我們提供過獎賞，也取消過他的特權，但似乎沒有任何作用。他對任何事都沒有興趣，也提不起動力。我們應該怎麼辦才好？」

了解孩子、自己和情況

當孩子缺乏動力時，最好能進入他的世界，發現其行為背後的信念。

大部分缺乏動力的表現，是孩子對不得不做、但又不想做的事情的反應。同樣一個孩子被放在他自主選擇的領域裡，則會展現十足的動力。

也許你的孩子正感到無能為力，並試圖藉此告訴你「你不能逼我」，而這是他唯一可以贏得拉鋸戰的方法。也許你給了他過多壓力與過高的期待，讓他感覺你的愛是有條件的，令他感到痛苦，所以想透過不做嘗試來傷害你。如果你為孩子做得太多，也可能導致他認為自己無能而自暴自棄，因為避免嘗試總比面對失敗來得容易。

孩子也可能正在與某個兄弟姊妹比較，並試圖透過與眾不同來找到自己在家裡的歸屬感和重要性，特別是如果他有一個性格積極的兄弟姊妹。還有一個可能是，你讓孩子看了太多的電視節目或玩了太多的電子遊戲，因而養成許多不良習慣。

無論何種原因，缺乏動力的孩子都是父母所面臨最具挑戰和最令人沮喪的情況之一。父母的典型反應是為孩子做事、逼他努力、嘗試懲罰，或透過使他愧疚，期望他能自我改變。但這所有的回應都只會讓情況變得更糟。真正的挑戰是，父母要停止無效的教養，並花時間找到鼓勵自己和孩子的方法。

給父母的建議

①檢視自己的行為。你是否沒有好好陪伴孩子、接受並喜歡他原本的樣貌，導致他想要尋求過度關注？你是否因為控制欲過於強烈，因而引發了親子間的拉鋸戰和孩子的叛逆？你的期望是否過高，以致於孩子覺得自己做不到，並因你有條件的愛而受到傷害？你為孩子做得太多，導致他認為自己沒有能力嗎？如果你對上述任何一個問題的回答為「是」，請立刻停止你的舉動，並選擇以下任何一個建議，來建立更為尊重的親子關係。

②不要期望孩子能貫徹執行，而是你需要以溫和、堅定、有尊嚴和尊重的態度貫徹執行。用最少的詞彙來表達孩子需要做的事情：「作業」、「家事」。與孩子的目光接觸，保持堅定但溫和的表情。如果孩子仍然不做，不說話，給他一個會心的微笑、眨眨眼或抱抱他，用手指向需要做的事情。這些方法比會引發拉鋸戰的話語，更具有激勵性。

③**行動**。牽著年幼孩子的手，溫和堅定地帶他來到需要完成的工作面前。太多的父母都是說了太多話或只是站在遠方指揮孩子，這都是行不通的。

④**誠實表達你的感受**：「我感到沮喪，因為你將時間都花在課業外的事情，我希望課業能成為你的優先事項。」

⑤讓他自己從**後果裡學習**（後果是孩子選擇的結果，而不是你強加而來）。如果他沒有做家庭作業，讓他去承擔成績不好和錯失機會的後果。不要低估從失敗中學習的價值。當孩子經歷自己選擇的後果，要表現出同理心，而非擺出「我早就告訴過你」的態度。

⑥提出「什麼」和「如何」這類問題，能夠幫助孩子探索和理解因果關係，並使用這些資訊來制定邁向成功的計畫。「你如何看待發生的事情？」「對你來說：重要的是什麼？」「如果你這樣做（或不這樣做），對現在或將來有什麼好處？」「你有什麼計畫來實現你的目標？」（如果他說「我不知道」，你可以告訴他：「為什麼不先想想看？想好之後再來找我，我知道你是一個很會解決問題的人。」）

⑦**共同參與解決問題**。與孩子一起確認問題，並設想一些可能的解決方案。先分享你的觀點：「我注意到，你沒有努力做完作業或幫忙做家事。」然後邀請孩子分享他的觀點。只有當孩子認為你會不帶評判地傾聽時，這個法子才會有效。然後一起進行腦力激盪尋求解決方案，並選擇對雙方都適用的方法。

⑧向孩子保證，你知道他有能力，為成功做好所有的準備。

提前計畫，預防問題發生

①熱衷於參加活動的孩子，如果突然中斷了活動，請留意這種情況。這表示他可能在學校或家裡遇到了狀況，例如父母離婚或有人生了重病。也有可能在同儕關係上遇到問題。

②**幫助孩子設定目標**。你可以問問孩子，如果他擁有一根魔杖並能做他喜歡的事情，他會做什麼。這將使你對孩子真正的興趣，有更多了解。

③定期舉行家庭會議，聯手解決問題。請記住三件事。首先，當孩子參與決策時，他會更願意遵守決定。再來，當孩子了解自己所做事情的相關性時，會更願意參與其中。最後，當孩子參加集體討論，尋求對所有相關者都尊重且有幫助的解決方案時，他也能學到寶貴的生活技能。

④討論所有進展順利的事情，讓孩子有機會先發言，然後詢問他哪裡還需要改進。與他一起腦力激盪，看看你們各自能做什麼事情，是對他最具鼓勵性和最有幫助的。

⑤與孩子（而不是為孩子）一起建立日常慣例。當孩子對時間和做法有發言權時，他會更願意做該做的事。

⑥**發揮孩子的優勢**。如果孩子在任何領域都做得不錯，鼓勵他花更多時間在其中一個領域（別要求孩子在某項科目進步後，才能花時間在自己擅長的科目），孩子需要在自己表現好的領域被鼓勵。教孩子管理自己的弱點，讓他知道，只要他在自己擅長的領域表現良

好，其他科目勉強通過或者偶爾放棄，也是沒關係的。

⑦當孩子經歷失敗時，避免說教，表現同理心。告訴他，錯誤是學習的絕佳機會。

⑧**放手讓孩子自己解決問題**。「放手」與「放棄」之間是有區別的。放棄意味著切斷一切聯繫，會傳達出你不再幫忙的訊息。放手時，你可以跟他保持聯繫，同時將問題的責任交還給孩子。

孩子學到的生活技能

孩子會學到他可以設定自己的目標，並學習實現這些目標所需的技能，而父母將會從旁協助他。他也會知道父母無條件地愛他，對他有信心，相信他可以解決問題並從錯誤中學習。

教養指南

①對孩子強調，重點不在失敗，而是失敗後如何面對，藉此幫助他找到並維持自己的勇氣。

②請記住，不要幫孩子過生活。你的工作是幫助他發現自己並發展自己的目標。

進階思考

八年級時，斯圖爾特對上學失去了興趣。他的母親先是得哄他，到了後來需要用吼的，才能讓他起床去上學。斯圖爾特最後起床時也總是很生氣，悶悶不樂。他在學校不肯努力讀書，常蹺課，成績也下滑了。

最後，他的母親決定停止這場拉鋸戰。

她請斯圖爾特一起坐在休閒室裡，並以友善的方式問了一系列「什麼」和「如何」等問題。她問他：「如果你沒有受過良好的教育，你的生活會是什麼樣子？」

斯圖爾特悶悶不樂地回答：「有很多百萬富翁也沒有受過良好的教育啊！」

媽媽承認。「是的。你知道你們學校裡有多少人輟學嗎？」

「有幾個。」斯圖爾特說。

媽媽問：「他們現在過得如何？」

斯圖爾特說：「一個人在坐牢。另一個在麥當勞打工。」

媽媽忍住不說「好吧，難道你想變成這樣嗎？」，而是繼續邀請斯圖爾特探索各種可能性。她問：「如果沒有受過教育，你認為你能做什麼樣的工作？」

斯圖爾特說：「嗯，我可以當承包商。」

媽媽說：「我相信你可以。那麼，如果你沒有受過教育，有哪些工作是你沒辦法做的？」

斯圖爾特好好地想了想，說：「好吧，我不能當工程師或是機師。」

媽媽看得出斯圖爾特想清楚了。

幾分鐘後，斯圖爾特說：「好吧，我會去上學，但我不會喜歡上學的。」

媽媽說：「哇！你說的話很深刻哦！你剛剛發現了一個成功的法則——即使你不喜歡，也要做，因為你看到堅持下去的長遠好處。」

注意力缺失症

「老師懷疑我的孩子可能患有『注意力不足過動症』。她抱怨說：他經常坐立難安，而且無法專心。我在家裡也注意到同樣的問題。他無法專心，也無法把一件事情好好做完。學校的心理輔導師認為他需要接受藥物治療，但我不希望讓孩子吃藥。請問，還有什麼替代方案嗎？」

了解孩子、自己和情況

關於「注意力不足過動症」的傳統看法是，它是一種神經障礙，以在發育上缺乏對注意力、活動和衝動的控制為特徵*。我們的經驗是，表現出「注意力缺失症」或「注意力不足過動症」症狀的孩子，經常有多話、並很少對自己說過的話貫徹執行的父母。我們希望任何從事教養工作的人，在替孩子貼標籤之前，都要特別謹慎。

有些孩子專心的時間比其他孩子來得長嗎？是的。有些孩子的能量比其他孩子來得多嗎？是的。有些孩子比較外向，有些孩子比較內向嗎？是的。有些孩子是因為吃了太多的糖，由此引起生理上的變化，以致於出現過動症狀。有些孩子則是因為被父母和老師的教學和管教方法搞得「瘋狂」。儘管孩子需要學習被人接受的行為和技能，但事實上，每個孩子都是不同的，並不是每個孩子都能滿足社會對「好孩子」的期望。

「疾病」只是一種了解行為的方式。我們將分享另一種方法。我們知道自己在處理一個非常具有爭議性的話題，你肯定想多了解不同的理論。當你在閱讀與此一主題相關的研究時，請務必包括所有關於使用藥物所產生具嚴重且負面副作用的最新研究。請你同時嘗試以下的一些建議，觀察有多少「過動症狀」因此減少，並幫助孩子學習技能，處理注意力短暫和其他造成其困難的行為。

給父母的建議

①對於「注意力缺失症」或「注意力不足過動症」這些標籤，要格外注意，因為這經常是籠統的說法。避免給孩子貼標籤，因為標籤有可能成為一個自我實現的預言，讓你忽略孩子身上真正發生的事。

②請重視特殊時光，並尋找在這段時間內與孩子相處的方法。將焦點放在孩子的成功上，不

＊想要了解更多關於「注意力不足過動症」的看法，請參考約翰．泰勒（John F. Taylor）所著《幫助家中過動或注意力不足的孩子》（*Helping Your Hyperactive or Attention Deficit Child*，暫譯）。

論大小都加以慶祝，同時鼓勵孩子發展他有興趣的活動領域。

③你願意根據孩子的實際需求，而不是對孩子年紀或智商水準的一般認定，來幫助孩子。例如，孩子在幼兒園裡學不會綁鞋帶，花的時間比其他孩子來得久，可以在孩子的手指發育完整前，讓他使用尼龍搭扣。不要因為「不正常」而懲罰孩子。

④讓孩子按照自己的速度使用電腦來學習，也可藉此避免常見的寫作困難。有些在用手畫畫和寫字上有困難的孩子，或是有識字問題的孩子，在使用電腦學習時的表現都很出色。你希望孩子在使用手錶前便先學會以日晷分辨時間嗎？我們不這麼認為。那為什麼你要對孩子不用鉛筆或原子筆，而是以電腦來獲得學習成就，感到猶豫呢？

⑤在確認你擁有孩子全部的注意力後，只把話說一遍。當孩子分心時，使用簡單和尊重的提示方式，例如輕敲桌子、把手放在他的肩膀上，或是以單詞提醒——讓孩子重新聚焦。

⑥不要忽略孩子的獨特性；當你以自身標準而非孩子的能力對他施加壓力時，請留意。

提前計畫，預防問題發生

①使用正向教養的工具來減少孩子的不當行為，鼓勵他們盡最大的努力。參加親子課程，閱讀、練習並複習本書中的每個主題。不要偏離正向教養的道路，不要接受基於獎賞或懲罰的教養建議。

②你要做的第一件事是，注意自己的行為。我們不是要你自責，而是去意識到自己在做什

麼。你是否太過忙碌，沒有在教導和鼓勵孩子上投入足夠的時間和精神？你是否只是要求孩子，而不是讓他們一起尋找解決方案？你是否在家裡囤放了太多的甜食？孩子吃了太多「速食」嗎？你說得多、做得少嗎？你讓孩子感受到的是有條件的愛，而非珍惜他的優點和獨特性？如果你注意到自己有這些行為，可以選擇改變。在你這樣做之後，孩子的行為也會出現很大的改變。

③運用你對錯誤行為目的的認識，來辨識孩子不當行為背後的錯誤「信念」，並找到鼓勵孩子的方法，如此孩子便不會再有不當行為。

④幫助孩子學會控制注意力的長度和行為，提供他更多時間與空間。進行由你和孩子共同建立出來簡單一致的日常慣例，幫助孩子學習將物品放在需要的地方。在門口附近設置一個區域，可以放置鞋子、外套、背包、午餐盒等出入時經常要用到的東西。幫助孩子使用活頁夾、清單和筆記本整理資訊。透過日曆、時鐘和計時器教導孩子時間管理。提供孩子特殊的用具，如較圓、較短、杯底重的杯子，飲料只裝一半等，來減少液體溢灑出來的機會。

⑤觀察孩子在遊戲時的表現，看看他喜歡哪一種學習方式。他的肢體活動力強嗎？他喜歡觸摸東西嗎？他能夠短暫地集中注意力學習嗎？使用上述這些資訊來創造活動，去幫助並強化孩子的優點或喜好。

⑥讓孩子進行需要集中注意力、記憶動作順序，同時包括身心訓練的體能運動，藉此培養孩子的專注力（如果能與孩子一起進行這些活動，效果更好）。我們建議的活動包括體操、

舞蹈、武術和運動。幫助孩子找到他喜歡、也可以做得好的活動。

⑦幫助孩子學習讓生活上軌道的方法。鼓勵孩子使用學校和社區所提供的資源，像是輔導老師和學習教室。傾聽他對難以相處的老師和學習時感到困難的科目等擔憂，鼓勵他尋找替代的學習方案，像是自學。成為孩子的支持者。孩子的自尊以及你們的關係，比任何分數都來得重要。

⑧探索學校裡不同的學習機會。與孩子融洽相處的老師保持聯繫，並與學校保持溝通。對孩子最有幫助的老師，需要同時具備關愛、彈性與良好的組織能力。小班制和小學校也會提高孩子成功的機率。如果你發現老師或學校不願意或沒辦法滿足孩子的需求，在必要時，保護孩子的獨特性，不讓他因此受罰。

⑨當孩子在學校出現問題時，讓他一起決定處理的辦法。召開親師生會議，共同尋找非懲罰性的解決方案。有些孩子認為最好的辦法是讓他在教室裡走幾圈，然後回座位上坐好。其他孩子可能需要一個安靜的角落，可以讓他去那裡多花一點時間完成作業。

⑩將你的時間和精力做最好的安排。太過緊湊的活動行程或不合理的日常慣例，都會很快演變成一場災難。

孩子學到的生活技能

孩子會學到，在自己身邊會有大人關心他的個人需求，並能幫助他學習掌握生活的技能；他不會感覺到自己是行為的受害者，而是能對行為有所掌控。他們會學到，當一個獨特的人也是很好的事。

教養指南

①千萬不要將所有的時間精力都放在一個孩子身上，而忽視了自己和其他孩子。給自己時間，並和其他的家庭成員共度特殊時光。

②大多數具有「注意力不足過動症」特徵的孩子，在成年後早已學會如何將他們過動的症狀，轉化為在職場上成功的動力。

進階思考

查爾斯女士是一位出色的老師，她非常尊重孩子的獨特性，不會隨便幫孩子貼標籤。她在教室後面放了一張堆滿黏土的桌子。她告訴孩子，只要他們感到「煩躁」，就可以去那裡玩黏土。當孩子失去注意力時，她會請所有人站起來，做兩分鐘的「搖擺舞」。如果孩子覺得自己需要與分心的事物隔離開來，可以選擇使用有隔板的桌子。她也邀請具有「獨特」才能的孩子來輔導其他孩子。例如，讓活動力強的學生帶領體操；有數學天分的孩子輔導需要幫助的同學等等。所有的學生都因為能夠做自己，而感到自己是特別的。

霸凌

「我的兒子每天都會從公車站快跑回家，因為有一個塊頭大的孩子會推擠他，威脅要揍他。我不想做一名過度保護的父母，或是出現在公車站，讓孩子更為難，我不知道如何幫助他，但我知道我必須做些什麼事。」

了解孩子、自己和情況

誰沒有處理過霸凌的問題？每所學校、每個社區都有霸凌者。他們藉由威脅和行動傷害他人，有時甚至讓孩子根本無法好好生活。如果你是和平主義者，可能不希望孩子反擊，但你還能給孩子什麼處理問題的建議？忽視問題並不會讓問題消失。

給父母的建議

①鼓勵孩子，當自己遇到了麻煩——即使霸凌者威脅他們不許告訴任何人，否則就會遭到報復——也要告訴大人。

②建議孩子建立起好友網絡，這樣才不會落單。孩子們可以互相幫助，人多也比較安全。

③讓孩子參加並學習強調自律、自我控制和培養自尊的自衛課程。當孩子感覺自己更強壯、更有能力時，他就不需要攻擊別人。他的信心將來自於內心。

④觀察孩子並與他討論，確認他不會戲弄或引誘會以霸凌做為回應方式的人。

⑤當孩子抱怨自己被霸凌時，請仔細傾聽，並確實告訴他們，看到霸凌這樣的事發生在他們身上，你感到很難過，霸凌是不對的行為，你很願意幫助他們。

⑥建議孩子嘗試以下建議來改善情況：使用幽默感、走開、拒絕打架、與霸凌者交朋友、不理會侮辱、尖叫，或是和霸凌者講理。

提前計畫，預防問題發生

①請學校幫忙加強督導，對違規者制定零容忍政策。

②建議學校擬定安全培訓和同儕調解計畫，讓霸凌者和受害者可以一起談話，藉此展示如何以非暴力的方式解決衝突。

③你可以出現在霸凌者出沒的地方。早上帶著咖啡，步行到公車站附近，站在一定的距離外喝咖啡。

④要避免教養出會霸凌的孩子，請確實讓孩子感受到強烈的歸屬感，並讓他知道自己並非無

能為力。定期舉行家庭會議，讓孩子學習專注於解決方案。

⑤關掉那些涉及暴力、謀殺的電視節目，停止讓孩子看暴力電影或玩模擬謀殺的電子遊戲。

⑥注意，別在家裡強化好人及壞人的刻板印象。如果你經常責備某個孩子並保護另一個孩子，可能在無意識的情況下製造出了潛在的霸凌者與受害者。如果你會體罰孩子，便是在教他們也這麼做。

⑦定期舉行家庭會議，以減少孩子成為霸凌者的機會。在家庭會議上，孩子將能學會尊重差異並專注於解決問題。

孩子學到的生活技能

孩子將學會不以暴力或受害者心態來處理問題。孩子會認識到霸凌者不是天生的，而是製造出來的。霸凌者大部分的行為不是學來的，就是為了消除孤立感而表現出來的。

教養指南

①避免在情感或肢體上羞辱孩子，或是以威脅和命令的方式解決問題——這些舉動有可能會在無意間製造出霸凌者。

②教導孩子以非暴力方式解決衝突的技巧。請孩子遠離霸凌者出沒的地方，以避免遭到霸凌。如果情況變得很嚴重，教孩子不要猶豫，立刻尋求大人的幫助。

進階思考

格蘭特搬進一棟新的公寓大樓，經常被大樓裡其他的大塊頭孩子欺負。

有一天，他的妹妹手插著腰，對著霸凌的孩子說：「如果你們再欺負我哥哥，我就要親你們囉！」

那些男孩們聽到後四處竄逃，大聲叫著：「救命啊！救命啊！別讓她靠近我。」

道格的哥哥格斯是個霸凌者。

每當父母不注意時，格斯就會踢道格，踩壞他的玩具，弄壞他的東西，然後在他房間裡吐口水。

父母做什麼都沒有用。他們對格斯說教、威脅他、打他、怒斥他、叫他在房間裡反省。父母試圖保護道格並解決問題，但一點用都沒有。

有一天，道格的父親把他送到空手道學校。

經過一年空手道的訓練後，道格告訴哥哥，現在他知道如何把自己變成致命武器，如果有必要的話，他會毫不猶豫地使用新學到的技能。

道格向家人展示了目前學到的一些招數，包括一整套的踢腿、手部動作和翻轉。

從那時候開始，格斯就不敢再惹他了。

Part 3

青少年期的各種問題

青少年期是孩子成長的重要階段，可能會出現叛逆或拒絕溝通的情況。該如何關心孩子的交友情況？如何制定電子產品的使用規則？又該如何與青少年時期的孩子溝通價值觀及交友等問題呢？

電子產品：電視、電子遊戲、iPod、電腦等

「如果我完全不管孩子們，他們會花一整天去玩電子遊戲或看電視，要不然就是在聽iPod。他們在電腦花上幾個小時傳簡訊，一次最多可以同時向二十六個人發訊息，他們在手機上用兩根手指傳簡訊的速度，比我用十根手指輸入的速度還快。他們的大腦會不會烤焦啦？他們會不會變得完全無法專心？他們的道德觀和社交技能會變成什麼樣子？我擔心孩子在瀏覽網路時會看到什麼。我很難讓他們放下電子產品，與我一起吃晚餐並與人互動。我知道我應該限制孩子們的電子產品使用時間，但我不知道如何打贏這場仗。」

了解孩子、自己和情況

歡迎來到「M世代」——多工世代（multitasking generation）。電子產品將繼續存在。我們猜，在本書出版前還會有更多的電子產品問世。電視、電子遊戲、DVD播放器、iPod、手機、電腦和網際網路——這些事並不壞，但當每個人都在使用電子產品（通常一次使用許多種）而停

止面對面的互動時，才會構成真正的問題。

你和家人不再一起吃飯了嗎？你是不是停止了面對面的討論、舉行家庭會議、一起玩遊戲、在坐車時聊天呢？

電子產品可以提供娛樂與資訊，透過有意識的使用，還能幫助孩子培養許多可運用的技能。但過度使用則會造成嚴重的問題。決定你的做法，保持溫和且堅定的態度，並讓孩子一起制定使用電子設備的健康守則，你便能平息這場「戰鬥」。

給父母的建議

①給年幼的孩子有限的選擇。「你可以看一個或兩個節目；你來決定。」「你可以玩半小時的電子遊戲，或是看半小時的電視。」「你可以在晚餐前或晚餐後看三十分鐘的電視。」「你每天可以有兩個小時的螢幕時間。你決定如何安排，我會看看我是否同意。」

②不要在孩子房間裡安裝電視。和孩子一起坐下來看電視，不要只是審查你不喜歡的節目。與孩子討論他們正在看的節目、他們為什麼喜歡這個節目、看過後有什麼想法。一旦節目中出現暴力情節，把電視關掉。

③與孩子討論廣告，一起探討廣告的目的是什麼。

④決定你會做什麼、不做什麼。如果你不希望孩子花太多時間看電視或在電腦上玩遊戲，那就不要買這些東西。如果孩子必須工作賺錢來負擔這些產品，他們就不會一直黏在螢幕

前，而是去做點其他事情。

提前計畫，預防問題發生

①注意你自己的行為。如果你自己也花了過多時間看電視或使用其他的電子產品，將更難說服孩子，過度使用這些產品會對他有不利影響。另一方面，如果你能妥善使用這些產品，自然也有說服力去教孩子同樣這麼做。

②電視頻道裡可能有你不希望孩子觀賞的節目，因此你需要制定看電視的規則。隨著孩子長大，讓他們參與這個制定規則的過程。在孩子的年紀大到足以共同討論規則前，為所有的螢幕時間和電子產品的使用制定規則。

③在家庭會議上討論電子產品的使用事項。與孩子一起討論電視節目表，幫助他們提前規劃這一週想看的節目。跟孩子一起決定使用其他電子產品的「適當」時數。如果你家裡有TiVo＊，你可以預設好孩子想看的節目，並設定一個你們可以共同觀賞的播放時間。

④幫助孩子列出一份他喜歡的活動清單，當他感到無聊時，就可以找到別的事做，而不是在電視上轉台或玩電子遊戲。

⑤與孩子討論電視和電子遊戲令人上癮的特質，讓他知道你為何擔心，並限制他觀看和打遊戲的時間。

⑥讓孩子知道，他們需要輪流分享電子遊戲或選擇觀賞的頻道。如果他們為此爭吵，你可以

關掉設備讓孩子稍後再試，或是將決定權交給你，直到他們想出彼此都能接受的辦法。

⑦試著在一週或一個月中選一天，全家人都不要看電視或使用任何電子產品，看看家人能從這個經驗中學到什麼。

⑧請記住，除了電子產品外，任何活動也都可能令人上癮，所以不要過度反應。了解興趣和上癮之間的差別。

孩子學到的生活技能

孩子會學到如何提前計畫並好好思考，如何使用電視、電子遊戲和其他電子產品，而不會流於濫用。孩子可由此培養不濫用的習慣，這將有助於他面對其他具有濫用危險的物質。

教養指南

①在吃飯時關掉電視和其他電子產品，與孩子進行交談。

②當你不在家監督時，不要期待孩子遵守電子產品的使用協議。如果你認為孩子嚴重違反協議，拔掉電視電源，沒收其他設備，直到他準備好遵守承諾為止。

＊TiVo為美國的數位錄影機，內建Linux作業系統，可提供即時錄影、預約錄影的功能。

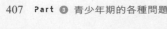

進階思考

以下是關於孩童收看電視習慣的一小部分統計數據（如果真要引用所有關於螢幕時間的研究，我們都可以寫上好幾本書了。我們在此只討論關於電視的研究，但這些結論也適用於其他類似的電子產品）。

- 美國二到十七歲的孩子，每週平均看收二十五小時的電視或一天三個半小時。幾乎五個人中就有一個每週收看超過三十五小時的電視節目。在房間裡安裝電視的比例則分別為：兩至七歲的孩子有百分之二十，八至十二歲的孩子有百分之四十六，十三至十七歲的孩子則有百分之五十六。除了睡覺以外，孩子花在電視的時間比其他活動都來得多。
- 一項全國性的教育調查發現，學生每週花在看電視的時間是做家庭作業的四倍。
- 某些類型的節目，刻意透過頻繁的視覺和聽覺變化，攻破大腦自然的防禦機制，操縱大腦的注意力焦點。同時做很多件事可能會使某些人的大腦處於過度興奮的狀態，致使他們在必要時難以集中注意力。
- 某些電視節目和其他電子產品透過改變其電脈衝的頻率，來阻礙心智正常的運作過程，從而對大腦產生催眠效果，並可能導致神經上癮。

詹森一家包括媽媽、爸爸和五名兒子。

當男孩們還年幼時，媽媽和爸爸決定，家裡只需要一台電視（小到在不用時可以被遮起來），而且他們只會在真的有想看的節目時才拿出來。

隨著男孩們長大，他們認識到電腦的好處，更發現玩一些電腦遊戲可以培養出其他技能。他們因此買了一台電腦，放在客廳，這樣也方便隨時知道發生什麼。家裡的每個人（包括爸爸媽媽）都必須彼此協調使用電腦的時間。

男孩們在購買電子遊戲前，媽媽或爸爸都會先確認遊戲內容沒有涉及暴力和性。

當男孩們想買iPod時，首先必須先擬出一個如何合理使用的計畫，並自己賺錢負擔購買費用。

最後，男孩們決定只購買三支手機並選擇家庭套餐的資費方案，每個家庭成員（除了爸爸以外）都要說明為什麼出門時需要使用手機。他們決定「共享」的手機不需要簡訊套餐方案。

以上這些都需要規劃、協商、相互尊重和彼此合作。

結果是，詹森一家在使用電子設備的時間上，取得了平衡。

交友問題

「我的一個孩子抱怨自己沒有任何朋友。另一個孩子則是一直交到我不喜歡的朋友。我該如何幫助孩子交到我認可的朋友？」

了解孩子、自己和情況

我們經常忘記尊重孩子的不同風格和個性，試圖讓他們都符合同一種類型。只要談到大多數父母的夢想，這種傾向就更加明顯——他們想擁有受歡迎的孩子。

有些孩子安靜而被動，有些則是活潑而自信，有些會選擇傳統的生活方式，有些則喜歡獨特的生活方式。

以下所提出的建議，主要是為了達到真正需要的目標——幫助孩子尊重每個人的獨特性，並對自己的樣子感到自在。

給父母的建議

①允許孩子自己選擇朋友，透過為他安排課後活動，載他到朋友家過夜以及參加玩伴日等方式，協助他接觸同年齡層的孩子。當孩子還年幼時，你也可以在家裡安排玩伴日。

②如果孩子選擇了你不喜歡的朋友，建議你經常邀請那個朋友到家裡來，希望你所傳達的愛和價值觀對他有幫助。

③如果你擔心自己不認同的朋友會對孩子造成負面影響，透過與孩子保持良好的關係，給予他正面影響。只要你是分享想法而非命令，對孩子表達你的疑慮，是可以的。

④如果孩子跟朋友吵架，以同理心加以傾聽，不要干涉。相信孩子可以自己去處理爭吵的情

況。

⑤不要擔心孩子有多少朋友。有些孩子只喜歡有一個最好的朋友，有些孩子則喜歡成為群體中的一員。

⑥如果孩子抱怨他沒有朋友，善用你的傾聽技巧。試著用感受性的詞彙重述孩子的抱怨，例如：「你現在不高興，是因為你覺得自己沒有朋友。今天在學校裡，你和朋友之間發生什麼事情了嗎？」孩子往往會把情況說得很糟糕、很絕對，但事實上，他真的想說的是，他和某個朋友之間發生了問題。做一名好的傾聽者，幫助孩子透過述說，把事情想清楚。

提前計畫，預防問題發生

①盡量幫助在交朋友時有困難的孩子，製造接觸人群的機會，例如去公園散步，參加童子軍或其他青少年團體和教會團體。

②不要期待孩子一定要喜歡你朋友的孩子，如果孩子不喜歡他們，別堅持大家一起玩。你可以自己另外找時間和朋友聚會，不要讓孩子感覺被困在不喜歡的同伴身邊，或是要和沒有任何共同點的同伴一起玩。

③順從孩子希望的穿衣風格，這樣他才不會擔心自己無法融入群體。

④將你的家打造成孩子們喜歡來的地方，他們可以在這裡感受到無條件的愛，安全且尊重他們的規則，從事以孩子為中心的趣味活動。

⑤如果你自己有朋友過多的問題，別擔心孩子也會有同樣問題，或是將你的經歷投射到孩子身上。不要將你對友誼的看法強加在孩子身上。你可能認為朋友是一輩子的事，但孩子卻喜歡進出於不同的同儕團體。好好做一名觀察者，看看孩子如何建立友誼。

⑥當父母中有人有藥物成癮的問題時，孩子不會喜歡把朋友帶回家——他會很尷尬並害怕可能和朋友一起看到什麼。如果家中有人在藥物上癮的處境掙扎，尋求必要的協助，不要讓孩子因為害怕帶朋友回家，而因此錯過許多寶貴的時光。

孩子學到的生活技能

孩子會認識到父母是他最好的朋友，他們無條件地愛他，重視他的獨特性，並相信他會選擇適合自己的朋友。因為父母在指導孩子時不說教、不評判，孩子的朋友也會因此感到自在。

教養指南

①如果孩子一直結交你不認同的朋友，請回頭檢視你與孩子的關係。你是否過於控制孩子，以致於他想證明你無法控制一切？孩子是否因為你的批評和對他缺乏信心而感到受傷，並試圖以結交你不喜歡的朋友來傷害你？

②相信孩子並接受他原本的模樣。讓孩子選擇的朋友感覺在你家受到歡迎，就算他們不是你會選擇的朋友。

③孩子可能會根據你對待朋友的方式來決定交什麼樣的朋友。你的行為表現，是你希望孩子效仿的嗎？

進階思考

同儕的朋友們，無法決定孩子的樣貌。孩子選擇的同儕團體，反映出的是他自己當時的狀態。把一名溜冰選手丟進高中裡，他會在中午之前就找到其他的溜冰選手。啦啦隊、運動迷和天才也是如此（就算是大人也一樣，參加聚會時，我們也傾向於尋找具有共同興趣的人，迴避那些沒有共同點的人）。

有時，青少年會認為如果他沒有朋友，生活就玩完了。我們經常過於強調朋友的重要性，而讓選擇獨處的孩子感到不自在，因為他「應該要有朋友」，而不是學著成為自己的朋友。

物質主義

「我擔心孩子過度重視物質。如果沒有名牌服裝、太陽眼鏡、昂貴的汽車，以及我小時候家裡根本買不起的那些垃圾食物的話，他們似乎活不下去。」

了解孩子、自己和情況

我們的孩子生活在一個消費時代，媒體為他們描繪的是充滿嶄新、興奮、美好——並通常是昂貴——事物的世界。孩子很容易認為，沒有這些東西，就代表自己的權利被剝奪了。

父母經常因為不想讓孩子有所欠缺的錯誤觀念，也給予了孩子太多東西——因為他們自己也有過度重視物質享受的問題。父母經常被孩子「我所有的朋友都有」這種論點說服，而屈服於其他父母們的同儕壓力。

當你為孩子提供他可以自己努力得到（或至少盡一份心力）的東西時，你就是在剝奪他學習基本技能的機會。

給父母的建議

①如果你負擔得起，不要說「我買不起」。說實話。對孩子說：「我不願意這樣花錢。當你自己會賺錢時，你就可以決定如何花錢。」

②不接受承諾——要求孩子在得到需要的東西之前，先把工作完成或存好錢。這將能教導他有耐心，先苦後樂。

③不要給孩子開放的選擇。對於三到五歲的孩子，選擇兩雙符合預算和實用性的鞋子，讓他從中選出喜歡的一雙。對於五到八歲的孩子，告訴他預算是多少：「我們去商店，你可以在預算範圍內選一雙鞋子。」

④問孩子，「你需要什麼？」和「這和你想要的有什麼不同？」（孩子可能需要一雙新鞋，但想要昂貴的名牌。）對八到十二歲的孩子說：「我願意以最合理的價格去幫你買到最好的東西。如果你想要更好的，我想知道你會做什麼來補足那個差額。」（給孩子一些點子：在星期六時多幫忙做些家事，就能多存些零用錢，或去送報紙。）

⑤對於十二到十六歲的孩子，透過與孩子定期討論目前和未來的需要，來教他做預算。給孩子約定好的服裝預算。透過不評判、不拯救，讓孩子從錯誤中學習。

⑥對於十六到十八歲的孩子，開始放手。可以和他討論你一直以來都提供了哪些物質享受，現在他有辦法獨立，你希望能在經濟上減少為他負擔的程度。

提前計畫，預防問題發生

①培養孩子感恩的心態。在家庭會議或晚餐時間，讓家人分享感謝的事情。

②避免為孩子提供他想要的一切。這可能導致他認為：「愛」就意味著從別人那裡獲得物質的東西。

③和他討論關於汽車、汽油、約會和儲蓄等事物的需求，以及可以做什麼來滿足這些需求，幫助年長的孩子規劃未來。針對年幼的孩子，可以幫助他為了買冰淇淋或想要的玩具存錢。盡可能讓孩子自己做決定（抗拒你拯救的衝動）。

④當孩子犯錯時，問他：「發生了什麼事？你做了什麼選擇或決定，導致事情發生？你認為下次應該怎麼做？」

⑤鼓勵孩子參與志願工作，無私服務他人，例如幫忙照顧小孩、幫助遊民、在節日期間購買玩具給需要的孩子，以及探訪養老院。

⑥注意生活中、媒體上和書本裡，關於助人比物質享受更有價值的例子。你可以透過讚揚並與孩子討論來突顯這些故事。

⑦別在意「別的父母會如何看我？」這個想法，以抵抗同儕父母的壓力。相反的，問自己：「怎樣才能教會孩子需要的生活技能？」

⑧和孩子一起看電視和廣告，討論廣告商如何創造我們的欲望——那些事物其實我們根本不

需要。

⑨不要害怕簡單生活。孩子不僅會從你說的話裡學習，也會從你的行為中學到很多。

孩子學到的生活技能

孩子會學到「想要」和「需要」之間的差別，並對自己透過努力（有時在父母的幫助下）來滿足某些想要和需要的能力有信心。孩子將從中了解，幸福和滿足感並非來自能夠購買或擁有多少東西能夠決定。

教養指南

①不管是哪個年代的父母，都會試圖提供孩子自己在成長過程中相對欠缺的東西。父母雖然成功地做到這點，但最後經常會怪孩子不懂得對「我們為你做的一切」表示珍惜。珍惜是來自努力付出，而非接受施捨。

②比起你說的話語，孩子更容易透過觀察你的行為來形塑自己的價值觀。如果你過的是物質至上的生活，孩子起而仿效就不是太奇怪的事。

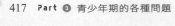

進階思考

我們讓孩子認為，只要他煩你夠久，就能擁有任何想要的東西——才會因此而培養出物質主義。這是因為我們不尊重自己設定的限制，並用做不到的事來威脅孩子。

我們經常敷衍地說「我買不起」，但當孩子從未嘗過缺乏的滋味，想要的大部分東西都能輕易到手時，「我買不起」究竟意味著什麼？

當孩子說她想要一輛新的腳踏車，而爸爸說他買不起時，她會好奇，「爸爸到底在說什麼？」她回顧過往經驗，想起的會是：「上回爸爸說他買不起，我煩他煩了三次，最後才得到我想要的東西。所以爸爸的意思一定是我煩他煩得還不夠，所以他還沒辦法先處理我的事。」

爸爸說：「我買不起。」

她說：「求求你、求求你。」

他向她確認：「不，親愛的，這次我真的買不起。」

她說：「求求你、求求你、求求你。」

最後他說：「妳知道，我唯一能考慮的方法是用信用卡，但額度已經到達上限了。」

她想，「現在我們有進步了。他正在考慮怎麼幫我買。我快成功了。」

所以她繼續煩他。

爸爸的最後一件武器是：「如果我買這個給妳，妳必須放棄三年的零用錢。」

她對自己說：「好吧，上次我『放棄了兩年』，但沒有一天缺過錢，這沒什麼大不了的。」

她繼續煩、煩、煩，最後父親屈服了。

她對如何得到想要的東西會有什麼看法？

只要想要，煩得夠久，她甚至可以克服大人說「我買不起」的困難。

自殺和自殘

「我的孩子邁入青少年期，一直威脅著要自殺。我很害怕。我想不到有什麼比孩子自殺而失去孩子更可怕的事。」

了解孩子、自己和情況

青少年自殺和自殘的問題，比年幼的孩子來得普遍。自殺的威脅始終需要受到重視。

孩子每一次的威脅並不表示他真的會自殺，但你也絕不想碰運氣而忽略這種威脅。儘管有些年輕人自殘是因為朋友或偶像（藝人等）沉迷於這項活動，但拿刀割傷自己和自殘通常並不是趕流行而已。大多數青少年用刀割傷自己，都是為了感受自己的力量或釋放痛苦。

青春期的荷爾蒙會引起情緒波動。如果孩子的情緒低落，加上對自己能否達到大人期望的能力缺乏信心，缺乏解決似乎無法克服的問題的技能，缺乏無條件的愛，或是吸毒等，那麼孩子就很有可能會自殺。

孩子需要勇氣、信心和技能來應付生活裡的起伏。

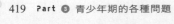

給父母的建議

①了解自殺的警訊，如果發現任何警訊，馬上尋求專業協助：

A口頭威脅要自殺；

B長時間憂鬱、食欲不振、比平日嗜睡、不在意自己的衛生、花很多時間獨處、對什麼事都感到絕望；

C表現出極端行為，例如偷竊、放火、肢體暴力、蹺課、丟東西、藥物濫用，或將吸毒用具在屋子裡到處亂扔；

D出現自殺未遂的跡象，身上有割痕、傷害身體部位、讓自己懷孕，或一直醉醺醺的；

E把自己的生活打理得井然有序，擁有的東西卻四處分送。

②身處青春期叛逆騷動的時期，許多青少年會表現出其中一些症狀。如果你有任何理由懷疑這些症狀過於嚴重，或是孩子出現割傷或自殘情況，請尋求專業幫助。確實找到提供非藥物治療的專業人員——讓荷爾蒙過多或藥物濫用的青少年（如果孩子對你隱瞞，你不會察覺）吃藥，就像火上加油，反而讓情況更嚴重。研究顯示，服用某些抗憂鬱藥後，再加上荷爾蒙的作用，青少年的自殺率反而更高。

③與孩子談論自殺時，重要的是確實使用諸如「自殺」和「死亡」之類的詞彙，不要以為他沒想過這些用語而刻意迴避或害怕使用。

④如果你懷疑孩子正在思考自殺相關的事，詢問他是否正在計畫或已經嘗試。確認孩子是否有計畫，可以幫助你掌握他的想法。如果孩子有計畫，請立刻尋求專業協助。

⑤詢問孩子，他自殺能改變什麼。你會從他的答案裡知道困擾他的原因。

⑥在與曾以自殺或自殘為威脅的孩子相處的特殊時光中，請他與你分享生活四個領域——學校、家庭、朋友和感情——的情況。如果他在上述任何一種的情況不好，並正想藉由自殺或自殘來面對，可能需要專業幫助。

⑦如果你發現青少年孩子有自殘跡象，或者無論外面溫度幾度都穿著長袖衣服，請尋求協助並說明你的擔憂和恐懼，希望能盡快了解問題癥結所在，也讓孩子學習以更健康的方式應對。不要因為孩子用刀割傷自己便懲罰他。

提前計畫，預防問題發生

①持續告訴孩子，無論他犯的是什麼錯誤，犯錯只是一個學習和重新嘗試的機會。經常訓練孩子將錯誤視為學習機會，將能改善完美主義的心態——這是自殺常見到的動機。

②家庭會議是預防自殺的絕佳方法，因為孩子有機會定期感受到歸屬感和重要性，學習專注於解決問題的方法，而不是情緒或自責。

③教導孩子（甚至在自殺還未成為問題之前），自殺只能解決一時的煩惱，卻是永遠無法挽回的行為。

④與青少年分享你沮喪的時刻，並告訴他，這些時刻終究會過去。一位母親曾經與我們分享，那時她懷疑女兒可能正在考慮自殺，她對女兒說：「親愛的，我記得自己以前有好幾次也想過自殺。那時我很難過，無法想像情況會變好。但，後來情況真的好轉了。我無法想像如果自殺成功，會錯過多少美好的事。妳——就會是我錯過的一件美好的事。」

孩子學到的生活技能

孩子會學到自己可以與足以信任、且不會對他加以評判的人談話。孩子還可以學到如何更好地面對生活裡的起伏，並認識到自殺只能解決一時的問題，卻是錯誤且不可逆的方案。

教養指南

①認真對待孩子。鼓勵他和你分享感受，如果他感覺和其他人談話會更自在也無妨。讓孩子告訴你，他是否在想著傷害自己，你不會責怪或評判，而是盡力幫忙和理解。

②為孩子接種預防自殺疫苗的最佳方法之一，是幫助他參與需要考慮他人的活動。隨著照顧他人的能力增強，心理健康也會得到改善。

③不要因為自己身為父母而尷尬或內疚，便拒絕向外求助。青少年有自殺情況，並非反映你的教養方式有問題。青少年可能會因為失去朋友、失戀而極度沮喪。不要小看那些荷爾蒙。

進階思考

以下是《跟阿德勒學正向教養：青少年篇》（*Positive Discipline for Teenagers*）曾出現的案例，顯示了孩子表達自己的感受時，父母錯誤的反應方式。

我們在此援引，是因為，很不幸的，這是父母一種非常有害卻很典型的反應。表現出的是父母缺乏同理心、愛批判和不願意傾聽的態度。

克里夫：沒人在乎我的死活。
爸爸：你總是為你自己難過。
克里夫：你和媽媽離婚了，而你期待我和那個自稱是我繼母的噁心傢伙住在一起？
爸爸：你怎麼敢這樣說你繼母？她也在盡她最大的努力，想和你好好相處！
克里夫：哦，是嗎？那她為什麼一直對我大吼大叫？
爸爸：克里夫，我知道你的繼母是什麼樣的人，你說的不是事實。你為什麼要說謊？
克里夫：沒人相信我。我恨你們所有人，我真希望我死掉！你們才不會在乎呢！
爸爸：克里夫，你太誇張了。你知道你不是認真的。現在，冷靜下來，好好想想，如何和你的繼母相處。

克里夫並沒有自殺，但他在十四歲那年逃家了，之後再也沒有出現在這個家裡。

十三歲的席娜在用刀割傷自己時被人發現。她的父親怒斥她，她的母親打了她一巴掌，她的兄弟姊妹則大哭起來。

而在她被發現自殘的行為之後，她仍無法停止傷害自己，家人則決定送她去看心理治療師。

在一次的諮商過程中，有幾個問題浮現了：席娜的朋友會拿刀割傷自己，所以她也想看看這是什麼感覺。她發現自己喜歡這種疼痛，因為這能幫助她忘記生活中所經歷的痛苦，將注意力集中在肉體的疼痛上。

治療師還發現，她覺得父母討厭她，因為他們一直在嘮叨她的功課，在她胡鬧時打她耳光，只要她行為不當就禁足，也禁止她參加全家出遊的活動。她覺得自己是個孤兒（唉，這是十三歲孩子的思維方式！）。

這名治療師也針對席娜的幾個朋友都進行了諮詢，並將他們診斷為躁鬱症患者，讓他們接受藥物治療。

席娜想知道，她是否也有躁鬱的問題。

席娜的治療師問她，是否同意讓父母也在場一起討論這些情況。治療師也表示，如果席娜的父母因為這次的會談在日後造成後續影響，隨時可以打電話給她，他會幫忙和她的父母進行談話。

席娜同意了。

在經過兩次情緒高漲的討論並流下許多的眼淚後，父母同意停止對她禁足、打耳光和情緒虐待，席娜也同意停止割傷自己。

席娜繼續與治療師見了幾次面，生活越來越好。

她感受到更多的理解和關愛，父母沒有因為她向治療師揭露家裡的問題進行報復，其他家庭成員也為她好轉而感到寬慰。

什麼事都不告訴我

「我的孩子十一歲了，什麼事都不和我說。我試著在他放學回家時，問他今天過得如何，希望藉此表達對他的關心。但，通常只會收到簡短的回答如『不錯。』『沒事。』『還好。』『沒問題。』要不然就是『不知道。』他以前都會和我分享啊！現在，我認為他討厭我。」

了解孩子、自己和情況

你有一個處於前青春期的正常孩子。他不討厭你，但他討厭被質詢——這就是這個年紀的孩子面對問題時的感受。他會如此表現的原因包括，保護自己突然覺得很寶貴的隱私；害怕你的反對；試圖在內心的小劇場裡釐清自己的思緒、感受和期望；還有，正在將忠誠度從家人轉移到朋友身上。

有時候，年幼的孩子不聽話，是因為他了解到，父母直到大吼大叫之前說的話，可能都不是認真的。其他的孩子不聽話，則可能是因為父母的控制欲太強，而拒絕聽話是一種爭奪權力的被動方式。有些孩子則可能是性格內向，永遠不會變成健談的人。

孩子在這段時期原本就充滿許多不確定性，無條件地接納他們，這很重要。

給父母的建議

①不要認為青春期和前青春期的孩子是在針對你鬧情緒。你需要了解的是，這一切都是正常現象；如果你能善用傾聽技巧，一切都會過去的。

②當孩子確實開口說話時，好好傾聽。對孩子談論的事提出問題，即使他談的是電子遊戲或是你不太了解的事，這樣才能表明你對他想談的事情感興趣。許多孩子停止和父母說話，是因為父母常常很快便顯現出不贊同的神情或是以說教的態度回應。學會閉嘴傾聽。嘗試將回答限制為「嗯，嗯嗯」。你會驚訝地發現，當孩子感到被傾聽時，有多麼滔滔不絕。

③如果你會大吼大叫，請停止。對孩子說話時，保持尊嚴與尊重的態度，然後等待。孩子會仿效大人示範的行為。

④嘗試運用幽默感。針對年幼的孩子，舉起手指做出搔癢狀，尾隨著孩子說：「搔癢怪獸出動！要來抓不回答媽媽問題的小孩子了。」

⑤另一種可能的做法是，停止談話，可以試試使用手勢或紙條。

提前計畫，預防問題發生

①夜晚時，邀請孩子與你一起坐在沙發上。「我只是想花點時間陪陪你。」不要問問題。讓

孩子感受到你無條件的愛與接納。

②**定期舉行家庭會議**，讓孩子有機會學習在相互尊重的基礎上，溝通和解決問題的方法。

③**進入孩子的世界**。當他開口說話時，試著深入理解他話語背後的意思。嘗試重述：「你在說的是——？」

④**安靜陪伴**。你只需待在孩子所在的地方，把嘴閉上。曾經有一位母親的狀況是，當女兒早上準備上學時，她只是安靜地坐在浴缸邊緣。沒有問任何問題。不久後，她的女兒就開始談論自己的生活。還有另一個案例是，一位父親在兒子走進客廳時，放下報紙，並對他說「嗨！」他沒有繼續再看報，還得抗拒提問的欲望。有時他的兒子只是躺在沙發上，兩人享受著彼此無聲的陪伴。有時他的兒子則會開始談論今天發生的事。你還可以在孩子放學後，在客廳裡放些餅乾，不要問問題。開車接送孩子也是一個很好的機會，可以讓你練習安靜地傾聽。

⑤**保持好奇**。只提出一些能引起更多討論的問題：「我不確定我理解你的意思。」「你能告訴我更多嗎？」「你能給我一點例子嗎？」「最後一次發生是什麼時候？」「還有嗎？」關鍵在於，真正好奇的態度。

孩子學到的生活技能

孩子會知道你對他的愛是無條件的。當他想說話時，你會傾聽、認真對待並重視他的想法、感受和觀念。他擁有安全的環境，能在其中成長、改變，並探索自己是誰。

教養指南

①想讓孩子培養健康的自尊，你必須傾聽並認真對待他的思想、感受和觀念——即便你有時不一定贊同。

②孩子只有在感覺被傾聽後，才會聽你的話。

進階思考

山姆拒絕與專門從事青少年諮詢的母親——一位婚姻、家庭與兒童的專業諮詢師——「對話」。

媽媽說：「山姆，其他的青少年都喜歡和我聊天，而且非常樂意為此付費。」

山姆的回應則是：「如果你能以和他們交談的方式與我交談，我可能也會喜歡和妳聊天。」

媽媽只能說：「哇，真是一針見血啊！」

青春痘

「我的孩子開始長青春痘了，你可以想像，這對孩子來說簡直就是世界末日。我該如何幫助他？我試著告訴孩子，如果能多注意飲食，停止喝汽水和吃巧克力，多補充睡眠，會有所幫助。但他聽到後只是翻翻白眼就走開了。」

了解孩子、自己和情況

大多數的父母都會擔心孩子這種狀況，深怕孩子因為皮膚出現問題而不開心或不受歡迎。孩子們確實也會擔心。

青春痘出現在青春期是很常見的，這是由於荷爾蒙分泌增加導致油脂和細菌積累的關係，即便如此，青春痘還是會讓孩子覺得很尷尬。父母們自然希望能戰勝青春痘來幫助孩子，而其中一種最常見的「幫助」方法，就是給孩子一頓教訓。但是孩子們都裝了偵測父母說教的天線，一旦說教開始，馬上轉台。

給父母的建議

①停止說教。你可以先徵得孩子的同意，將說教改為分享寶貴的資訊。「我有一些關於青春痘的資訊。你想聽聽看嗎？」如果孩子說好，就會願意聽。如果他拒絕，分享也沒有意義——除非你喜歡自己寶貴的意見被拒絕。

②詢問孩子：「你需要我的幫忙嗎？還是想預約皮膚科？或是去做些臉部護理？」

③如果孩子說想要你的幫忙，請一次提出一個建議。將事情簡單化，例如，「讓我們在網路上搜尋，找一些提供正確資訊的網站。」然後，當孩子在瀏覽網路時，從旁陪伴指導。

④問問孩子，是否是學校裡唯一遇到這個問題的人。這可以幫助孩子注意到，這個年齡出現這種皮膚問題是很正常的，他並不是怪胎。

⑤告訴孩子要「做什麼」，而非「不做什麼」。例如，你可以提到每天用溫和的肥皂水洗兩次臉，會比硬擠痘痘來得好。

⑥許多非處方藥會有所幫助，但通常需要四到六週的時間才能顯示出改善效果。

⑦如果問題變得嚴重，帶孩子去看皮膚科醫生。但是，當醫生建議使用藥物時，請務必做好你的功課。有些皮膚科醫生會推薦一些治療方法和藥物，但後來發現其實也可能造成長期的負面影響。

提前計畫，預防問題發生

①邀請孩子參加你的護膚療程，其中包括定期的臉部護理，可以將這段時間視為特殊時光的一部分。

②教孩子多喝水。當他進入青春期後，這種習慣將有助於防止青春痘冒個不停。

③務必確認化妝品或保濕用品的油膩度。

孩子學到的生活技能

孩子會學到如何在網路上，或與朋友、專家（醫生）和父母一起做研究，針對似乎無法控制的問題尋找解決方法。他可以度過這場人生中看似重大的悲劇。

教養指南

①如果問題超出你的能力範圍，帶孩子尋求專業協助，但前提是，他願意。

②很多時候，你無法保護孩子，也不該保護。不要低估關愛與傾聽的價值。

進階思考

南西在為畢業舞會梳妝打扮時，突然發現自己長了一顆青春痘，因而變得歇斯底里。
母親邀請南西一起站在全身鏡前，脫去自己的內褲，露出橘皮組織和鬆弛的贅肉，然後問南西：「妳想用青春痘交換我鬆弛的贅肉嗎？」
南西突然大笑起來，用化妝品遮住青春痘，然後去參加舞會。

手淫問題

「這太尷尬了。我的三歲女兒在看電視時摸自己的私處。她似乎不在意每個人都可以看到她在做什麼。我該如何讓她停止這種行為？」

了解孩子、自己和情況

當寶寶探索自己的腳趾和手指時，父母覺得很可愛。然而，當孩子探索自己的生殖器官，許多人卻認為可能是性偏差。

對於六個月至六歲的孩子，某種形式的手淫（孩子通常只是探索生殖器官）是正常的。大多數的孩子在六到十歲間會失去對生殖器官的興趣。到了十一歲左右，又會開始有興趣，在整個青春期，大多數的孩子都會嘗試手淫。

給父母的建議

①對於二到六歲的孩子不予理會，他的興趣很有可能就會自動消失，就像他對其他身體部位的興趣也會降低一樣。把手淫視為問題反而會使情況變得更糟。如果你告訴孩子玩腳趾不好，他可能會更注意腳趾。

②如果忽視這件事對你來說太難了，提供孩子選擇。「我希望你關掉電視，到自己的房間裡會更有隱私，或是當有人在旁邊時，不要撫摸你的生殖器。」這個年齡的孩子通常更喜歡有人陪伴，所以多半會選擇停止。

③你也可以教孩子要得體。當孩子在公共場合手淫時，對他說：「在公共場合撫摸私處是不得體的。」

④不要告訴孩子，如果他以「骯髒的方式」撫摸自己，會有毛從他的手掌上長出來。

⑤六到十歲的孩子通常對手淫不感興趣，因此不要以威脅或使用恐嚇的手段來創造不存在的問題。如果你對這個主題有強烈的宗教觀點，請記住，內疚、羞辱和恐嚇的手段更容易產

生負面而非正面的長期效果。更好的做法是開放和誠實。使用「我覺得，因為，我希望」的陳述句，來分享想法和感受。

⑥對於十到十八歲的孩子，允許他在房間內擁有自己的隱私。不要在晚上進入孩子的房間查看他是否將雙手放在棉被外睡覺。

⑦教孩子使用洗衣機和烘乾機，讓他負責自己洗床單，自己鋪床。

提前計畫，預防問題發生

①確認孩子是否有正確的衛生觀念，以免導致私處容易感到刺激發癢。

②幫助孩子開展有趣的活動。孩子感到無聊，就容易有手淫情況。

③閱讀本節後，如果你擔心孩子對手淫的興趣太超過，可以諮詢心理治療師。在某些情況下，過度手淫可能是遭受性虐待的跡象。

孩子學到的生活技能

只要孩子沒有傷害他人，他會學到自己有權以最恰當的方式探索身體的性徵。探索身體是正常的，沒有好壞之分。

教養指南

①避免過度關注。

②研究表示，百分之九十八的男性承認自己有手淫經驗。專家們則認為，剩下百分之二的人在說謊。

③若你試圖將宗教或道德觀念強加在孩子身上，可能會造成他公開反叛或更加偷偷摸摸。讓孩子認為這種人類的正常行為是不好的，對事情不會有任何幫助。

進階思考

我們想引用耶魯大學弗里茨．雷德奇（Fritz Redlich）博士在這個主題上發表的意見。他在著作《內幕故事——精神病學和日常生活》（*The Inside Story-Psychiatry and Everyday Life*）中曾說明，為何應忽視手淫這件事。

「首先，你的孩子並不會因為有限度的手淫而導致身體受傷。老一代關於手淫會導致失明、精神錯亂、膚況不佳的故事……已經遭到科學證據駁斥。其次，當情緒激動的父母禁止孩子撫摸自己，可能導致孩子壓抑性衝動的危險，長大後更可能會影響孩子正常的性生活。

同樣的，還有另一種類似的危機是，當孩子發現不能（在半夢半醒之間）完全克制自己，不去做曾被嚴重警告是不自然和惡劣的事時，可能會導致孩子在未來的日子產生極度自我厭惡和缺乏自信。

如果我們不對孩子的手淫有過度反應，他會放心地告訴我們，學校裡的小朋友什麼時候或有沒有碰觸他的身體（小朋友有時會這樣做），我們才能夠保護他。」

Part

4

教養態度及親子關係的各種問題

多元化的家庭常常面臨許多挑戰，不同的教養風格也讓父母們感到棘手，究竟該如何處理這些狀況與歧異？該為了孩子維持婚姻嗎？單親家庭的父母又該如何克服自己的內疚感？

收養

「我應該在孩子幾歲時告訴他——其實他是我領養來的？當孩子到了某個生命階段，想尋找親生父母時，有沒有辦法讓他不會因為這份渴望而心痛？」

了解孩子、自己和情況

父母可能出於政治、社會、哲學，或甚至是流行的原因去收養孩子。但是也有許多人收養孩子，是因為沒辦法擁有自己的孩子。在這些人當中，大多數的人都經歷過某種形式的失去——失去受孕或足月的能力、失去親生父母、失去孩子。在大多數收養的情況下，這種失去是一輩子的事。被收養的孩子需要處理被拒絕的感受：他們會認為自己並非在親生父母的期待下來到這個世界，因此感到被遺棄且羞愧，並認為自己一定有哪裡不對勁才會被放棄。

做為父母，當你接受這些伴隨收養而來、可預期且非病理性的問題時，你就有機會創造雙贏的局面。

你對於孩子擁有的矛盾心態和複雜情緒持開放的態度，會對他們產生一定的積極影響。有些孩子認為自己更加被愛，因為養父母**選擇**了他們；有些孩子則認為養父母這麼說只是想要安慰他們，讓他們感覺好些。被收養的孩子在自我認同上掙扎——但，每個人皆是如此。

透過你的愛和力量，培養家人之間共同的情感，將能幫助你們克服所有的問題。

給父母的建議

①不要對孩子隱瞞收養的事實。在孩子理解「收養」的意義之前，就將他是被領養的事情告訴他。你甚至可以先自行練習怎麼說，「能夠收養你，我們感到很幸運。我們非常希望你成為我們的孩子。」到了孩子真正理解收養的意義為何時，他已經不以為意了。請記住，有些孩子會比你想像中更早理解一切，所以要盡快開始。

②如果孩子開始出現不當行為，不要以收養做為藉口或托詞。

③當孩子說「我恨你，我希望找到我親生的母親」時，別太認真。即便並非是收養來的孩子，也會經歷類似的階段，說些像這樣的話：「我恨你。我希望我有一個不同的母親。」你可能認為這種情況永遠不會發生在**你**家，但這確實會發生；一旦發生，不要太過自責而因此傷心。

④認同並重視孩子的情緒。「你可以感到憤怒。你希望對自己的親生母親有更多了解。你感到不快樂，因為其他孩子都有藍眼睛，而你的眼睛卻是棕色的。你可以擁有這些感受，我們愛你，就因為你是一個獨特的人。」

⑤當孩子告訴你，他因為被收養而遭到鄰居或同學嘲笑時，請先以同理心傾聽，再透過啟發

性的提問幫助他處理這些事。「發生了什麼事?這讓你有何感受?你怎麼想?為什麼你的朋友會說那樣的話?其他孩子被嘲笑的理由是什麼?」與孩子一起討論如何應對:角色扮演、腦力激盪,並設想回應的話語。

⑥當孩子當中有人抱怨某個兄弟姊妹受到特殊待遇,是因為他是(或不是)被收養時,公開說明每個孩子加入家庭的不同方式,並向孩子保證每個人都是獨特、特殊且被愛的。此外,你可以強調全家的相似之處,比如「我們都喜歡舊金山巨人隊(the Giants)*」,或是「我們都很宅」。

提前計畫,預防問題發生

①為了避免問題變得更嚴重,選個暖心時刻與孩子討論。「我注意到很多關於被領養的孩子想要尋找親生父母的新聞。你對這些新聞有什麼看法?你覺得他們為什麼想這麼做?你自己對此有何計畫?」你只需要傾聽。不要試圖左右孩子的想法、感受或計畫。

②讓孩子知道,如果他想要尋找親生父母,你會給予支持——你能理解他的感受,而非感到嫉妒或不被珍惜。保留孩子的相簿、學校作業、影像紀錄和其他紀念品;當這種情況發生時,就能讓孩子和親生父母分享過去的回憶。

③務必讓孩子知道,他的親生父母讓他成被領養的孩子是出於個人因素,而非因為孩子有任何不對勁。告訴孩子,你對他親生父母為他做的安排深表同情。向孩子保證,你很慶幸自

己有機會給予他全部應得的愛。在孩子不同的發育階段裡，重複地告訴他。

④提醒自己，無論孩子的親生父母是誰，在不同的年齡和成長階段都會出現類似行為；所有的孩子都渴望父母的注意力。

⑤給自己時間培養和收養子女之間的感情，如果你對個別孩子的感受不同，不要責怪自己。這在所有擁有血緣關係的家庭中也很常見。

⑥你可以成立「手足日」，慶祝孩子成為兄弟姊妹的日子。有些人會設定「收養日」，慶祝孩子進入家庭或收養正式合法的那一天。

孩子學到的生活技能

被收養的孩子能體驗到一份無比的愛，這份愛鼓舞他們去探索感受、想法以及接受自己的出身。孩子會認識到自己可以放心地愛，不用害怕被拒絕，煩心事將隨著時間過去而消逝，而生活的喜悅則將會繼續。

教養指南

①對親生父母感到好奇，就與親生子女幻想自己擁有不同的父母（比較有錢、有名，或不那

＊美國職業棒球隊之一。

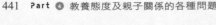

麼兇）是類似的情形。如果你不要過度反應，在情況允許的範圍內，以認真的態度和孩子共同討論和探索，讓他們公開表達，或是與親生家庭的成員接觸，這個階段自然會過去。

②如果孩子很在意自己被收養的事實，請記住，讓孩子同時愛兩名母親或父親，比讓他感覺必須在兩者之間做選擇來得容易。務必讓孩子知道這一點。你也要讓孩子知道，萬一他們對尋找親生父母的結果感到失望，你很樂意當他的聽眾。

進階思考

「我恨妳，媽咪。我希望妳死掉。反正妳也不是我真正的媽媽。妳只是養母。」六歲的帕蒂握緊拳頭跺腳，淚流滿面，對著正在哄她上床睡覺的母親喊出這些挑釁的話。

在帕蒂氣呼呼地躺到床上後，她的母親流著眼淚，向帕蒂的父親哭訴。

「我就知道，」她抱怨道。「我知道，有一天她會把自己是收養的這件事，怪在我們頭上。」

幸運的是，帕蒂的父親對於親生兒子在那個年紀的行為表現也記憶猶新。

「難道妳忘記奈特在同一個年紀是什麼樣子了嗎？他曾經說過想要朋友的媽媽做他的媽媽。我甚至還記得在他以為自己是被收養時所想出來的魔咒。親愛的，不要把一切看得太認真。」

他總結道：「我不認為帕蒂這麼說話是因為她是被收養的。我想，這只是這個年齡階段的孩子，在生氣時的說話方式。」

離婚

「我想離婚，但很擔心會傷害到孩子。我應該為了孩子繼續維持這段婚姻嗎？」

了解孩子、自己和情況

生活中有許多情況都可能對孩子造成傷害，包括離婚。然而，也有證據顯示，比起離婚，不好的婚姻關係對於孩子的影響更大，也會為孩子帶來更多傷害。

即便離婚，父母也可以做很多事來減輕離婚對孩子所造成的痛苦。

給父母的建議

①鼓勵孩子表達感受，並向他們表達你能理解。告訴孩子，你明白這個改變對所有人來說都很痛苦，但你相信你們有辦法共同度過這個時期。

②不要搶奪孩子。盡可能公平分配與孩子相處的時間。孩子對父母同樣擁有愛與尊重的渴望。讓孩子愛四名父母（如果再婚），而不是必須在兩名親生父母之間做選擇，對他來說會比較容易。

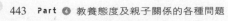

③不要在孩子面前貶低對方。你自己會經歷許多的傷害，可能很想透過孩子來報復對方，但要注意這對孩子的傷害有多深——一定要避免這麼做。

④鼓勵孩子愛及尊重父母雙方。讓孩子知道，他愛任何一方都不代表對另一方不忠誠。

⑤允許沒有監護權的父母定期與孩子保持聯繫，將會對孩子有益。

⑥不要試圖當「好」父母。沒有監護權的父母，通常會在每次與孩子相處時給予孩子特殊待遇和活動，試圖爭取孩子的忠誠度。對於生活需要秩序和建立日常慣例的孩子而言，這樣的情況並不適當。對於「好」父母而言，這種情況也會令你們感到棘手，因為孩子會開始期待隨時都要獲得特殊待遇。

⑦父母雙方盡可能一起參與孩子生活中的特殊時刻。那些能夠在觀眾席中看到父母為他加油歡呼的孩子，比起那些試圖弄清楚如何把自己分成兩半的孩子，感受至少沒那麼痛苦。

提前計畫，預防問題發生

①孩子經常會誤以為是他們做了什麼而造成父母離婚。透過言語向孩子保證，父母離婚不是他們的錯。

②維持孩子習慣的日常慣例。教養課程和支持團體在這時會很有幫助。

③讓孩子參與家庭會議，在會議裡分享感受，並一起找出解決的方法。

④尋求外界的幫助。你在離婚過程中可能遭受的痛苦和創傷，會讓你很難在沒有外來支持的

情況下客觀地遵循這些原則。

⑤可能的話，不要太急著讓孩子認識和接受你的新伴侶。

⑥讓孩子花時間與你的新伴侶建立關係。孩子可能無法如你期待中那麼快就敞開心房，這很正常。不要試圖強迫他們喜歡你的新伴侶。

⑦新伴侶不在身邊時，花時間陪陪孩子。

⑧不要期望孩子可以滿足你所有的需求，特別是那些應該由其他成年人來滿足的需求。不管孩子多大，他都不是你的心理諮商師，有些事情你不應該和他討論。

⑨讓學校師長、朋友和其他支持的親友知道發生了什麼事，讓他們有機會照顧、安慰和傾聽父母離異的孩子。

孩子學到的生活技能

孩子會學到，他們能以勇氣和樂觀來面對生活中發生的任何情況。他們將會把問題視為學習以及從經驗中成長的機會，而非失敗。

教養指南

①關於父母離異子女的研究顯示，若父母能妥善處理離婚，孩子在父母離婚一年後，無論是在無論社交、學業和情緒方面的表現，都比他們在父母離婚前的表現要來得好。

②你的態度對孩子的態度有很大的影響。如果你感到內疚，孩子也會認為發生的事是一場悲劇，並表現出相應的行為。如果你認為自己在這個情況下已經盡力，並正朝著成功而非失敗的方向前進，孩子也會感受到你的信心，並表現出相應行為。

③不要期望任何人立刻適應離婚的情況。適應離婚是一個過程。

進階思考

克里斯·克萊恩（Kris Kline）和史蒂芬·皮爾（Stephen Pew）博士在合著的《為了孩子的緣故》（*For the Sake of the Children*，暫譯）書中指出，即使在簽字後，伴隨著離婚而產生的憤怒和怨懟並不會就此消失。那份苦澀感往往還會持續許多年。

不幸的是，這會對仍愛著父母雙方的孩子造成極大的傷害。

在很多情況下，擁有監護權的父母會利用孩子做為傳聲筒，發洩自己對於另一方的怒氣。在某些時候，父母另一半的名字也成為了禁忌，令孩子感覺自己對另一方的愛幾乎是非法的。在這本明智且實用的書中，作者提出許多有效的方法，可以打破造成更多痛苦的行為模式。

他們詢問孩子，是否想給離婚的父母一些建議？若能遵循這些建議，將可減少離婚對其他孩子所造成的痛苦。

以下是他們蒐集到的一些建議：

「試著不在孩子面前詆毀對方。把問題留在你們之間。」

「即使分開，也要努力相處；就像你在工作或其他場合的人際關係一樣。就算只是為了孩子也該如此，這樣孩子也才能自在地與父母雙方相處。請努力和對方維持良好關係。」

「當你媽媽告訴你：愛她就不能愛爸爸；或是你必須愛她多於愛爸爸——這都是不公平的。」

「允許孩子喜歡另一名父母。讓孩子認為自己喜歡另一名父母是沒問題的。就算你不喜歡對方，那又怎樣？微笑接受。」

我們從與年輕人的對話中，發現一個不斷出現的主題，那就是——他們希望能夠同時愛父母雙方，而不必選邊站。

單親教養

「身為單親父母，我感到內疚。我擔心孩子會覺得因為沒有雙親而缺少了什麼——但我真的沒有辦法一人身兼父職和母職。當我把時間花在自己身上，我會覺得自己很自私。我沒有能力做到所有的一切，我的孩子會因此受多少苦呢？」

了解孩子、自己和情況

「單親家庭的孩子會比較匱乏」這種想法——是個迷思。比起這種情況，兩個不快樂的父母「為了孩子」而勉強在一起，並為孩子示範不健康的關係互動，對孩子的影響才更糟糕。我們常聽到單親父母在孩子出問題時受到責備，但有許多成功人士都是單親撫養長大的。你的婚姻狀況不是影響孩子最大的因素，你的態度和教養方式才是。

給父母的建議

①別認為自己是單親父母就必須彌補孩子，或是試著同時成為母親和父親。擁有影響力的父母，一個就足夠，重點是建立擁有健康的心態。「事實就是如此，我們可以好好利用這種情況，甚至從中受益。」孩子會感受到你的正面態度所散發出來的強大能量。

②不要讓孩子透過比較你和其他的家長來操控你。真誠地與孩子分享你的感受，並自信地表明立場，「每個人的做事方法不同。我們可以互相尊重，共同決定我們做事的方式。」

③如果面臨離婚的情況，幫助孩子處理他的情緒；他很可能對於自己只能選擇父親或母親而覺得失望或憤怒。幫助孩子表達感受，為他想做的事情擬定計畫（任何感受都值得被接受和重視。孩子的行為則是另一回事。重要的是，讓孩子明白感受與行為是兩回事——他們未來也將能從這樣的區分態度裡受益）。幫助孩子學會真實地表達情感，忠於自我，並分

享他的需求和願望，同時理解別人有權不滿足他的需求。

④如果孩子威脅要與另一名父母生活，問自己：「我的孩子是否在生氣，並試圖傷害我？或是他不想做家事嗎？他真的認為住在另一邊的父母家會更好嗎？孩子是否需要時間，與另一名父母建立更親密的關係？」請記住，許多雙親家庭的孩子也會威脅要逃家，這是孩子生氣時的正常反應。冷靜一段時間後，與孩子一起確認這些可能性。「我想知道，你是否因為——而生氣？」接著和孩子一起想辦法解決問題（請參考「進階思考」，了解處理相關情況的範例）。

提前計畫，預防問題發生

①留意單親撫養的好處：你不必為教養方式爭吵。父母共同教養總是比較容易——這件事也是個迷思。事實上，誰應該要更寬容或更嚴格？父母雙方經常為此爭論，或批評對方沒有花時間陪孩子。不要過分將他人的情況理想化。別人家的草坪不一定比較綠。

②單親撫養的另一個好處是，孩子有機會感到自己是被需要的。重要的是，不要以縱容孩子來試圖彌補他。舉行家庭會議（即使只有一名父母和孩子），讓孩子參與做家事的規劃、解決問題和計畫有趣的活動。在單親家庭中，孩子一定有機會做出有意義的貢獻，感覺自己被需要、被傾聽並受到認真的對待。

③在孩子喜歡的特定時段，與每個孩子度過一段特殊時光（每天十分鐘或每週三十分鐘）。

當你太忙而無法滿足孩子的所有要求時，請冷靜地說：「我現在沒有時間，但我十分期待我們的特殊時光。」

④建立由其他家庭成員和朋友所組成的支持網絡，請他們一起協助照顧孩子、為孩子提供男性或女性的榜樣，並讓他們和孩子一起共度趣味時光。

⑤參加或開始組織一個單親撫養的家長課程。有許多的單親父母像你一樣，需要支持。

⑥如果你離了婚，而你的前任不願意負責，決定你自己該怎麼做，而不是浪費時間為了對方的行為而生氣、沮喪和失望。你的前任可能不會改變，接受這個事實。如果你不能依靠前任，請制定備案。

⑦想辦法恢復元氣，照顧好自己的需求，這樣你才會有充沛的精力和熱情享受親子關係。不要因為花時間在自己身上就感到愧疚。將照顧自己視為一份送給自己和孩子的禮物。

孩子學到的生活技能

孩子會學到生活有各種樣貌，其中有一些樣貌可能並非是他所喜歡的。他能夠學習成長，並從生活的挑戰中受益。他無法控制發生的一切，但可以控制自己如何面對發生的事情。

教養指南

①我們強調單親撫養的好處，並不表示單親撫養不存在問題。我們想說的是，把其他人的情

況理想化，以負面的態度看待單親撫養，對事情沒有任何幫助。

②孩子會被你的態度影響。如果你表現得像個受害者，孩子也會感覺像個受害者。如果你採取樂觀、勇敢的態度，孩子也會採取同樣的態度。

進階思考

當孩子威脅著要和父親一起生活時，母親對他說：「好的，你可以離開一次、回來一次。但如果你回來之後還想離開，就不能再改變決定。」

每個孩子都接受這樣的條件，因為他們知道母親說得出、做得到。孩子們意識到母親認真對待並尊重他們與父親一起住的權利，也不會以此要脅他們。這讓他們開始仔細思考，這是否真是他們想要的結果。

認真考慮後，他們決定留下來，並在常態性舉行的家庭會議中，開始共同討論解決問題的方法。

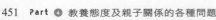

繼親家庭

「我有兩個孩子，最近我再婚了，另一半有三個孩子。我們的孩子似乎適應得不太好。她的孩子似乎都不喜歡我，而我的孩子似乎也不喜歡她。這給我們的關係造成很大的壓力。我們不知道該怎麼辦。」

了解孩子、自己和情況

混合家庭是需要時間來磨合共處的。由於多種關係變化的複雜性，以及每天可能令人感到疲於奔命的日常生活，難免讓人感到一定程度的壓力。孩子必須適應新的角色和不同的養育方式。大人常會感覺自己被對方拿來與其前夫或前妻相比，或是對方做決定時被排除在外。親生父母和繼父母必須想辦法融合彼此的教養方式，並分擔責任。

除了這些不時變化的關係外，為了雙方家長的探視權，你還需要在家裡迎接不同的孩子，並處理複雜的互動關係。

如果你抱持《脫線家族》（*Brady Bunch*）*般的心態，認為所有家庭成員都會興奮迎接這個幸福的大家庭，你將會感到非常失望。

給父母的建議

①給這個融合過程一點時間。你可以預期這當中會出現一點憤怒、嫉妒、比較和難過的情緒，但要記住，如果處理得當，這些情緒不會永遠持續下去。只要記得，適應變化需要一點時間，就能減少你的挫折感。

②讓孩子（和配偶）表達感受，不加以批評或判斷。對他們表示了解，不要說他們不應該有這些感受。做一名好的傾聽者，但不要周旋於孩子和繼父母之間，試圖解決問題。

③如果問題嚴重到無法只靠傾聽解決，安排時間一起討論。讓孩子知道，如果他覺得很害怕，你可以幫忙提出問題，但一定要和問題相關的人進行討論。

④在孩子去看另一名原生父母後，給他時間，在轉換家庭的過程中進行調整。你可以帶他去吃漢堡，讓他花時間和朋友在一起，或是自己待在房間裡。避免提問，但如果孩子想講話，花時間傾聽。

⑤在配合各種生活安排分配家事時，保持彈性和創意。

＊美國情境喜劇，於西元一九六九年至一九七四年連續播出五季，故事圍繞著一個有六個孩子的混合大家庭而發展。

提前計畫，預防問題發生

①尊重孩子愛親生父母的需要。不要說前夫或前妻的壞話。不要讓孩子覺得自己必須做選擇。這樣比較容易讓孩子去愛兩對父母，而非在兩對父母之間做選擇。

②重要的是，混合家庭的父母，在結婚後必須努力達成共識：他們對所有孩子負有同樣的關愛和教養的責任。有人認為管教只能由親生父母來處理。其他人則認為繼父母應該透過管教來維護自己的權威。這兩種情況中的任何一種，所產生出來的都是分裂而非尊重的夥伴關係。夫妻兩人若能同心處理，絕對會更有幫助。如果管教不具懲罰性，而孩子也含括在解決問題的過程中，他就不太會感到憤慨。

③孩子會感受到你的態度。你可以抱持的一個健康態度是，「我知道這很難。我了解你為何感到受傷和生氣。這份新的關係對我而言很重要，我知道，隨著時間流逝，我們可以建立一個健康、友愛的家庭。」

④父母讓自己的子女優先於對方或對方的子女，都是錯的。這對家庭關係或孩子而言都不健康。孩子需要知道，他的父母和繼父母重視兩人的關係，並對彼此忠誠。孩子需要知道自己被愛，但無法操控父母彼此對立。

⑤定期舉行家庭會議，讓大家一起腦力激盪解決問題並建立新的慣例（有些孩子很討厭「家庭」一詞，因此不妨將其稱為「會議」或「計畫會議」）。接受事情和原來的家庭會有所

不同，對孩子表示，你需要他們幫忙，一起制定適用於新家庭的新守則。

孩子學到的生活技能

孩子會學到，當生活被打亂時，感到受傷和憤怒是正常的。他可以藉由建設性的方法來應付傷害和憤怒的情緒。

教養指南

①當你堅持管教不使用懲罰，並以溫和堅定的方式進行時，不論是親生父母或繼父母，都可以用尊重的方式教養孩子。

②如果你對自己親生的孩子對待所愛之人的態度感到尷尬，對你新的配偶和孩子保持信心，相信他們能在你不干涉的情況下，解決歧異。

進階思考

當何塞和瑪麗結婚時，他們各自為這個新家庭帶來了三個孩子。六個孩子的年齡從六歲到十四歲不等。

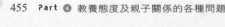

顯然，他們需要進行許多調整。

瑪麗在外工作。她真的很喜歡她的新家庭，並渴望下班後回到家的時光——只除了一個問題。

她注意到的第一件事是凌亂。孩子們放學回家後，會把書、毛衣和鞋子到處亂丟，還會再替這團混亂加上餅乾屑、空牛奶瓶和玩具。

瑪麗會開始嘮叨和哄騙。「為什麼你不能把你的東西撿起來呢？你知道這會讓我不高興。我喜歡和你們在一起，但是當我看到這裡一團混亂時，我很生氣，以致於忘了開心是怎麼回事。」

孩子會撿起他們的東西，但是到了那時，瑪麗已經對他們和自己都感到沮喪和不滿。最終，瑪麗將這個問題在週一晚上例行舉行的家庭會議提出。她承認這是她的問題。顯然孩子們不在意房子凌亂，所以瑪麗請他們一起幫忙解決她的問題。

孩子們想出了一個「保管箱」的計畫。

他們決定要找一個可以放在車庫裡的大紙箱。任何被留在公共空間的東西，例如客廳、休閒室和廚房，只要有人看到，都可以撿起來放到「保管箱」裡。東西要待在那裡一個星期，主人才能提出要求拿回來。

這個計畫的效果很好，解決了凌亂的問題，「保管箱」裡塞滿了東西。因為這個規則是由孩子們共同制定，所以他們也異常堅持——即使其中一個孩子因為鞋子被丟到「保管箱」裡，而不得不穿臥室拖鞋上學一週！

參與解決問題的每個人，也都因此更拉近了彼此的距離。

不同的教養風格

「我男友認為我對孩子太過縱容。他說他們都被我寵壞了，我需要在管教上態度更強硬一點。我則是覺得他太嚴格了。我們想結婚，但我卻因此而猶豫了，我不確定是否能和他一起教養孩子。」

了解孩子、自己和情況

我們為什麼會有這種迷思——認為共同養育便意味著父母雙方必須擁有完全相同的教養哲學與行動？如果父母在一段關係中互相尊重，懂得自重並尊重對方，就能在意見不同時仍然尊重彼此的想法。

孩子不難發現爸爸和媽媽的做法不同，並不會因此感到困惑。反過來說：如果父母中有一方試圖彌補對方的缺失，不敢做自己，或是任由孩子操控父母雙方對抗彼此而影響家庭生活的運作，才是對孩子不好。一旦父母學會尊重彼此的差異並異中求同，共同養育就會變成愉快、共享的責任。關於共同養育的建議，適用於混合家庭、離異家庭、隔代共同養育家庭，以及父母住在同一個屋簷下的一般家庭。

父母雙方很少會在所有的事情上都抱持相同的意見。即使你進入第二次或是第三次的婚姻，也很難在教養上找到完全匹配的伴侶。但好消息是，孩子很快就能學會，誰會如何思考，誰會讓他們逃過這樣或那樣的事，以及在有什麼需要時應該找誰。父母的工作是學會尊重彼此的差異並發揮各自的優勢。

給父母的建議

①破除「對或錯」的思考迷思，欣賞差異。將焦點放在父母各自對家庭能做的貢獻上，並強調彼此的優勢。意見不同沒關係，但要尊重對方的想法。讓對方知道，儘管你可能不喜歡他做某些事情的方式，但你會尊重他與孩子的關係。除非出現虐待情事，否則，對方管教孩子時，不要介入。如果你不同意眼前的狀況，等到孩子離開，彼此都沒有壓力時，再進行討論。

②如果你認為孩子正試著讓你們對抗彼此，建議你先和另一半談過之後，再去找孩子談，讓孩子知道你的想法。如果孩子需要一個決定，告訴他，父母雙方都要同意才能進行。

③不要為了彌補對方的不足而矯枉過正，變得過於獨斷（以彌補對方「優柔寡斷」的風格）或過於寬鬆（以彌補對方「過於嚴厲」的風格）。孩子自己可以學習如何面對不同的教養方式。

④示範教養技能，不要說教或嘮叨，經驗不足的父母可以透過觀察進行學習。

⑤如果你的另一半感到挫折，請多給他擁抱並說些鼓勵的話：「這真的很難處理。我猜你現在一定感到很難過。想要談一談嗎？」

⑥不要在孩子面前詆毀另一半或要求他在父母間傳話。不要對孩子抱怨另一半或是期望孩子幫你解決與另一半（或前夫前妻）的關係。

⑦如果孩子抱怨父母中的一人，建議他將不滿的原因列入家庭會議，或是讓孩子知道你願意陪他當面把不滿告訴另一半。不要在孩子沒有參與的情況下，試圖幫他解決問題。

提前計畫，預防問題發生

①在生孩子之前，與伴侶討論彼此對擔任父母的角色和責任有何看法，一起參加教養課程，並學習和討論對你們來說全新的方法。

②定期舉行家庭會議，讓全家人有機會一起討論問題，直到所有人同意採取某個試行方案。試行該方案一週，觀察其效果與試行狀況。在下次的家庭會議上提出意見。

③如果你認為對方在虐待孩子，讓他（或她）知道你不能容忍虐待，如有必要，將會尋求相關單位的協助。

④與孩子交談，讓他知道，你注意到父母中有一方可能太過寬容或太過嚴格。問孩子在這種情況下會做些什麼來面對這些情況。你也可以觀察孩子們，看看他們如何有技巧地以不同方式回應不同父母的教養風格。

孩子學到的生活技能

孩子會學到「相異」可以是資產而非負債，沒有絕對正確或錯誤的做事方法。他還會學著如何觀察人類的行為，並尋找能夠滿足自身需求的解決方案。

教養指南

①如果伴侶的教養方式與你的差別很大，清楚地向對方說明界線，請他尊重你有權保護孩子不受虐待，並拒絕遭受經常性的批評。

②注意！孩子會從父母的關係中學習解決衝突的方法。如果你們彼此操控、不相互尊重，孩子就會有樣學樣。如果你們一起做決定、解決問題，並創造雙贏的局面，孩子也會效法。

③如果家裡存在任何形式的暴力——例如肢體虐待、性虐待或是濫用藥物——尋求協助。你無法單獨解決這些問題。大部分的社區都有相關的團體和計畫來協助有這類問題的家庭，你不需要再感到孤單或帶著傷害自尊心的祕密過生活。

進階思考

洛雷娜在原生家庭中排行老二。

她以前是家裡的協調者及和平促進者，經常試著在兩個對立的勢力間解決問題。

當她自己有了孩子後，因為孩子父親的脾氣不好，在很生氣的時候還會大吼大叫，所以她一直在努力保護孩子免受父親的傷害。

孩子很快就學會如何利用這種情況。

當洛雷娜不在時，孩子們和父親相處得很好，但是當她回家後，孩子會開始抱怨、發牢騷，央求她取消他們與爸爸做出的協議。

洛雷娜越是試圖「保護」孩子，她的丈夫就越容易憤怒和大吼大叫。

有一天，洛雷娜在無意間聽到孩子們在討論如何逃避做家事的責任。

「當爸爸說該洗碗了，我會開始哭說：為什麼都是我在洗碗，這不公平。然後你接著抱怨爸爸總是叫我們做所有的家事。我敢打賭，媽媽一定會跟爸爸吵架，我們就可以去玩電玩，而且媽媽還會幫我們洗碗。」

洛雷娜感到哭笑不得。她決定忍耐，等候適當的時機。

那天晚上，當孩子們展開計畫好的「表演」時，洛雷娜帶著甜甜的笑容說：「我相信你們可以和爸爸一起想出解決問題的方法。我會去看書。洗完碗後，你們記得過來跟我說說，今天在學校裡都做了些什麼。」

在孩子們傻眼地盯著她離開時，她幾乎忍不住大笑。

父母的恐懼

「我們生活在如此危險的世界中。我每天都擔心孩子會被綁架、遭到猥褻、被人在路上開車槍擊或甚至在校園裡遭到槍殺。我要如何保護孩子避免遭受如此重大的危險？」

了解孩子、自己和情況

世界確實改變了，其中最大的一個變化是，因為媒體的過度報導，以致於讓我們聽到問題的機會比以往來得更多。

危險一直存在，有哪個父母不擔心孩子的安全？沒有父母願意活在孩子失蹤後那種可怕的不確定感中。但你若因為恐懼而把孩子緊緊抓牢，讓他感到窒息或無法茁壯，卻也是不公平的。

給父母的建議

撫養孩子並去了解什麼是你能控制的、什麼是你不能控制的差別，十分需要勇氣。

①你的工作是讓孩子感受自己的能力，並教會他照顧自己。每天都做吧！去培養孩子的技能和勇氣。

②讓孩子做他自己認為準備好去做的事情，如此也能增強你的勇氣。做孩子的教練和啦啦隊員。保持安全的距離，在孩子需要時提供幫助，但要給孩子空間，讓他嘗試那些能從中學習而不至於遭受太多痛苦的錯誤。在介入之前，先觀察孩子，你可能會對他處理許多情況的能力感到驚訝。

③教導孩子，並非所有的人都是好人，有些人會做傷害孩子的事情。知道孩子和誰在一起玩，以及他都在哪個朋友家裡玩。想一個家庭暗號——如果有人在學校或其他地方對孩子說「你的媽媽和爸爸叫我來接你」，他可以問這個人暗號是什麼。如果對方不知道，他就要趕快逃跑並尋求幫助。

④上網查詢在你居住的社區裡是否有虐童者。與孩子討論附近有猥褻兒童的人出沒，確實幫助他了解如何保護自己的安全。給孩子看看對方的照片，並強調避免與他（或她）接觸的重要性。最好能讓孩子兩兩成對或在團體中行動。

提前計畫，預防問題發生

①參與學校和社區的活動，進行安全演習和促進正向互動的社區活動。了解你的鄰居和孩子

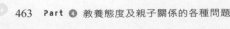

的老師，讓自己參與其中。

②看看自己在讀什麼以及在電視上看到什麼。許多為了今日父母所寫的書，都在暗示你要多保護孩子，如果你不照著做，還會讓你感到內疚。為自己制定一個策略，盡可能學習如何培養孩子的自我能力，避免產生親子之間的互累症*。

③參加家長課的課程，聽聽其他父母的故事，你會發現自己並不孤單，而且你會害怕是很自然的。這並不表示你需要根據恐懼來採取行動，但確實有助於承認並重視這些恐懼。

④去尋找比你年長的家長們談話，聆聽他們是如何走過來的。不久前，孩子在很小的時候就要工作幫助家裡，自己坐公車、走路上學，還必須在農場裡幫忙。我們並不是說時間可以倒轉，但回顧歷史，有助於你從不同角度看待自己的恐懼。

⑤與孩子一起採取小步驟，幫助你建立信心。當孩子說準備好嘗試一些事情時，你可以近距離觀察他是否真的準備好了。

⑥注意別在孩子面前表達太多擔憂。他可能會反其道而行，變成一個冒失鬼和激進者，只為了證明你是錯的。許多孩子不想聽你擔心的事，因為這會削弱他的自信心。你可以把擔憂與朋友分享。

孩子學到的生活技能

孩子會學到，父母相信他能自己解決問題、堅強、有自信、有能力。他知道父母的恐懼只是恐懼。這些是感受，而非事實。

教養指南

①你可以感到恐懼，但不能因為出於恐懼而把孩子變得和你一樣害怕。

②只是因為你小時候做過很多瘋狂的事並不表示孩子要跟隨你的腳步，或是他這麼做就會得到和你一樣的結果和體驗。

③小心！不要在你的世界注入太多的負面能量，反倒創造出一個自我實現的預言。

進階思考

琳妮奶奶和兩歲的察奇喜歡坐舊金山的BART火車。如果奶奶離黃線太近，察奇會站在她前面並帶她退後幾步，以保證她的安全。這是他的工作，他非常認真地看待。

史坦由一位經常表達恐懼的母親撫養長大。

「小心騎腳踏車，這樣你才不會摔倒並摔斷牙齒。」「你太小了，沒辦法騎小馬。」

＊互累症（codependency），又稱共依存症，並非一種真正的病症，而是指照顧者和被照顧者之間一種失衡的依附關係。

「游泳時要小心，這樣你才不會溺水。」「千萬別碰馬桶座，記得洗手，確保你沒有沾染細菌。」史坦不斷聽到她的恐懼，長大後開始出現許多恐懼症。

他不敢看電影或坐在任何觀眾席上，除非坐在後排最旁邊的座位上。他害怕坐飛機。有一次他坐了飛機，飛機還沒起飛，他就必須先使用氧氣罩。從那次之後他沒有再坐過飛機，因此錯過了許多特殊的家庭活動。

當他取得博士學位時，因為擔心自己不得不坐在中間的位置而整晚冒汗——最後決定透過電子郵件取得畢業證書。

請記住，孩子總是在做決定。你要注意，不要製造機會，讓孩子發展出使他終身受限的信念和恐懼。

「好孩子」

「我參加一個育兒講座，主講者說稱讚孩子『好』可能和指出孩子的『問題』一樣，容易讓他們灰心氣餒。這是什麼意思呢？」

了解孩子、自己和情況

過分強調孩子一直要有好的表現，確實存在一些潛在的危險。這些孩子容易相信，除非他一直表現得很好，否則就沒有價值。因表現好而得到過多肯定的孩子，則很難在不感覺失敗的情況下面對最輕微的錯誤。他們可能會撒謊，或以避免參加活動來掩飾自己的不完美。這種信念最極的危險是自殺，因為孩子認為自己犯了錯誤，不再完美，所以不值得繼續活著。

表現出良好行為的目的，比行為本身重要。

孩子表現好是為了贏得認同，還是因為他看到良好的行為在自我實現上的價值，以及對他人的幫助呢？

給父母的建議

①不要比較孩子，或是說：「為什麼你不能像哥哥一樣好？」這麼做是一把雙刃劍，會讓其他孩子感覺比不上「好」孩子，也給「好孩子」帶來要取悅你的壓力。

②注意進步和努力，而不是結果。使用鼓勵，而不是讚美、獎賞和懲罰。「你在那件事上很努力」，或是「你真的對這個很感興趣」，比「你真是一個好男孩」或「如果你所有科目都拿A，我會送你一輛新的腳踏車」更能讓孩子感覺到自己的能力。

③注意你是否過度責備或挑剔某名孩子。在大多數「問題」孩子的背後，是因為他們希望看

起來像是表現好的「好孩子」，這樣你才會注意到他們的兄弟姊妹有多「壞」。

提前計畫，預防問題發生

①不停地對孩子強調並真心認為，錯誤是學習的美好機會。「再試一次」是一句神奇的短語，讓孩子知道可以犯錯並從中學習。在吃飯時建立一個儀式，讓每個人輪流分享一個錯誤，以及他們從中學到了什麼。

②不要讚揚孩子表現好，而是開玩笑說他冒的險可能還不夠，所以還沒有機會從錯誤和失敗中學習。

③任何人都可能跌倒，但讓自己振作並再試一次，則需要勇氣。確實向孩子傳達這個訊息。

④別讓孩子逃避去參加新的活動。告訴他，可以在嘗試三到四次後再選擇是否退出。這樣做可以避免孩子因為怕自己不是最好的，就不願意冒險。

孩子學到的生活技能

孩子會學到他不需要一直表現出「好」的樣貌，也不需要隱藏自己的錯誤。能成為一名學習者並嘗試一些新事物，是很棒的事。

教養指南

①孩子需要知道，不管發生什麼事，都仍會擁有你無條件的愛。如此一來，他也不必擔心讓你失望。

②家裡有好孩子，生活可能比較輕鬆，但這對孩子來說卻不一定健康。如果你有一名「好」孩子，讓他學著慢慢放鬆，並討論嘗試保持完美的潛在危險。

進階思考

如果我們為了要有健康的自尊，可以從語言中永遠消除掉四句短語，那我們會選擇「好男孩」、「壞男孩」、「好女孩」、「壞女孩」及所有相關的衍生句。

將人的行為與他是誰加以區別，意味著，有不當行為的孩子不見得就是壞孩子，有好表現的孩子也不見得就是好孩子。

這是培養健康自尊的重要關鍵。

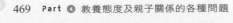

與祖父母相處

「我的父母和我在撫養孩子方面的意見不同。他們自己對於兒孫輩無比溺愛，但孩子在家裡若行為不當，卻希望我嚴加管教，甚至打屁股。這讓我在對待他們和孩子時都感到很不自在。」

了解孩子、自己和情況

對許多人來說：當祖父母是生活中最快樂的事。他們疼愛自己的孫子孫女，喜歡和他們共度時光。這也表示，他們將帶來自己對教養的看法，而這些看法很有可能與你不同。

你可以不同意他們的看法，但不能對彼此不尊重。

大多數人對於在成長過程中有祖父母為伴，並感受到他們無條件的愛，感到非常幸運。所以如何妥善處理這件事很重要，因為孩子確實需要與祖父母共處的美好經驗，而你也不必讓自己在這個過程中感到辛苦。

給父母的建議

①溫和堅定地告訴父母，你重視他們的意見，但你決定在家裡採取不同做法，希望得到他們的支持。你願意聽他們想說的話，但你也希望他們聽聽你的想法，而不是和你爭吵。

②問你的父母，當孫子孫女（尤其是嬰兒）和他們在一起時，是否願意遵循你設定的慣例。例如，也許他們認為孩子一個月大就能開始吃燕麥片，但你希望等到孩子更大一點再開始讓他吃固體食物……等。

③當你帶孩子拜訪他們時，帶上食物和尿布等，這樣他們就可以直接使用你帶來且慣用的東西，也不必再外出購買。

④在孩子長大後，讓他們明白與祖父母所建立的特殊關係與在家裡不同。如果孩子說：爺爺或奶奶讓他晚點睡覺或吃垃圾食品，不要干涉，但要明確告訴他們在家裡不能這樣。

⑤不要不敢請父母幫助照顧孩子。提出你的需求，並相信他們會根據自己的時間來自行決定是否答應。

⑥對於一些祖父母來說：一次和一個以上的孩子相處，是件辛苦的事。尊重這一點，並協助安排每一名孫子女個別與他們共度的特殊時光。

⑦如果你的父母與你同住，或正在幫你帶孩子，讓彼此扮演的角色分明。你是父母，他們是祖父母。有時，孩子的成長需要很多人的幫忙，擁有一屋子疼愛孩子並能以溫和堅定的態

度對待他們的大人，並不是壞事。

提前計畫，預防問題發生

①明確地告訴你的父母，哪些問題無法商量。如果他們想開車帶孩子出門，就必須配備兒童座椅或是直接借用你的車。如果孩子要午睡或過夜，最好能有攜帶式的嬰兒床。幫助他們挑選適合孩子年齡的玩具。

②在你的父母更懂得如何和孩子相處之前，花時間在他們家（或是你們家）從旁陪伴。是的，他們養過孩子，但那已經是很久以前的事，他們會感謝有機會了解你的教養方式。

③如果你的父母願意，在一週或一個月裡，挑選一天做為「祖父母日」，讓孩子知道何時能和爺爺奶奶相處。

④當你的父母變得年老體衰，讓孩子確實抽空去探望他們，帶爺爺奶奶購物、看醫生，或是開車兜個風。

孩子學到的生活技能

孩子會學到他身邊有一群愛他，並且可以教他很多東西的人。每一對祖父母都能為孫子女帶來不同的禮物，孩子會認識到自己是重要且特殊的，值得得到無條件的愛。

教養指南

①如果你對祖父母心懷感恩，孩子會從中感受到正能量，你也能讓自己得到一些休息。

②你可以思考不同的祖父母各自擁有的特質以及所能提供的幫助，就此進一步了解不同的祖父母如何與孩子建立起各自獨特的關係。

進階思考

畢雅奶奶帶她的孫子孫女上大提琴課、到糖尿病營、上鋼琴課。

珍奶奶有一個充滿玩具，配備著電視、錄影機、視頻遊戲和睡袋的地下室。泰德爺爺有一個工具室，他的孫子女可以在他的指導下使用裡面的工具。

巴特爺爺有一輛露營車，每年都會開車帶每名孫子女各自進行一到兩次的露營。

朗尼奶奶帶孩子去參觀藝術博物館，喬治爺爺帶孫子去坐火車。瑪麗奶奶喜歡購物，為所有的孫子孫女購買最可愛的衣服。肯爺爺帶全家到迪士尼樂園玩。朵拉奶奶和孩子玩撲克牌，每次都讓他們贏；康妮奶奶教孫子如何烘焙。

羅奶奶會買巧克力甜甜圈給孩子們，在他們難過時擁抱他們。

李奶奶每個星期四都和孫子一起度過，並一整天專心地陪伴他。

許多祖父母為孫子女設立大學基金，或是隨時願意擔任保姆的工作。這些祖父母在向孫子孫女傳達一個訊息，那就是他們是特別的、值得無條件地被愛——這會大大增強孩子的自我價值感，並改變他們的生活。

這種記憶，永遠不會消失。

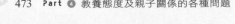

過度保護、寵溺和拯救

「我認為我的工作是讓孩子無論任何時候都很快樂，不要遭受我在成長過程中受過的那些苦。我先生卻覺得我對女兒過度保護，會把她變成生活白癡。愛孩子並確保她快樂，為什麼有錯呢？」

了解孩子、自己和情況

圖提・伯德（Tootie Byrd）這位具啟發性的演說家曾說過：「孩子有四個發展階段：接住我，抓緊我，放下我，讓我走。」雖然這可能過於簡化，但到了某個時間點，父母的目標就是培養一個能夠以大人身分好好生活的孩子。他可以獨立、有貢獻，對生活有成就感。如果你的態度過度保護、寵溺和拯救，最終不會培養出一個快樂成功的大人。

孩子需要有機會鍛鍊「失望」的肌肉，能夠處理生活的起伏。你處處干涉的次數越多，孩子就越容易失去從錯誤中學習的信心和機會。

更糟糕的是，你的孩子可能會成為一名自以為有資格要求任何人的大人，所有人都必須對他的健康和幸福負責。

給父母的建議

①**順其自然。**在你介入之前，先注意孩子會怎麼做。保持安全的距離，但把嘴巴閉上，眼睛張大。你會對孩子在沒有你的幫助下自己解決問題的次數感到驚訝。對年紀大一點的孩子，先等一段時間，再問：「你需要幫忙嗎？」即便如此，也不要直接伸手去拯救他，而是一起腦力激盪可行的方法。

②**了解讚美和鼓勵的區別。**注意，不要使用「好男孩」、「好女孩」這類詞彙，具體指出孩子做的事情：「謝謝你幫我遛狗。狗狗很喜歡你牽牠的方式。」或是，「我注意到你很喜歡自己切食物。」

③**讓孩子擁有自己的感受，並學習辨識、命名且順其自然。**如果孩子很沮喪，沒關係。他不會因此就失去性命。簡單地對他說：「你真的對無法完成拼圖很生氣，你希望能按照你的方式完成這個拼圖。你想不想試著轉動那片拼圖，尋找另一個可能適合的地方？」如果孩子在被朋友拒絕後感到受傷，給他一個安慰的擁抱，並相信他終究會沒事的（我們不都是這樣嗎？）。

④在房子裡到處放點小工具、掃帚、椅子、凳子等，**讓孩子可以幫忙家事。**

⑤**給孩子零用錢，當孩子把錢用完時，不要救助他或為他買東西。**對他說：「錢不夠用的感覺很糟。我有同樣的感覺。我知道你覺得發零用錢的日子很遙遠，但我相信你可以等到那

個時候的。」

⑥設定你願意為孩子做事的界限，並加以遵守。你可以說你只會洗放在洗衣籃裡的衣服，但是不會把他忘記帶的午餐送到學校。

提前計畫，預防問題發生

①設定做家事的時間，讓所有的孩子一起參與。如果他們有報告或大量的家庭作業要趕，不要替他們覺得難過。孩子要學會管理好自己的時間，做好該做的家事，或與其他人交換。對孩子有信心。當他說「我不行」時，你知道他是可以的，對他說：「我相信你有辦法處理好。」如果你認為他沒辦法，對他說：「我們暫時不管吧，明天我再教你怎麼做。」（等到明天再處理，這樣至少今天不會覺得無助）

②隨時準備給予與接受。幫助正在解決自己困擾的孩子。

③讓孩子嘗試新的活動，並在決定是否繼續之前，至少嘗試三到四次。孩子可以感到害怕，但卻不能不嘗試。

④注意，不要給最小的孩子特殊待遇，並只因為他看起來比其他家庭成員更年輕、更小，就認為他沒有能力。最小的孩子大部分不容易成功，就是因為被家裡當成寶寶般照顧。

⑤現在願意受苦，就能避免以後遭受更大的痛苦。孩子哭著要求有特殊待遇，你可能比他還

難過。當你確信溺愛孩子對他沒有幫助，你便能以溫和堅定的態度去處理事情。

孩子學到的生活技能

孩子會學到他是強壯且有能力的，所有的初學者在把事情做好之前，都會經歷一般辛苦時期。孩子知道你會當他的教練和啦啦隊長，但不是傭人或女僕。他們會透過壓力和完成任務而明白時間管理的重要。孩子會鍛鍊他的「勇氣」肌肉，而不是「受害者」肌肉。

教養指南

①我們知道你希望被孩子需要，你永遠都會的——但，要給孩子機會，讓他能變得強壯並自由飛翔。

②一旦孩子證明他能在沒有你幫忙的情況下，把事情做好——你想幫忙，是可以的。

③相信孩子能從錯誤中學習，並滿懷驚喜地看著孩子如何根據經驗修正錯誤。

進階思考

麥克．布洛克是一名經過認證的正向教養講師、執照諮商師，以及《培養學生能力的七種策略》（*Seven Strategies for Developing Capable Students*，暫譯）的共同作者。

以下訊息來自於他發行的一份刊物，我們認為所有家長都可以使用。他稱之為「不拯救契約」——

我們要明白，身為父母的最終責任，是為孩子提供根基與翅膀——一個他們永遠知道家在哪裡的根基，以及一雙有朝一日讓他展翅高飛的翅膀——並致力於將他們撫養成自力更生的年輕人，了解努力確實會產生結果。

因此，我們在此承諾，盡力透過以下方式來支持他們：

- 肯定他們是有能力的年輕人，可以自己搭配穿著、完成家庭作業、整理背包、找到書桌、處理忘記的家庭作業、文具用品和午餐；
- 肯定他們是重要的年輕人，是對家庭生活有真正貢獻的人，並不只是我們指導或拯救的對象。在我們的耐心幫助下，能夠想出如何以最好的方式做好家庭作業，在早上穿好衣服，以及記得帶齊所有上學所需的用品；
- 肯定他們是有影響力的年輕人，可以自己做決定並體驗決定的後果，與他們共同探索什麼樣的努力會產生什麼樣的後果。

做為父母，我們意識到讓孩子犯錯並從中學習，遠比「從不犯錯」來得重要。我們宣示，無論他們有的是成功或「近乎成功」的經驗，都會幫助他們從中學習。我們進一步承諾，將支持老師在學校裡為了有效教養所做出的努力，並在管教情境出現時與孩子對話，幫助他們更了解發生的事、為什麼會發生，以及下次可以怎麼做，才會有更好的結果。

做為學生，我們承諾對自己的行為和功課負責，並與老師和同學合作。

我們的父母和學生共同承諾，在任何時候都會尊重彼此；我們要能理解，「尊重」不是贏取而來，而是每名男性、女性和孩子，原本就能無條件擁有的事物。

家長簽名：
學生簽名：
日期：

價值觀與禮貌

「也許我比較老古板，但我擔心，今天的孩子缺乏價值觀——這也包括我自己的孩子。我該如何應付那些關於物質主義、享樂主義和性方面的訊息呢？這些事情對孩子的影響力似乎比我還大。很明顯的，現在的孩子對於性的態度，已經不像我們那個年代般避於談論，我們那個年代可能太過保守，但是，現在這麼開放，難道就是健康嗎？我該如何向孩子傳授價值觀？」

了解孩子、自己和情況

核心價值觀是你內在對自己、他人、生活以及事物的存在狀態所抱持的信念。我們透過兩種不同的方式來學習價值觀：觀察，以及傾聽。

人的核心價值觀，大概到了五歲就有雛形（但會與時俱進地改變）。隨著孩子年齡增長，他在核心價值觀上的更新和擴展，會受到親友、學校、教會和大眾媒體的影響。大多數的年輕人在青少年時期都會經歷叛逆期，與家庭的價值觀產生衝突，並持續幾年都會往相反的方向發展。如果你在這段期間沒有與他們進行拉鋸戰，他們通常都會再回歸到家庭的核心價值觀上。

我們生活在一個與你成長的環境截然不同的社會裡，事情在過去二十年裡起了很大的變化。與其消極看待，不如視為挑戰，提供你增強教養技能和親子關係的機會。現在這個年代，我們已經難以安心信任外力對教養孩子的影響。玩電子遊戲、看電視或與朋友聚會，都無法讓孩子學習到你認為重要的價值觀。你必須決定要傳授孩子何種價值觀，進而在心裡設立明確的目標。

許多父母在認真考慮後，通常會列出的價值觀包括：懂得尊重、關心他人、誠實、獨立、有彈性、有學習動力、大方、有責任感、自律、可靠和懂禮貌。我們還想在這份清單加上：有社會責任感或是願意有所貢獻。

請記住，如果你教導的價值觀與你的生活相互違背，孩子會相信你說一套、做一套，並以此做為形塑價值觀的基礎。

給父母的建議

①不要害怕對孩子說「這就是我們做事的方式」。例如，你可以說，在你的家族中，沒有寫謝卡之前不會打開禮物。你可以告訴孩子，節日期間，首先為有需要的人買禮物，然後再為全家購物。大多數年幼的孩子都會把你的意見就事論事般接受。如果孩子提出異議，歡迎他的意見，且恰好視為討論價值觀的絕佳機會。

②當孩子表現得沒有禮貌，你可以說：「不好意思，我們是不是說過，該怎麼做才是有禮貌？你該如何表現呢？」

③另一種說法是：「喔！你想不想再試一次，以禮貌的態度來反映真實的你呢？」

④你可以在以下場景裡，溫和地提醒孩子，例如：記住女士優先。為客人帶位時，別忘了替對方拉開椅子。當你請人幫忙時，需要說什麼？（請。）當某人為你做好某件事時，你需要說什麼？（謝謝。）

⑤如果孩子以不雅的詞彙對你做人身攻擊，把孩子帶到較隱密的地方，彎下腰，對他低聲說：「我不會這麼罵你，我也不想聽到你這樣罵我。這讓我很受傷。請不要再這麼做了。我愛你。」

提前計畫，預防問題發生

①你想傳授什麼樣的價值觀，以身作則。如果你想讓孩子學會尊重，請先做到對人尊重並自重。對你的教誨身體力行——孩子會模仿你的行為，而不是聽你說的話。

②所有教養孩子的方法，都是為了教導孩子價值觀和禮貌。所有正向教養的育兒工具，也是為了傳授孩子有價值的社交和生活技能，並幫助他養成良好的品格。

③如果你有虔誠的信仰，並希望孩子分享你的信念，你可以送他上宗教學校，讓他與其他人共同學習。年幼的孩子很直率，容易接受別人說的話，因此你要確認那裡的教學確實反映出你希望孩子學到的內容。

④引導孩子思考在悲劇或災難發生時，可以做些什麼幫助他人。請查詢你的在地志願服務團體，並想辦法參與社區活動。

⑤我們一遍又一遍地建議你舉行家庭會議，因為這確實是你能用來傳授價值觀最有效的形式。孩子將能透過傾聽不同的觀點，找到有用的解決方案，學習關懷他人。他將學會注意他人的優點，並不吝以口頭稱讚。他也將學會專注於尊重所有人且有效益的解決方案。不要錯過這個使用寶貴工具來傳授價值觀的機會。

⑥在舉行家庭會議時，一起制定電子產品的使用規定。當孩子看電視、聽音樂和玩電子遊戲時，務必加入，你們可以針對內容所描繪的價值觀進行討論，並坦誠分享彼此的看法。

⑦使用啟發性的提問，幫助孩子探索他做出的選擇所造成的後果。透過這種方式，他將能探索自己擁有的目標和價值觀，以及如何實現自己想要的生活。

⑧花點時間教導孩子禮儀，不要說教，也不要嘮叨。每週設定一次「用餐禮儀之夜」來練習，讓這件事變得好玩有趣。請大家盡量誇張，例如說「請～～把奶油傳給我」。遊戲可進行積分，例如只要抓住有人把手肘放在桌上、邊吃邊說話、打斷人家說話、抱怨，或是把手伸到桌子對面，都可得分。得分最高的人可以選擇餐後玩的遊戲。一起在餐桌上吃飯。使用餐墊或桌布、餐巾和蠟燭，使用餐時光變得特別。

⑨尋找表現正直精神的人物故事（也能參考電影或新聞），例如拾金不昧或是不論遭遇多少困難都不屈不撓的例子。像是電影《北國性騷擾》（*North Country*）＊。對孩子提出以下問題：「什麼事比正直重要？金錢嗎？別人對你的看法嗎？這些比正直更重要嗎？」

⑩花時間進行訓練。如果彼此都處於平靜的狀態，而且孩子也同意——簡短的說教是可被接受的。例如：「當你被邀請與有錢人和有名望的人一起吃飯時，你想知道如何避免讓自己出醜嗎？」「當你遇到夢中的女孩時，如何表現得像個紳士，而不是沒禮貌的混蛋？」一旦你花時間進行訓練，只要留意避免以生氣的口吻說教，簡短的提醒是無妨的。「別忘了，奶奶來的時候跟她打招呼。記得幫媽媽開車門。」

＊西元二〇〇五年上映的一部美國電影，故事主要描述美國礦場女工聯合控告鋼鐵公司，未善盡責任處理性騷擾的案件及故事。

⑪花時間讓孩子參與角色扮演，演練在某些情況下——例如當朋友邀他吸毒、偷竊或做愛時——他會怎麼做。孩子還可以練習如何招待客人，以及當他去做客時該如何表現。先前的練習在準備應對「真實」情況時，將大有幫助。

孩子學到的生活技能

當價值觀和禮貌成為孩子生活的一部分，他會體驗到自己的生命變得更加豐富多彩，也會產生更良好的自我感受。

教養指南

①兒童不會單純透過觀念的灌輸就變得正直而懂得禮貌，需要時間訓練。

②阿爾弗雷德·阿德勒提出的gemeinschaftsgefühl（社會情懷）是衡量心理健康的一種指標。一個人越專注於關心他人、有所貢獻，他或她的自我感受就會越好。

進階思考

瑪麗安娜從學校哭著回來，因為她的朋友取笑她的捲髮。媽媽珍惜她的感受，同理地說：「噢！妳一定很受傷。」

瑪麗安娜冷靜下來後，媽媽決定藉此幫助她思考一些價值觀。她問：「瑪麗安娜，妳是唯一被取笑的人嗎？」

瑪麗安娜想了想，回答說：「不，每個人都因為某件事被取笑。」瑪麗安娜突然恍然大悟。「即使是受歡迎的孩子也被取笑了。多麗非常受歡迎，但是她的『兔牙』也被取笑了。」

媽媽問：「別人被取笑時，都有什麼反應？」

瑪麗安娜說：「我不確定。我認為他們很生氣。我也生氣了，但我其實是傷心。我猜他們也有同樣的感覺。」

媽媽問：「妳取笑過其他孩子嗎？」

瑪麗安娜有點尷尬地說：「有時候。不是我起頭的，但有時我也會加入其他的孩子。我這麼做是無心的。我甚至都沒想過，可能對別人造成傷害。」

媽媽問：「現在，妳已經思考過了，感覺如何？」

瑪麗安娜說：「我當然不喜歡被人取笑，所以我也不會去取笑別人。」

媽媽進一步問：「妳希望被人取笑時，有人站起來為妳說話嗎？」

瑪麗安娜說：「是的。當我最好的朋友也一起來取笑我時，我覺得很難過也很憤怒。她沒有為我挺身而出，會讓我很傷心。」

媽媽問：「妳認為妳有勇氣，為那些正被取笑的人站出來嗎？我必須先警告妳，一旦妳這樣做，其他人可能轉而將矛頭指向妳，因為妳對抗了他們在做的事，這會讓他們感到尷尬。」

瑪麗安娜說：「我不在乎。現在我知道這是什麼感覺了，我不想參與任何會傷害他人的事情，而我希望自己有勇氣，為別人挺身而出。」

這次談話是媽媽與瑪麗安娜分享自己價值觀的一種間接，但有效的方式。

Part

5

其他各種問題

家庭的疑難雜症百百種，除了孩子們成長的問題，還有更多令人頭痛的狀況要面對。例如孩子可以交給保姆帶嗎？如何安排與孩子共同出遊的假期？如何與孩子討論死亡或性虐待的問題？

保姆

「我的孩子五歲了，從來沒有讓保姆帶過。朋友都催促我要請保姆，他們說我沒有給孩子機會，讓他學著和父母以外的人相處，這樣對他不好。但，我認為孩子在小時候能夠和我一起度過，會更有安全感。」

了解孩子、自己和情況

讓孩子偶爾離開你身邊，對你和孩子都有好處。幼童在離開父母身邊時會感到焦慮，是很自然的事，但如果有機會讓他習慣短暫分離，這種焦慮就會慢慢消失。當孩子學會處理分離焦慮，就能培養出勇氣和獨立的能力。從不離開孩子身邊、過度保護的父母，會讓孩子難以培養勇氣和獨立的能力。

此外，照顧孩子——特別是嬰兒——是一件極度耗費精力的事，而「重新充電」的一種方法，就是暫時離開孩子。留點時間給自己，並在沒有孩子的情況下享受夫妻兩人的時光。

給父母的建議

①孩子出生後，請開始採取小小的步驟。第一步是，你可以離開或出門幾個小時，讓你的伴侶或親戚在家裡陪伴孩子。

②在孩子滿月後，帶孩子到朋友或親戚家，進行大約兩小時左右的拜訪。孩子不會有問題的。出門時帶上孩子最喜歡的毯子和絨毛動物玩偶，讓自己休息一下。

③找到願意和你交換托育的鄰居或是朋友。

④一些孩子僅三個月大的父母，選擇將嬰兒送到托育中心照顧。你可以從每週兩個下午、每次幾小時的時間開始，隨著孩子年齡增長與你放心的程度，增加托育的時間。記得選擇孩子數量比照顧者更少的托兒所。請尋找同時接受嬰兒和學齡前兒童的地方。嬰兒喜歡看到年紀大一點的孩子，而學齡前兒童總是對嬰兒很感興趣。

⑤從經驗上來說：十三、四歲的青少年通常是最好的保姆。他們年紀夠大，足以承擔責任，並通常對孩子比對異性更感興趣。當然也有例外。你一定要為青少年保姆制定規則，像是在孩子睡覺之前不接朋友的來電；花時間陪孩子玩和閱讀；把髒亂打掃乾淨。對他們清楚說明你的聯絡方式以及回家的時間。

⑥準備一個裝滿特殊遊戲和玩具的袋子，只在保姆來的時候才拿出來。你可以問保姆是否帶了其他好玩的遊戲、玩具或書籍，可以讓孩子嘗試新的事物。

⑦請參考〈幼兒園和托兒所〉章節中的內容，了解當孩子在你離開時緊抓不放和哭泣時的處理辦法。

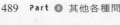

提前計畫，預防問題發生

①徵詢你的朋友、鄰居、教友和學校教職人員所僱用的保姆。當你在家時同步展開他們的試用期。他們可以在你洗澡、做家事或讀書時照顧孩子。

②許多家有幼兒的家庭會在社區、教堂或學前班組成保姆互助會，輪流照顧彼此的孩子。

③讓四歲及四歲以上的孩子參與活動計畫，詢問他們想和保姆一起從事的活動：想玩什麼樣的遊戲，閱讀哪一類書籍，一起開爆米花派對，還是烘烤冷凍餅乾。約定一個你同意的就寢時間，請保姆以口頭敘述或角色扮演的方式，說明他們會如何處理孩子的就寢流程。

④隨著孩子長大，至少每隔幾週就讓自己休息一個晚上。這對你和孩子都有好處。

孩子學到的生活技能

孩子會理解父母喜歡花一些時間獨處，但這不意味著父母不愛他。孩子能在偶爾與父母分開時好好享受自己。孩子也會學到，操控並無法阻止父母擁有自己的生活。

教養指南

①如果孩子抱怨保姆或是害怕去托育中心，重要的是先進行了解或試著換保姆，看看孩子反應如何。有些人和地方就是不適合孩子，你當然能加以改變。

②如果你是需要延時托育的上班父母，請務必找到一個提供餐點、活動，並具有午睡和上廁所慣例的托兒所——以免讓孩子一直坐在電視機前面。你可以利用開車接送的時間了解孩子的情況，詢問他們這天過得如何，並享受這段時光。當你回到家後，稍做休息，花點時間和孩子相處，而不是馬上開始做家事。

③選擇保姆最重要的原則是，你和孩子對這個人的感覺，而不是對方的性別。不管是男是女，只要能尊重你和孩子，都能成為一位好保姆。如果你不確定該僱用誰，可以請當地相關機構協助尋找托育服務。

④保姆的主要工作是陪伴孩子，而不是打掃家裡或洗碗。如果孩子過得快樂，不要因為家裡有些髒亂就小題大作。

進階思考

一位年輕的上班族母親，帶著她三個月大的女兒去托兒所。托兒所的老師抱怨說她女兒很難帶，甚至連安靜地躺在嬰兒床上三個小時都很困難。這名母親馬上意識到，這裡不適合她的孩子，於是很快就將孩子帶到另一間托兒所。

另一間托兒所裡，托育老師會花時間抱孩子，並讓她在地板的毯子上滾動，地板旁邊還放了許多嬰兒可以玩的玩具。

卡爾和柯妮等不及媽媽趕快去上班。他們求她趕快打電話叫保姆來，因為這名保姆非常有趣。她有一整袋的服裝可以拿來和孩子玩走秀遊戲。

一名有趣和有創意的保姆，是無可取代的。

搬家

「我們必須搬到另一個州。我八歲的孩子為此感到很沮喪。他有辦法克服嗎？」

了解孩子、自己和情況

搬家可以非常有壓力，但也可以透過合作、共同規劃和互相鼓勵來加強家庭關係。搬家對孩子來說，是一個重大的變化——但他們確實能夠度過。要離開熟悉的地方和人事，去結識新朋友和習慣新地方可能很困難。適度對孩子表示同理，並使用以下建議，將可幫助你和孩子擁有更愉快的搬家經驗。

你自己也可能要處理一些失去的情緒，這時要幫助孩子會更加困難。在搬家過程中所感受到的悲傷情緒，類似於死亡所帶來的失落感。你要理解這一點，並讓這個過程順其自然。

另一方面，有些家庭經常搬家，孩子認為這是生活，已經習慣了，並不認為這是一個缺點。但最好不要預設任何情況。搬家可能對你而言很困難，對孩子卻很簡單；也有可能相反。因此要確認家庭成員的感受，不要假設自己什麼都知道。

給父母的建議

①分享你的悲傷和興奮，也分享你面對悲傷的方法。這同時也是示範給孩子看，他也能擁有悲傷和興奮的情緒。

②花時間去了解孩子的感受，傾聽並幫助他處理這些感受。或者，只要傾聽，也就足夠了。

③避免過於專注於搬家的事而忽略孩子。你越讓孩子參與其中，他就越不會感到被忽視。

④讓孩子參與打包，讓他保留重要的東西。這不是與他爭論該保留什麼東西的時候──將春季大掃除留到其他時間再做。

⑤購買家庭雜誌，讓每個孩子從中擷取裝飾新房間的想法。

⑥到達新家後，幫助孩子探索新的區域。帶他去圖書館辦借書證。騎腳踏車去附近探索一番。找找最近的公園和休閒中心，探詢是否提供有趣的課程。拜訪商會，了解新區域的特色。帶孩子到最近的購物中心和電影院（過不了多久孩子就會交到朋友，青少年時期的孩

子也不想在這些地方被人看到和你在一起）走走。

提前計畫，預防問題發生

①開家庭會議時，讓每個人透過腦力激盪提供更多使搬家更容易的點子。

②和孩子一起決定和老家保持聯繫的方法。這些方法將能幫助孩子度過這段時期，直到結交到新朋友並對老家不再那麼留戀為止。種植一棵紀念樹，擬定回訪計畫並放在行事曆上，給孩子的朋友們十個寫好地址、貼好郵票的信封，鼓勵他們寫信，給孩子一點打電話的預算，讓孩子擁有自己的電子信箱，或鼓勵每個孩子做一本剪貼簿，裡頭可以張貼舊家、他最喜歡的地方和朋友的照片。

③和孩子討論他以前經歷過的變化，例如新學年的開始，結交新朋友，或去新的地點度假。對他強調這些經驗能為他帶來什麼樣的改變，然後探索透過搬家又可以學到什麼。

④如果有機會，讓孩子一起參與找新房子或新公寓的過程。

孩子學到的生活技能

孩子會學到對失去和改變可以感到悲傷。他還會學到共同合作和共同規劃可以幫助他度過一切改變，並強化家庭關係。

教養指南

①不要將孩子的掙扎和感受扛在自己身上。對孩子可以表現出接受和理解的態度，但不要從中解救。

②與孩子分享你經歷過的轉變——你最初在這些轉變中也面臨了恐懼和不確定感，但最終卻獲得學習與成長。將其視為個人分享，而非說教。

③避免以賄賂和威脅的方法解決衝突，表現出接受和合作的態度，而非被孩子操控。

④由家庭會議、儀式和傳統所提供的結構，有助於家人度過這段時期，並加強彼此的聯繫。

進階思考

喬絲琳很愛囤積東西。即使她討厭家裡的東西堆得到處都是，也討厭過重的書架和櫥櫃，但她似乎扔不掉任何東西。

有一天，她決定和諮商師討論這個問題，並尋找改變的方法。諮商師請她回想小時候發生過的事。喬絲琳立刻想起在父親失去工作後，全家四處搬遷的時期。那時，她的母親負責所有的打包工作——包括丟掉喬絲琳保存多年的紀念品。沒有人問她想要留下什麼或讓她參與打包事宜。喬絲琳突然恍然大悟。

「哇，」她說：「我猜我現在只是想確保再也沒有人可以丟掉我的寶貝。我從未意識到現在的行為，與很久以前發生過的事有關。我想，我現在可以打掃房子了，因為這次是由我來決定，要留下或丟掉什麼。」

照顧寵物

「我如何讓孩子遵守照顧寵物的承諾？」

了解孩子、自己和情況

任何孩子都想要寵物，但也會很快就忘記照顧寵物的承諾。我們很難找到一直記得照顧寵物的孩子，也很難找到不為此煩惱的父母。

最好的辦法是，將此事視為正常的問題，繼續利用機會，教育孩子該如何負起責任（關鍵詞是「繼續教」）。

給父母的建議

①接受孩子不會一直記得照顧寵物的事實，你可能需要提醒孩子（這不是讓寵物挨餓且讓孩子承受自然後果的時候），記得保持溫和堅定的態度。你甚至可以問孩子，什麼方式是最好的提醒（他可能會選擇比手畫腳、用手指著需要做的事情），或是詢問他接下來需要做什麼。「接受」是讓自己不再煩惱和生氣的關鍵。

②你也可以把孩子的寵物當成你的寵物和責任——並讓孩子一起照顧。

③保持合理的期望。設定一個方便檢查的時間，例如「在我們坐下來吃飯之前，先餵小狗」，如果小狗的碗是空的，而牠看起來很餓，繼續再接著問孩子，誰要負責在晚飯前餵小狗。

④欣賞孩子照顧寵物的方式。不要忽略孩子撫摸寵物、和牠玩耍、說話和帶牠散步的重要。

⑤如果孩子根本無法照顧寵物，你可以給他選擇。「我們可以照顧寵物或為牠找個新家，那裡有人能夠照顧牠。」孩子的眼淚雖然會讓一切變得很難處理，但要貫徹執行。不要在這時再修理孩子，只要簡單地告訴他：「我知道這很難做到。我也會想念我們的寵物。也許，過幾年我們再來試試。」

提前計畫，預防問題發生

①在養寵物之前，和孩子討論養寵物帶來的樂趣和責任。列出一份責任清單。

②如果養寵物要花錢，讓孩子在實現願望前，先賺點錢為寵物基金做貢獻。讓孩子負擔一點購買寵物飼料、用品和看獸醫的花費（即使只是十塊、一塊），這會讓孩子更珍惜寵物。

③在每週的家庭會議中討論問題。讓孩子參與設想解決問題的方案和協議。在下次會議上，討論無效的解決方案並擬定新方案。

④不要責備孩子、讓他感到內疚和羞愧，持續尋找解決方案。接受孩子總是需要被提醒的事

實——這也是進行機會教育的好時機。

孩子學到的生活技能

孩子會學到，即便他不需要一直負責，但父母會以有尊嚴和尊重的態度提醒他該負的責任。養寵物正是學習負責的機會。

教養指南

①當孩子推卸責任時，請接受現狀——這是孩子的正常反應，而非有缺陷或壞的反應——這能讓你減少很多無謂的傷感。孩子在生活中有其他優先事項，但仍然需要學習負責。

②如果你自己想養寵物，不要以孩子當藉口。養一隻寵物，好好照顧。

進階思考

表面上看起來很慘的失敗，經常是值得分享和珍惜的學習經驗。我兒子諾亞的第一隻寵物——蘿絲，就教會了他很多事。犯錯是很好的學習方式。他也因此明白了父母會說到做到——行為會帶來後果。

那年，諾亞想要一隻寵物，他只有五歲。我們很清楚，需要花些時間訓練他，所以我們想先找比較適合他的寵物，決定讓他養一隻烏龜。不過寵物店的人提醒我們，烏龜可能會產生感染疾病，不是一個好選擇，問我們喜不喜歡老鼠？牠們喜歡被握在手裡，而且從不咬人。牠們所需要的只是飼料、水、乾淨的籠子和許多的愛。這是一個完美的組合。諾亞答應每天餵牠，清理籠子，和牠一起玩。於是，他為蘿絲付了五十塊，我們則為蘿絲需要的用品付了一千塊，訓練就此開始。

我們努力教諾亞如何照顧蘿絲並關愛牠。起初我們一起進行，然後，諾亞在我們的觀察下自己處理。不久後，他就熟悉了所有的步驟，並且十足自信地照顧著自己的寵物。沒過多久，新奇感消失了。家庭會議中似乎總有關於蘿絲的事。我們設計暗示信號並掛照片提醒諾亞餵牠。而後，我們再次把照顧蘿絲的工作全部分解成小步驟。我們提醒、哄騙並和他討論。

由於這是我們第一次讓諾亞養寵物，所以花了很多時間，才終於下了最後決定——我們告訴諾亞，如果蘿絲要留下來，他必須在一個月內學會對牠負責。結果，他沒有做到，而這表示蘿絲要去一個新家。

諾亞哭了起來。為了貫徹執行，我必須要忍耐自己的難受情緒，看著孩子傷心。

最終，一位朋友的十二歲孩子同意收養蘿絲，諾亞也答應了。

在蘿絲離開的那一天，諾亞哭著說：「我只是一個小男孩，我的生活很忙碌，我沒有時間照顧牠！」我們同意，並且說沒關係，他太忙了，蘿絲需要到某個可以讓牠得到良好照顧的地方。諾亞也終於知道，現在不是養寵物的好時機。

諾亞恢復得很快。他喜歡每半年左右拜訪蘿絲一次。他已經有一段時間都沒說過想念蘿絲。

我們也都同意，他現在還沒有為養狗、養鳥或養魚做好準備，但或許可以在其他時候再試試看。

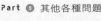

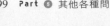

破壞財物

「女兒一氣之下就扔球打破了窗戶。我該怎麼辦？」

了解孩子、自己和情況

孩子在成長過程中，可能都會遇到打破東西和破壞財物的情況。這在大多數的情況下，是不小心發生的。有時孩子破壞財物（例如在牆上塗鴉），只因為看起來很有趣。有時孩子則會透過破壞財物來報復或表達憤怒。

不管是哪一種情況，父母在幫忙修復或更換受損財物時，都不需懲罰孩子，而是讓他自己去承擔行為的後果。

給父母的建議

①避免對孩子過度反應和大吼大叫，不要用「笨蛋」或「蠢蛋」這些字眼來責罵他。

②讓孩子參與清理工作。與他一起重新粉刷牆壁，使用肥皂水洗掉鉛筆的痕跡或擦洗地板。孩子不需要受苦，也能從中學習。不要因為犯錯而懲罰他，而是示範如何糾正錯誤。

③如果修復受損財物需要花錢，你可以讓孩子預支零用錢，然後從孩子每星期的零用錢中扣除他可以負擔的金額。你也可以負擔部分費用，讓孩子負責剩下的費用，並在收支簿上進行記錄。孩子也可以額外做些家事或幫你做事來償還賠償金額。他可以選擇如何支付，但不能選擇是否支付。

提前計畫，預防問題發生

①你是否太過挑剔，忘了孩子還只是個孩子？你家裡是否安排了一個特別的角落可以讓孩子玩耍？即便他灑了或掉了東西，也不會破壞貴重財物？如果沒有，請安排出這個空間。

②與孩子達成協議，他可以在哪裡騎腳踏車、玩球、打鬧、畫畫，或從事其他可能造成損壞財物的活動。

③準備孩子可以塗鴉的大型紙張，這樣他就不需要在牆上塗鴉。讓幼兒在廚房的桌子上畫畫或著色，在下面鋪報紙，避免弄髒地板或地毯。一旦孩子大到一定的年紀，讓他一起進行準備工作，學習如何保護財物。

④讓孩子幫忙裝飾自己的房間，挑選色調、主題、床單、圖片和房間的擺設。使用適齡的材料，這樣你就不必擔心玩具和鞋子會濺灑到液體或刮傷東西。

孩子學到的生活技能

孩子會學到他可以犯錯，並能在不受苦或不被羞辱的情況下修正自己的錯誤。孩子也會學到對自己的行為負責，其他人不會代替他體驗後果。他會學到社交技能，以及適合從事不同活動的地點和方式。

教養指南

①如果你懷疑孩子破壞財物並非是出於無辜的錯誤，請注意孩子的行為目的，並尋找行為背後的信念。

②不要讓孩子認為，他可以透過在牆上塗鴉或從事其他破壞性活動來踩你的底線或得到過度關注。孩子喜歡看父母抓狂，並可能會認為值得以破壞財物的方式來取得這個效果。

③如果孩子感到受傷並以破壞財物的方式來傷害你，請在清理時給他很多的擁抱。不要再延續報復的循環。讓孩子分享他們的感受，以及感到受傷的原因。

進階思考

八歲的瑪麗和一群朋友玩，這些朋友覺得拿柳丁丟鄰居的車很有趣。結果鄰居抓到了他們，並打電話給瑪麗的母親。她在電話中答應鄰居，會處理這件事情。

媽媽和瑪麗坐下來，用一種好奇的語氣問道：「當妳往車子扔柳丁時，妳在想什麼？」

瑪麗說：「我們只是覺得很好玩。我真的很抱歉。」

「想像一下，妳現在十六歲，用妳全部存的錢，買了一輛車。」媽媽說：「如果有人拿柳丁扔妳的車子，妳會希望他們怎麼樣？」

「我會非常生氣，並且希望他們去坐牢。」

「我不認為我們的鄰居希望妳去坐牢。妳能想到其他糾正這個錯誤的方式嗎？」

「嗯，我可以幫他洗車。」瑪麗說。

媽媽說：「我想這會有用，承認錯誤並且改正，需要很大的勇氣。妳想打電話問他，還是希望我陪妳親自過去？」

「我想問問我的朋友們，要不要和我一起去。」瑪麗說：「他們也扔了柳丁，所以應該幫忙。」

「好主意。讓我知道這件事後續的發展。」

瑪麗的朋友本來對這個想法不感興趣，直到瑪麗問，如果有人朝他們的車子丟柳丁，他們會有什麼感覺。

「我認為我們應該要有勇氣糾正錯誤。」她說。

而，他們做到了。

整理房間

「我的孩子拒絕打掃自己的房間。他們的床下都是髒衣服，梳妝台上堆滿髒盤子和過期的食物，玩具丟得到處都是。無論我如何囉嗦和抱怨，在清理房間的問題上，似乎沒有取得過任何進展。」

了解孩子、自己和情況

凌亂的房間和沒做完的家庭作業，是所有年齡階段的孩子被父母抱怨最多的兩件事。這些問題在許多家庭也常成為爭吵的焦點。孩子經常共享房間，這又是另一個引發爭吵的理由。有些家庭能接受讓孩子按照自己喜歡的方式安排房間，如此一來，為孩子的房間維持一個像樣的秩序也較有可能。

協助孩子整理和打掃房間是很值得的，因為孩子將透過這個過程學到許多寶貴的生活技能。然而，想要成功，就需要你投入時間訓練，持續監督。

給父母的建議

①對幼兒來說：重要的是和他一起清理，這樣他才不會手足無措。你可以坐在房間中間，撿起一件玩具，並說：「我想知道這該放在哪裡，你能告訴我嗎？」等到孩子把玩具放好，然後重新開始。每週至少一次。

②許多學齡前兒童會蒐集紙張、石頭、繩子和其他寶貝。你可以在孩子外出時丟掉這些物品。如果孩子反對，讓他幫忙分類。不過，幼兒通常不會記得這些雜物，只會再次開始蒐集。當孩子的年齡大到會注意和關心這些事物時，要尊重他的寶貝，不要插手。

③如果你給孩子買了太多玩具，你可能也製造了某部分的問題。這很容易改正過來——建議孩子選擇一些玩具放在書架上，之後再進行汰換。你也可以建議孩子清理不想玩的玩具，捐給慈善機構，給其他孩子使用。

④不要賄賂或獎賞孩子做必須做的事。照顧自己的房間是他可以幫家裡做的工作，不需要為了獎品才做。不要把零用錢跟打掃綁在一起。同樣的，也不要因為孩子沒有仔細照顧他們自己的東西，就威脅要拿走那些物品。

⑤有些家長選擇忽視孩子房間的凌亂。他們允許孩子以想要的方式維持房間，但讓他一起想辦法保持公用空間的整潔。

⑥另一種可能的做法是，給孩子選擇。「你想自己打掃房間，還是由我來打掃？如果由我來打掃，我有權利扔掉任何看起來沒用的東西。」另一種可能的選擇是，「你想自己打掃房間，還是花你的零用錢去請人來打掃？」你的語氣將影響孩子的感受——這是出於尊重而

給予的選擇，或是一場拉鋸戰的導火線。

⑦對於在共享房間上爭吵的孩子，建議他們一起想辦法，或提出來在家庭會議討論。

提前計畫，預防問題發生

①給孩子如飾自己房間的發言權。兒童對顏色和裝飾有著鮮明的品味，重要的是，他的房間是他的，不是你的。只要確定他的玩具和物品有足夠的箱子和櫥櫃空間存放就好。

②對於二到十歲的孩子，這樣說通常會有用：「這是你的房間要維持好的樣子。你可以玩玩具或移動物品，但在結束後，要將它們歸回原位。」有些孩子非常樂意在你冷靜陳述的情況下，遵守你的要求。

③在舉行家庭會議時，與孩子一起建立打掃房間的慣例。對於學齡兒童來說：一個有用的慣例是：在吃早餐前打掃房間。如果孩子忘記了，只需將他的盤子翻過來做為非言語的提醒，請他在和大家一起吃早餐前先打掃好房間。如果孩子一起參與制定計畫，他們會願意合作貫徹執行。對於乾淨程度保持合理的期望。不要在意孩子把東西推到床下，或將床罩拉起來蓋住皺巴巴的床單。

④隨著孩子長大，請他一週選一天打掃房間，效果更好。他需要將髒盤子收到廚房、將衣物放進洗衣籃、吸塵、除塵、更換床單。最有效的做法是，設定完成時間。例如在週六吃晚餐前必須把房間打掃好。如果你不在一旁監督，不要期待孩子打掃房間。

⑤每年兩次，與孩子一起查看他的衣服，將不合身的衣服回收，捐贈給慈善機構。你也可以把不合季節的衣服收起來。

⑥你可以和孩子討論維持房間整潔的最低標準，特別是當孩子逐漸長大之後。例如，你可以說：「我對這種情況並不滿意，但只要能達到我的最低標準，我願意以你喜歡的方式接受你的標準。我的最低標準是，每天一次，將髒盤子送回廚房、每週吸塵清潔一次，並在週末更換床單。」

孩子學到的生活技能

孩子會學到如何維持日常慣例、為家庭做出貢獻、組織和照顧他們擁有的物品，並與人合作。他們還可以探索自己的品味，並在裝飾和安排房間時，表達自己的獨特性。

教養指南

①一個乾淨的房間可能在你的優先順序上排名很高，但在孩子的優先順序上卻排名很低。如果你選擇讓房間成為一個戰場，孩子可能會為了贏得這場戰鬥而繼續保持原本凌亂的房間。凡事往正面想——許多愛整潔的大人，都曾經是凌亂的小孩。

②不要擔心讓朋友看到孩子的房間，並好奇你怎麼做家事。你的朋友可以分辨：你的標準和孩子的標準不同。

進階思考

克莉斯塔和她的弟弟湯姆，喜歡裝飾他們的房間。

每隔兩三年，他們的品味就會完全改變——

從馬戲團和小貓，到棒球運動員和芭蕾舞者，再到搖滾巨星和電影明星。

有時候海報會覆蓋牆壁和天花板的每一寸空間，有時牆壁會被塗成暖粉色或黑色。

房間反映了他們獨特的個性、興趣和品味。

湯姆和克莉斯塔會幫忙粉刷房間、挑選窗簾和床罩。他們想要的海報總會位居生日或聖誕禮物願望清單的前幾名。

有時，他們會把家具搬來搬去，重新安排。

有幾年的時間，房間相當整潔有序；有幾年，房間則是一團混亂並堆滿雜物。每個房間門上通常都至少貼著一張貼紙，寫著「請進」、「別過來」或「注意」。

這兩個孩子被鼓勵當自己，並表達他們的獨特。

他們喜歡表達個性的機會，父母也喜歡看他們個性發展的每一個新面向。

我們祝福你和你的孩子，也能這樣。

與孩子購物

「我請不起保姆，所以我去購物時都必須帶著孩子。他們會跑來跑去、躲起來、發脾氣，直到我幫他們買玩具或零食才停止。我覺得其他和父母一起購物的孩子都很乖，我的孩子是不是有什麼問題？」

了解孩子、自己和情況

事實上，我們在超市看到的是：行為不當的父母們和行為不當的孩子們一樣多。這些父母大吼大叫、打孩子屁股，提出不適合孩子年齡的要求，屈服於要求過多的孩子，還會賄賂孩子。有些孩子並沒有特別想去超市，反倒是父母自己想帶他們去。但是，當孩子與你同行時，有一些方法確實能讓購物變得更愉快。

給父母的建議

①離家前先和孩子討論，期待看到他有何表現。許多孩子不知道父母有何期望。讓孩子事先

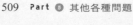

知道你的做法，如果他行為不當，安靜地把他帶到車上，告訴他，等到他準備好時再說。然後閉嘴，讀一本小說：給孩子時間冷靜下來。如果他冷靜不下來，你可能需要離開，改天再來。如果你事先讓孩子知道這是行為不當的後果，並保持溫和堅定的態度，不說教，也不要羞辱孩子，這種方法會有很好的效果。

②如果你有兒童座椅或嬰兒推車，將孩子放進座位。如果孩子爬出去，告訴他這樣不行，然後把孩子放回座位。多行動、少說話。孩子會知道你什麼時候是認真的。

③即使是幾分鐘，也不要讓孩子在無人看管的車上或商店裡等待。這對孩子而言，既不安全又很恐怖。

④如果可以，給孩子一些工作做，例如幫忙推車，或是幫忙一起找找你要的罐頭或盒裝飲料，或幫忙提購物袋。給幼兒選好的物品，讓他協助將物品放進購物車裡。

⑤如果孩子跑走，請追上他，讓他握住你的手；如果是在超市裡，也可以讓他握住購物車。你越快採取行動跟進（而不是從另一條走道對著孩子大吼大叫或是忽略他），他就越能了解你是認真的。

⑥如果孩子實在不聽話，彈性地縮短購物時間。有時，你可能不得不放棄購物，下次再來。如果孩子選擇在商店裡鬧脾氣，安靜地等他鬧完，在付錢的時候緊緊抓著他或是抱著他，直到他安靜下來。不要讓孩子的淚水影響你。

⑦如果孩子想為自己買東西，便是開始考慮給他零用錢的時候了。

提前計畫，預防問題發生

①如果讓孩子幫忙擬菜單，他會更有興趣在超市裡找食材。

②如果孩子有購衣津貼，約時間與他一起去選購衣物，就能享受一段特殊時光。不要將他的購物時間與你的購物時間綁在一起。不要催促孩子。

③建議孩子挑選一個玩具或一本書隨身攜帶，以免他感到無聊。

④當孩子表現良好，不要以點心或玩具做為賄賂。如果你想在購物之後建立一些有趣的慣例，請確定不是根據孩子的行為表現進行。如果孩子知道你的購物行程是，先購物，然後停下來一起去喝杯熱巧克力或吃點其他點心，購物活動也會變得更有趣。

⑤給孩子零用錢。如果他想買特殊的點心，可以使用自己的零用錢。如果他買不起某項物品，幫他思考儲蓄的辦法，而不是讓他預支。

⑥如果你不是為了孩子而購物，可能的話，請朋友、伴侶幫忙去照顧他，或者將孩子送去托兒所。

⑦向孩子解釋，有時他必須陪你去購物——你明白這對他來說不好玩，但你感謝他的幫忙。詢問孩子，你可以做些什麼，讓購物之旅變得更愉快。

孩子學到的生活技能

孩子會學到如何給予和接受及如何自娛。他還會學到如何逛街、幫家人購物並與人合作。

教養指南

①在公共場所對孩子大吼大叫、打他屁股或威脅他，既是羞辱孩子、也不尊重他（在家裡這樣對待孩子已經構成羞辱，更何況還有觀眾在場）。你可以讓孩子知道你生氣了，並會在車裡、家裡或家庭會議上談論讓你感到困擾的事情。

②如果你能縮短帶孩子一起購物的時間，會讓他更期待同行。確實將購物安排在孩子不會累或餓的時間。

進階思考

有些孩子喜歡逛書店和商店，有些孩子則很討厭。那些曾經只花一點點時間陪大人購物、能夠自己管錢並拿到零用錢的孩子，往往比那些被拖著去、但需求被忽視的孩子更喜歡購物。

有個案例是，有一對父母決定讓討厭家庭購物行程的青少年們了解，購物也可以是很有趣的事。

他們在舊金山安排了一整天的時間，除了有趣的購物活動外，沒有其他行程。他們帶孩子去吃午餐，在一家大型百貨公司裡搭乘手扶梯上上下下地逛，也到寵物商店、漫畫店和十元商店。他們做了自認為孩子會喜歡的活動——甚至還坐了有名的纜車。

這些男孩整天看起來都很煩躁、一直抱怨並感到悶悶不樂。為什麼？沒有人想過要問男孩們是否願意參加這項活動。父母假設他們會喜歡這些體驗，但由於沒有參與計畫，他們的感覺是被逼迫和被控制的，自然也出現相應的反應。

如果父母提前詢問，並請他們一起計畫當天的活動，他們就會有更多的參與感，這一天也會產生截然不同的結果。

旅行

「我們想帶孩子一起度假，但是他們很難應付。有什麼方法可以使有孩子同行的假期變得更有趣、更好安排嗎？」

了解孩子、自己和情況

假期是製造家庭回憶的時候。這可以變成一場惡夢，但也可能很有趣，完全取決於父母的態度和事前的準備程度。你做了什麼事、你選擇去哪裡，都會決定假期的成敗。

如果你希望孩子享受以成人為中心的旅行，那你就大錯特錯了。孩子不會因為度假就忽然變得成熟而不像個孩子。你必須考慮他的需求，才能度過美好假期。

大人通常會期待孩子在度假時表現得像大人一樣，當孩子仍像個孩子時便感到失望。許多大人對假期有自己的一番想像，當他發現其他家庭成員的行為與想像中不同時，可能就會感到既驚訝又失望。

提前溝通彼此的期望，可提高假期的品質。

給父母的建議

①帶孩子去度假要做的準備工作，可能會比你們決定留在家裡還要多。你越是讓孩子參與計畫和處理雜務，就越有機會享受一個人人滿意的假期。在家庭會議上討論假期計畫，包括打包行李、準備車上的用品、處理雜務，以及每個家庭成員在旅行中想做的事。

②讓年幼的孩子幫忙收行李，或是如果你覺得他們足以擔當重任，讓他們在沒有你幫助的情況下去收拾行李也可以。你們可以一起擬定出遊行李必帶清單，或提供孩子一些計畫進行的活動與天氣預報的資訊，讓他挑選適合的衣服。

③如果孩子可以輪流坐在前排的乘客座交換位置，公路旅行會更加愉快。多預留中途休息的時間，讓孩子在休息站奔跑和玩耍。如果孩子爭執打架或過於吵鬧，導致你無法安全開

車，請把車子開到路邊暫停，等孩子安靜下來後再啟程。

④不要等大家都累翻了才停車。盡早停下來，享受彼此的陪伴，放鬆一下。

⑤準備一個驚喜袋。在裡面裝幾件便宜的物品，例如著色書和蠟筆、遊戲小紙牌、一包口香糖、貼紙、手作模型拼圖等。告訴孩子，他們每小時可以打開一個新的驚喜袋。

⑥旅行結束後，花點時間，問問每個家庭成員，最特別的記憶是什麼。讓全家人幫忙將照片放進旅行相冊裡。

提前計畫，預防問題發生

①每星期安排一次長途旅行，讓孩子習慣開車旅行。可以只是一小時的車程，也可以安排一日遊。即使年幼的孩子坐車時會哭鬧，但令人驚訝的是，他們很快就會習慣坐在汽車座椅上的旅程了。開始這個過程，永遠不嫌早——事實上，在某些家庭裡，帶孩子兜風似乎是哄他小睡的唯一方法。

②讓孩子幫忙挑選並打包一個特殊的袋子，裡面可以裝些方便帶上飛機或汽車玩的玩具。如果可行，也可以裝一些小點心。你可以為孩子提供照相機或日記本。

③對假期不要只說不做。對孩子來說：沒有任何後續行動的承諾，最令人感到沮喪。假期可以是到附近好玩景點的一日遊，也可以是到鄰近城市的過夜旅行、全家的露營旅行，或是其他任何形式——不一定要離家在外頭待上兩週才算假期。有時，在自己居住的城市，裡

找間帶泳池的旅館過個夜，對孩子們來說，可能就是一種真正的享受。

④如果你帶著嬰兒一起搭乘飛機，請預留靠走道的座位，並通知航空公司表明需要額外幫助。盡可能將行李托運，只帶著孩子和他的玩具或尿布袋會比較輕鬆。

⑤如果可以的話，攜帶旅行用的影音播放器，並在開車時放影片，供孩子們娛樂。

⑥了解家庭遊輪、家庭露營或適合全家同遊的度假勝地，那裡會有專門為孩子和保姆準備的活動，可以讓你休息一下。

⑦可以考慮替討厭與家人出遊的青少年安排其他活動。如果你堅持他們同行，你的旅行可能會成為一場惡夢。

孩子學到的生活技能

孩子會認識到與家人一起旅行有多特別。他可以欣賞到國家的另一面，或是與各地的親戚重新建立聯繫，特別是當這些親戚喜愛並欣賞孩子時——更會令孩子感到自己是特別的。

教養指南

①安排幾次不帶孩子同行的假期，沒問題的。

②如果你不喜歡露營，只想待在家裡，也可以送孩子自己去露營就好，或讓他和鄰居一起去露營。

③你不必花很多錢去擁有愉快的假期，重點在於，你要做些不同於在家會做的事情，才能讓這趟旅行變得特別。

進階思考

那年，我們的孩子分別為四歲和兩歲，我們開著廂型車在全國旅行了七個月。一旦我們學會了短途行駛，停車讓孩子玩耍或探索世界，這趟旅行就變成了全家的特殊時光。這也有助於建立孩子們可以依賴的日常慣例。對我們來說：這包括在下午四點前找到一個露營地；在去餐廳前進行一些體能活動；我們不回答問題也不玩遊戲，單純只是每天在車上享受一段安靜時光。

如果剛好有另一個帶著孩子出外旅行的家庭也在附近露營，我們就會在這裡多住幾天。孩子們會從當地的圖書館借書來看，一根繩子和棍子就能玩上幾個小時，野餐桌也能用來築堡壘。

我們的預算非常有限，也因此發現許多毋需花錢的有趣活動：海灘、遊樂場、健行、在營火旁玩遊戲、一起煮飯、著色、釣魚等。有孩子同行的旅行，一旦你將他們的需求考慮進來，旅行經驗也會變得更豐富。

現在，我每個星期四都花時間陪孫子，我們已經把這一天變成一個小型的度假日了。他在長途旅行中成長，習慣於坐車。我們唱歌、玩遊戲、尋找卡車、一起發出有趣的聲音，甚至也可以單純地享受安靜。他正在學習認識新的地方，同時也渴望重訪一些去過的老地方。我們正在一起創造回憶。我叫他「週四先生」，他喜歡也理解這樣的名字——即使他只有兩歲。

出外工作

「我有一個朋友出外工作，是因為她必須這麼做。我想出外工作，則是因為我想要這麼做。我們的共同點是，我們都擔心孩子會否因為有個上班族媽媽，而在情感上受到傷害。請幫忙給點建議。」

了解孩子、自己和情況

有各種各樣的問題，我們很容易都歸咎於雙薪父母、單親撫養、物質主義、電視、電腦以及許多其他「情況」。但是，在不同環境下成長的孩子，同樣會成為出色的大人；而在相同環境下成長的孩子，長大後仍會遇到各式各樣的問題。

所以，究竟差別何在？溫和堅定的教養方式，並非唯一可以創造改變的因素，卻是你可以控制且影響**很大**的一個變數。

最近的研究顯示，當母親在工作時投入百分之百的精力，在家時也能付出百分之百的精力的情況下，兒童最能茁壯成長。

埃倫．賈林斯基（Ellen Galinsky）*十分睿智，她找出了原因。她問孩子們，擁有一名上班族媽媽的感覺如何。她發現，只要母親在家時沒有忽略孩子，事實上，孩子會為了上班族媽媽而驕傲。我們可以合理推測，孩子對全職爸爸也會有同樣感受。

讓我們仔細想想。許多待在家裡的母親，也許會因為沮喪而終日追劇或過著忙碌的社交生活，以致於她們即使沒有工作也會忽略孩子。

無論是雙薪父母或全天候能在家陪伴孩子的父母，都可能出現對孩子太寬容、太嚴格或過於保護的問題。所以，無論父母是留在家中還是出外工作，只要能以尊重孩子的方式進行教養，孩子都能茁壯成長。

給父母的建議

①別再感到內疚。當孩子知道你內建了一個「內疚按鈕」時，他會很願意來按按看。孩子會做任何有利於他的事，如果他可以利用你的內疚來操控你，他會這麼做的。

②不要表現出你似乎剝奪了孩子什麼似的態度。反過來，你可以這麼告訴自己：這就是我們家的情況，我們可以抱持感恩的態度，並營造互相合作和彼此貢獻的家庭氣氛。每個人都需要盡自己的一份力。

＊美國家庭和工作研究所（Families and Work Institute）所長和共同創辦人，持續進行有關不斷變化的勞動力市場與家庭型態的開創性研究。

提前計畫，預防問題發生

①讓孩子參與計畫，幫助他們成為有貢獻的家庭成員。他可以幫忙建立慣例並分擔家事。

②將特殊時光視為優先事項。在每次舉行家庭會議時，花時間計畫並安排全家能共享的特殊時光。還要列出孩子們參加的活動，例如足球比賽、獨舞會、學校活動，並盡力出席。你也要定期與每個孩子共度一對一的美好時刻。

③當孩子能被尊重且有尊嚴的對待，而你也以同樣的態度對待自己時，相信他們能從這樣的環境中受益。

④記得培養家庭生活以外的其他興趣，無論是兼差、嗜好、志願服務還是全職工作。雖然要兼顧家庭和工作具有挑戰性，但更糟糕的是，你完全透過孩子來定義自己，生活的重心只有他們。記住，「父母」這個身分，只是你生活其中一個面向而已。

孩子學到的生活技能

當孩子有機會做出有意義的貢獻，他會感受到那種發揮自我能力和負責任所帶來的滿足感。

教養指南

①如果你因為出外工作，而覺得需要以物質享受或縱容孩子來補償他，這其實是不尊重孩

子，也不尊重自己的行為。

②太多的父母有種錯誤的想法，認為好的父母就象徵著隨時陪伴在孩子身旁，照顧他所有的需求。實際上，這反而剝奪了孩子學習獨立和與人合作的機會。

③傾聽並依隨己心，不需要聽太多朋友或其他家庭成員，對於你究竟是否要出外工作的看法。相信自己，為你和家人做出正確的決定。

進階思考

上班族媽媽可能對孩子有益、也可能有害，這完全取決於你如何掌握雙薪父母的各種情況。

有害情況	有利情況
感到內疚	有信心
疏於照顧孩子的健康	悉心照顧孩子的健康
誤解孩子的動機	了解孩子為何行為不當
溺愛孩子	給孩子機會獨立
懲罰、小看或低估孩子	使用有效的教養技巧
缺乏結構和慣例	與孩子一起計畫和建立慣例
忽略孩子	與孩子一起規畫並度過特殊時光
過於投入工作	在家庭與工作間取得平衡

這個故事是延續〈愛哭〉章節開頭裡母親的提問，講述她掙扎於工作和愧疚間的經歷——

當我的孩子變成青少年時，我對於出外工作的罪惡感再次浮現。這次，我決定停止工作一段時間，待在家裡，陪伴他們度過青春期。

我在一次家庭會議上宣布了這個決定。

我提到，這代表我們要稍微節省開銷——減少一點零用錢、減少披薩之夜、縮減度假預算。

我對孩子的反應感到驚訝。

「不用啦！我們不希望妳停止工作。我們為妳和妳所做的一切感到驕傲。有個全職媽媽全天候在家裡對我們嘮叨，真的太麻煩了。」（我不知道他們從哪裡得到這個想法。）

我沒有錯過這個難得的機會。

我說：「那麼，如果想要繼續享受擁有一個上班族媽媽的好處，你們就需要承擔更多家裡的責任，才能有所幫助。我知道，你們一直在幫忙做家事，但我希望你們可以在更大的事情上幫助我，例如擦洗地板和進行深層清潔。」

孩子們說：「沒問題。」

死亡和悲傷

「孩子和我在看新聞時，看到一則關於死亡的報導。我的孩子表現得不安而困惑。我該如何處理這個議題？」

了解孩子、自己和情況

死亡是生活中不可避免的一部分，但在我們的文化中，經常迴避甚至否認這個議題的存在。媒體報導死亡的方式，看起來可怕而暴力，讓死亡變得非人性化。就算死亡是在年邁祖父母身上發生的自然過程，通常也會發生在離家很遠的地點，並且排除孩童的參與。這些情況使得孩子難以對死亡建立健康的理解和觀點。

討論死亡雖然極具挑戰性，卻是教養的重要部分，你可以藉此為孩子提供資訊、支持和安慰。這也是一種了解孩子已經知道什麼，以及可能擁有什麼錯誤觀念的方法。

給父母的建議

①在孩子面前，不要迴避死亡。允許孩子和你談論死亡。坦誠地與孩子談論瀕死的親友，鼓

勵孩子與他們交談，能幫助他學習參與這個過程。為孩子做好心理準備，讓他知道在探視瀕死親友時會是什麼情況。如果情況不允許探視，讓孩子打電話或寄卡片和信件。有人去世時，不要把孩子送離現場。孩子也需要被安慰。

②當你失去親人或朋友的時候，不要在孩子面前隱藏你的悲傷。讓他明白，傷心是可以擁有的情緒。

③讓孩子參與和死亡相關的所有過程，特別是當孩子感到親近的人過世了，更應該讓他有機會好好道別。這包括讓孩子參加葬禮、守靈和追悼會，種植紀念樹木或做一個可供所有人懷念的記憶盒。提前告訴孩子會看到什麼事情，並讓孩子自己選擇是否參加。讓孩子幫忙籌劃逝世親友的紀念日。

④當寵物過世時，讓孩子一起籌劃一場適當的追思活動和葬禮。利用這個機會和孩子討論，如何將死亡視為生活的一部分。鼓勵孩子感謝與寵物相處的時光。

⑤如果孩子經驗到親友的意外死亡，坦誠地與孩子討論他感受到的恐懼和憂慮。幫助孩子了解可運用的資源，以免讓他感到脆弱無助。這些資源包括祈禱、寫日記、繪畫，以及找老師和朋友談話。

⑥不要期待孩子從一次的談話中就能了解死亡。不同年齡階段的孩子有不同的生活經歷，你可能必須視情況再重新提起這個話題。有些孩子可能只需五分鐘就能處理好悲傷的情緒，但有些孩子則可能對死亡產生恐懼，或是擔心失去父母後沒有人可以照顧自己。

⑦孩子會對你說的話信以為真，所以不要說：他睡著了；他離開我們了；他現在很快樂；我們失去他了；他是病死的；他因為老了，所以死了——這些句子會引起孩子對死亡產生各種幻想和恐懼。

⑧對孩子解釋，不同的人對死亡以及人死後的生活，擁有不同的信念。強調所有的觀點都值得尊重。

⑨當一個孩子親近的人過世時，透過和孩子談論快樂的時光和美好的回憶，來平衡他悲傷的情緒。不要刪除死者的照片，或是以這個人好像從未活過的方式，對待死亡。

提前計畫，預防問題發生

①與孩子討論如何為可能發生的自然災害做好準備。確認孩子知道家裡若發生火災，或遇到地震、龍捲風或颶風時，該採取什麼樣的防災措施。當孩子知道該怎麼做，就不會感到那麼脆弱。如果孩子擔心可能引發戰爭的國際事件，鼓勵他寫信給國會議員和總統。

②注意孩子是否在哀悼某種形式的失去，並給予開導和安慰。如果孩子問你可能什麼時候會死，對孩子說：你說不定會活很久，而且就算你真的發生什麼事，他身邊還有很多愛他、會照顧他的人。你也可以說：「我並不知道所有問題的答案。」

③如果孩子感到內疚，或認為是他造成了死亡事件，請和他保持溝通。傾聽孩子並給予安慰。

④請留意！不要將活著的孩子與死去的孩子進行比較。沒有任何人比得過「天使」。

⑤鼓勵孩子製作剪貼簿、相簿或寫日記來記錄感受。

⑥當孩子經歷失去時，請不要忘記，悲傷需要時間。不要以為表達過痛苦、給予過關懷，或是舉行過一次的儀式就夠了。

孩子學到的生活技能

孩子會認識到死亡是生活的一部分，他可以透過他人的協助與鼓勵，來處理對未來的恐懼。有許多資源可以協助他處理各種創傷事件。當孩子知道死亡是生活的一部分後，也將學會更重視生命。

教養指南

①檢視自己對於死亡的態度。

②分享你對於死亡的看法和恐懼。

③把每一天都視為禮物，並將這個想法與孩子分享。

進階思考

有名小女孩和她的妹妹在車禍中雙雙喪生。她的同學們舉行了一次班級會議，分享這名小女孩感動他們的地方。每位學生都有機會分享對這名過世女孩的感激之情。

然後，老師問學生：「你們現在會擔心哪些事情？」

有些同學說會害怕回家。許多人從未面對過死亡，根本不知道該怎麼辦。

於是，同學們開始進行腦力激盪，想出了一些建議。

其中一個建議是建立通訊錄——即使是在半夜，同學之間也能互相打電話。他們提出一份在白天可以談話的名單。在學校裡，孩子們感覺可以跟他談話的對象相當多元，包括警衛先生、圖書館員、餐廳阿姨、諮商人員、老師、校長，以及彼此。他們決定，任何人只要感覺有需要，就能去找人談話。

他們決定在緞帶胸針上放一張小女孩的大頭照，而後戴了一星期來紀念她。他們還以小女孩的名義購買種植了一棵樹，日日加以灌溉照顧。

由孩子們想出的這些處理悲傷情緒的做法，也成為學校裡其他大人學習的榜樣。

單親媽媽蘇珊和她的兒子德魯，擔心誰會先死，所以和彼此做了一個約定。這個約定是，先死的人要以某種方式回來，讓另一個人知道他過得好不好——無論是透過夢境，還是一個特殊的標記。

當蘇珊的一位朋友失去小寶寶時，蘇珊安慰她說：「我有一個關於早逝嬰兒的理論。我認為，所有的嬰兒都是帶著愛和使命來到世上。有時他們需要在這個星球花費數十年的時間，來傳達那份愛並完成使命，有時他們還在子宮裡就完成了。我相信當孩子選擇早一點離開，是因為他來過了，完成了使命，並教了我們一課。我們現在的任務是，找出他教的這堂課是什麼。」

德魯自小學二年級就認識的一位朋友，開槍自殺了。德魯告訴自己，即使他感到很難過，但，現在他多了一位專屬的守護天使。德魯相信自己還有其他的守護天使，只是他還不認識他們。

現在，當德魯在生活中發生一件好事或令人興奮的事時，他會想像是這位朋友——他的守護天使——在天上微笑地幫助他。

性虐待

「報章雜誌上到處都看得到兒童遭受性虐待的故事，我該如何保護孩子，不讓這種事發生在他身上？」

了解孩子、自己和情況

我們希望，這個世界不需要包括「性虐待」這個章節。

在閱讀這個章節時，你可能會覺得很可怕或誇大其詞。但，不幸的，統計數據是很驚人的——每四個人當中就有一個曾遭受過某種性騷擾或暴力。這可能是因為兒童性侵案件有增加趨勢，或是願意通報的人數增加了。

孩子如果遭受到性虐待，對性格的影響將會持續終生，而且大多數時候，這些影響是具有毀滅性的。大多數遭受虐待的孩子，都會認為是自己的錯，自己是壞人。他會認為自己不同於他人，花很多時間將自己藏起來，害怕別人發現，日日活在這種恐懼裡。在某些情況下，他遭受性虐待的記憶會淡去，但因此而產生的感受和決定仍然存在。在日後的生活中，他可能會開始回想起被虐的片段，並認為是自己瘋了。

身為父母，我們可以做很多事情來保護孩子。若真有受虐情事，請加以幫助。

如果性虐待影響到你或你所愛的人，請認真閱讀此一章節。

給父母的建議

①孩子是人，不是性對象。把孩子做為性對象，對他的傷害極大。如果你正在這樣做，馬上停止，尋求專業協助。你不是壞人，但你的行為是錯的——你需要找到如何讓自己變好的方法。有些培訓過的機構和人員，可以幫助你和你的孩子。

②如果你懷疑孩子被性虐待，而施虐者可能是你的配偶時，請向外尋求幫助。你要抵抗隱藏恐懼、單獨處理或希望事情自動消失的想法，這些叫做「沉默和否認」，只會讓事情隨著時間過去變得更糟。如果你認為施虐者會因為你告訴他人而傷害你，請尋求專業幫助，他

們每天都在處理這些問題，目的就是為了停止虐待、保護你和你的孩子，並給予施虐者相關協助。

③如果孩子向你暗示自己正在受虐，或是抱怨生殖器官有生理問題，請認真看待他的抱怨並尋求幫助。如果你發現孩子身上有瘀傷、割傷或感染，表示他可能是遭受了性虐待。向孩子保證，與你談話不會讓他惹上麻煩，你是在幫助他。如果他說有人在虐待他，你會相信他，不會認為他是壞孩子。

④輕忽兒童的求救訊號是非常嚴重的錯誤。大多數遭受虐待的孩子都曾被告知，如果他說了什麼就會破壞家庭、所有人都會認為他是壞孩子，或是有人會因此受傷。孩子需要鼓起極大的勇氣才能打破沉默，分享祕密，所以，請認真看待他們說的話語。

提前計畫，預防問題發生

①坦誠地與孩子談論發生性虐待的可能，告訴他，沒有人能觸摸他的私密部位；並教他分辨適當和不適當的觸摸。如果有人觸摸的方式讓他感到不舒服，確實讓孩子知道，即使對方是成年人，也能加以拒絕。告訴孩子如何堅定且大聲地說：「停止！」保持溝通暢通，讓他有問題時可以隨時告訴你。

②告訴孩子，他是人，他的身體是寶貴且屬於他的，沒有人有權利傷害他或把東西放進他的身體裡，或讓他從事性行為。

③如果孩子表現得很奇怪，讓他知道可以信任你。如果有人要他保守「祕密」，他可以告訴你並討論這些祕密。將祕密公開化。如果你有所懷疑，對孩子坦率地使用這些詞語，例如：「我想知道，當叔叔親你時，他是不是把舌頭放進你的嘴巴裡？」或是，「爸爸是否曾經要你親吻或吸吮他的陰莖？」或是，「保姆是否在你的陰道裡放了什麼東西？看起來很紅、很疼。」

④注意兄弟姊妹之間的報復循環。有時，如果哥哥姊姊認為弟弟妹妹更被愛、被寵或比他們特別時，他們會對弟弟妹妹進行性虐待，藉此報復。青少年的兄姊可能會認為弟弟妹妹是練習性行為的安全對象。讓他們知道，這是無法被接受的行為。在所有孩子面前公開談論這個話題。如果有孩子告訴你某個兄姊正在騷擾他，立即尋求專業幫助。

孩子學到的生活技能

孩子會學到自己是人，有權利決定發生在他身體上的事，有人會認真對待他、愛他。如果有人對他性虐待，他會得到幫助。

教養指南

①如果你小時候被騷擾過或騷擾過別人，你需要針對自己的問題尋求協助；如果無法先解決自己曾經被性虐待或對他人性虐待的問題，你很難幫助孩子。

②當你教孩子有自信、認真對待他、將他們的想法在家庭裡討論、讓他們有機會為家庭做出貢獻——這就在間接防止性虐待發生的可能。知道自己很重要、相信自己有權擁有任何感受、接受過有關預防性虐待資訊的孩子，並不是被騷擾的好對象。

③不要低估犯罪者（騷擾者）的操控人格和狡猾。這種人很了解如何讓你相信他是無辜的，並讓你以為孩子只是在編造謊言。

進階思考

有一個案例是，一名女孩在五歲時被住在附近的大人騷擾。騷擾者告訴她，如果她告訴誰，誰就會死，而且全是她的錯。他還告訴女孩，如果他發現她告訴別人任何事，他會把她砍成碎片，放進燉鍋裡，煮成晚餐。最後還說：她要到五十歲才能告訴別人。

當她四十八歲時，腦袋裡開始閃現過往記憶的片段，還會有突發的焦慮症，卻不知道為什麼。她將這件事的記憶遺忘和封鎖了。現在的她，因為回想起這件往事而感到害怕。經過一年治療，重新回想起整件事，對此仍感到極度恐懼，並與治療師討論。連續好幾個星期，她幾乎每天都要打電話給治療師確認他是否還活著，因為當年那個騷擾者說她不能在五十歲前把這件事告訴別人，否則那人就會喪命。

這是一個人在被騷擾後經歷痛苦和煩惱的案例。如果我們能透過坦誠的溝通、提供公開的資訊和環境，讓孩子知道，與父母談話不會惹上麻煩，父母會幫助而不是傷害他的話，這些事情大部分都可被避免。

藥物濫用

「我的家族有藥物濫用的歷史。我如何保護孩子不變成上癮者？如果我的孩子開始濫用藥物，我該怎麼辦？」

了解孩子、自己和情況

如果你的生活曾經受到藥物濫用的影響，你就會了解活在夢魘中是什麼滋味。上癮者會為了用藥而說謊、欺騙和偷竊。他們會做出自己永遠不會遵守的承諾，而家庭中的其他成員則一直希望下次就會有所改變。

在藥物濫用的人身上，會出現許多令人失望的行為模式，你希望能保護孩子是很自然的事。為了打破上癮者和其他家庭成員之間的互累症關係，你會發現鼓勵——培養勇氣的過程——可以幫助你和其他人打破這種惡性循環。這並不表示你用鼓勵的方式就能改變他人，但你可以用鼓勵的方式改變自己，或是提供一個環境讓其他人願意進一步檢視自己的行為，因為他們知道在這裡不會受到批評。

有主流觀點認為，上癮者是天生而非後天的，但事實恰好相反：**並非生活改變我們，而是我**

們決定如何生活，才能改變我們命運的走向。你和家人仍然能夠做出新的選擇，這是多麼令人振奮的事！

給父母的建議

①確認孩子透過專業管道獲得有關藥物依賴的資訊。你也可以透過網路取得有關藥物及其影響的最新訊息，你會找到許多分歧的意見，正好可以用來與孩子好好進行討論。如果你對孩子說：他只要一吸毒就會變成上癮者（或是其他諸如此類的威脅），會讓孩子失去對你的信任。只要孩子（特別是青少年）能獲得正確資訊，便可幫助他們思考自己所做的選擇，以及選擇可能帶來的後果。

②不要掩飾事實。平鋪直敘地把事實告訴孩子。如果你家中有成年的上癮者，請使用酗酒、吸毒上癮、互累症、不醒人事等詞語。接受既存現實，而非否認現實生活，假裝身邊的人事物都會如你所願。告訴孩子發生什麼事，對他來說是一種解脫。孩子看得出家裡有問題，但**他們**不是問題，也不需要負責解決問題。

③了解並接受自己的感受，練習誠實地去表達。當你有某種感受或信念，重要的是，可以將它視為你的個人意見，而非唯一看待事物的方法。

④決定你自己的做法，而不是試圖控制他人如你所願。你採取的第一步最好是去「戒酒匿名會家屬團體」（Al-Anon），看看你是否在縱容上癮者。這不是為了責備你，而是在幫助

你決定做法，並非徒勞嘗試控制他人的行為。

⑤你要了解，並非所有使用藥物的孩子都會上癮。只有在藥物開始主導生活並似乎成為解決所有問題的唯一辦法時，才能構成「上癮」。當孩子出現用藥問題或化學品依賴的情況，你應該尋求諮商師、治療計畫和或復健小組的幫助。

提前計畫，預防問題發生

①當孩子決定嘗試用藥或甚至濫用藥物，你已經阻止不了。你能夠做的就是誠實面對，讓孩子接觸到正確的藥物資訊，給孩子無條件的愛，以保持親子之間溝通的暢通，不帶批判地與孩子維持良好關係，讓他能安心與你交談，了解你對其所做選擇的看法，而不必擔心受到懲罰或評斷。

②當你不再以批判的態度面對他，孩子會知道，如果他因為嚐鮮而導致藥物上癮，你也會以誠實、關愛和支持的態度處理事情，而非縱容。

③質疑媒體資訊。與孩子討論電視廣告和其他型態的廣告，幫助他意識到身邊充斥多少「鼓勵用藥」的訊息，包括使用處方藥來改變或「修復」感受。

④不要害怕與孩子談論自己的用藥及濫用經驗。這不會鼓勵他使用藥物，反倒會幫助他知道，你也曾經掙扎過。

⑤不要試圖與上癮者理論，不要聽信他們的承諾。當一個人濫用藥物時，他們不可能是理性的。想像自己是在和藥物而非「人」說話，尋求專業協助。你可能得接受一個殘酷的事實：孩子必須參與復健計畫，而無法只是透過家裡或社區的協助就能解決。

孩子學到的生活技能

孩子會學到他不必隱藏自己的感受，或參與保守「家族祕密」。他會了解非上癮者的父母將會不帶評判地給予支持，並提供他如何應付酗酒父母的資訊。如果孩子陷入藥物濫用的困境，他知道父母會協助自己得到專業協助。

教養指南

①濫用藥物是全家人的事。沒有人逃得掉；每個人只是在以不同的方式受苦。在一些有濫用藥物或酗酒成員的家庭中，家庭生活的重點常常聚集在藥物或是濫用藥物的人身上。在這樣的家庭中，教養的方式經常是不一致、不可預測的，有時甚至還會有虐待情況。個別的家庭成員會感到孤立和寂寞，無法定義界線並設定相互尊重的限制。你可以參與支持團體，來幫忙打破這種惡性循環。

②人們在有關藥物依賴和互累症上吸收的錯誤資訊和缺乏訊息的程度，實在令人驚訝。像「戒酒無名會家屬團體」這樣的團體所提供的資訊和支持，可以幫助你打破無效的行為模

式，學習以健康的互動模式來促進療癒和成長。

③當藥物使用已經成為常態或日常生活的一部分，而且孩子試圖以化學藥物改變感受與解決問題時，藥物的使用就不再只是同儕壓力或嚐鮮而已，而是成為一種生活方式。有這種現象的年輕人，需要專業協助來打破上癮模式，可能要透過住院治療或是諮商的方式進行。

進階思考

諾瑪：珍只要發現前夫在探視日喝得醉醺醺的，就會和他大吵特吵。她在「戒酒匿名會家屬團體」聽到一個建議，並決定試試看。

她告訴前夫：「我教導孩子的方式是注重個人安全及自我尊重。從現在開始，在你探視孩子時，我們可以在麥當勞見面。我會在停車場裡等。如果孩子聞到你身上有酒味，或認為你喝醉了，不敢坐你的車，他們可以回來坐我的車。如果他們拒絕和你走，你可以下週再來試試看。」

諾瑪說：「我想，他知道我是認真的。我們已經三個星期沒有大吵特吵了。」

致謝辭

我們要感謝魯道夫・德瑞克斯和阿爾弗雷德・阿德勒啟蒙了許多世代的父母。特別感謝我們的編輯琳賽・摩爾（Lindsey Moore）對我們的理解。有妳的幫助，我們才能夠將第三版改寫得更好。

我們也要特別感謝我們的丈夫，給予充分的寫作空間。對於我們的孩子、繼子女和孫兒女們，謝謝你們，不斷教導我們身為父母的意義。

國家圖書館出版品預行編目資料

跟阿德勒學正向教養：解決日常教養問題1001種方法： 溫和堅定27種態度×92個教養現場難題，簡單實用，育兒更輕鬆！／簡・尼爾森（Jane Nelsen），琳・洛特（Lynn Lott），史蒂芬・格林（H. Stephen Glenn）著；陳玫妏譯. -- 初版. -- 臺北市：日月文化， 2020.04　544面；16.7×23公分. --（EQ高父母；78）
譯自： Positive discipline A-Z: 1001 solutions to everyday parenting problems
ISBN 978-986-248-871-3（平裝）

1.育兒　2.親職教育　3.子女教育

428.8　109002057

高EQ父母 78

跟阿德勒學正向教養：解決日常教養問題1001種方法

溫和堅定27種態度×92個教養現場難題，簡單實用，育兒更輕鬆！

Positive Discipline A-Z: 1001 Solutions to Everyday Parenting Problems
（Completely Revised and Expanded 3rd Edition）

作　　者：簡・尼爾森（Jane Nelsen）、琳・洛特（Lynn Lott）、史蒂芬・格林（H. Stephen Glenn）
譯　　者：陳玫妏
主　　編：楊雅惠
校　　對：楊雅惠、吳如惠
封面設計：廖韡
美術設計：林佩樺

發 行 人：洪祺祥
副總經理：洪偉傑
副總編輯：謝美玲
法律顧問：建大法律事務所
財務顧問：高威會計師事務所
出　　版：日月文化出版股份有限公司
製　　作：大好書屋
地　　址：台北市信義路三段151號8樓
電　　話：（02）2708-5509　傳真：（02）2708-6157
客服信箱：service@heliopolis.com.tw
網路書店：www.heliopolis.com.tw
郵撥帳號：19716071 日月文化出版股份有限公司

總 經 銷：聯合發行股份有限公司
電　　話：（02）2917-8022　傳真：（02）2915-7212
印　　刷：禾耕彩色印刷事業股份有限公司
初　　版：2020年4月
初版十二刷：2021年9月
定　　價：480元
I S B N：978-986-248-871-3

This translation published by arrangement with Harmony Books, an imprint of the Crown Publishing Group,
A division of Penguin Random House LLC. through Andrew Nurnberg Associates Internationl Limited.

生命，
因家庭而大好！